U0672821

结构设计统一技术措施

中国建筑科学研究院有限公司建筑设计院◎编著

中国建筑工业出版社

图书在版编目（CIP）数据

结构设计统一技术措施 / 中国建筑科学研究院有限公司建筑设计院编著. -- 北京 : 中国建筑工业出版社, 2025. 6.（2025.12重印）-- ISBN 978-7-112-30999-3

Ⅰ. TU318.4

中国国家版本馆 CIP 数据核字第 2025QC9339 号

责任编辑：辛海丽

文字编辑：王　磊

责任校对：张惠雯

结构设计统一技术措施

中国建筑科学研究院有限公司建筑设计院　编著

*

中国建筑工业出版社出版、发行（北京海淀三里河路 9 号）

各地新华书店、建筑书店经销

国排高科（北京）人工智能科技有限公司制版

建工社（河北）印刷有限公司印刷

*

开本：787 毫米 × 1092 毫米　1/16　印张：16　字数：395 千字

2025 年 4 月第一版　　2025 年 12 月第三次印刷

定价：**68.00** 元

ISBN 978-7-112-30999-3

（44735）

《结构设计统一技术措施》编审名单

主　编:

孙建超

副主编:

杨金明　赵彦革　李建辉　李　毅

负责各章节编写工作的部门及负责人:

结构设计总体要求章节及多高层钢结构章节

负责人：陆向东　姜　鋆

荷载与作用章节、结构计算分析与程序使用章节及大跨钢结构章节

负责人：王　杨　赵建国　李　毅

地基基础章节及混合结构章节

负责人：齐国红　方　伟

混凝土结构章节及非结构构件设计章节

负责人：邹焕苗　董　健

砌体结构章节及人防结构设计章节

负责人：邓小云

超限及复杂结构与抗震性能化设计章节

消能减震与隔震结构设计章节及结构改造与加固设计章节

负责人：高　杰　杜文博

装配式结构设计章节及绿色低碳结构设计章节

负责人：赵彦革　高　升

主要编制人：（排名不分先后）

诸火生　任建伟　王　娜　王华辉　王　威　武志鑫　许　瑞
张伟威　胡心一　闻　松　杨　威　佟雯鸽　王利民　林　猛
郝卫清　凌沛春　刘　浩　李德毅　魏艳芳　孙　倩　董晓岚
韩　雪　魏婷婷　韦　婉　张　正　范晓雪　卢富永

一审审查人：（排名不分先后）

肖从真　王翠坤　赵基达　金新阳　黄世敏　黄小坤　杨生贵
唐曹明　罗开海

二审审查人：（排名不分先后）

任庆英　郁银泉　陈彬磊　肖从真　王翠坤

前　言

中国建筑科学研究院有限公司建筑设计院（以下简称“我院”）内结构设计人员，在长期工程实践里，凭借持之以恒的努力、源源不断的积累，以及大胆开拓的创新精神，逐步构建起一套成熟高效的结构设计技术管理理念与设计方法，并基于此整理汇编了这本《结构设计统一技术措施》（以下简称“本措施”）。希望本措施的编制对我院结构设计人员的成长和技术进步起到帮助与指引作用，促进设计工作的规范化、高效化进行，推动我院结构设计领域迈向新的高度。

本措施编制的主要依据是国家现行标准，也参考借鉴部分地方标准。编制时在总结我院工程建设设计实践经验的基础上，结合设计现状，对国家现行标准中需要强调或容易引起歧义的条文，进行执行层面的规定。

本措施共分为 16 章正文及附录，包含：结构设计总体要求、荷载与作用、结构计算分析与程序使用、地基基础、混凝土结构、多高层钢结构、大跨钢结构、混合结构、砌体结构、超限及复杂结构与抗震性能化设计、消能减震与隔震结构设计、装配式结构设计、结构改造与加固设计、绿色低碳结构设计、人防结构设计及非结构构件设计，并在【说明】中对条文做出解释，涉及编制依据、背景资料及相关有待研究的问题等。在附录中列出了荷载表达及取值、场地类别分界设计参数与常用防腐防火涂料情况。

本措施旨在作为院内设计人员在进行各类建筑结构设计时的指导依据，同时也可为本行业设计同仁提供参考与借鉴。在其实施过程中，我院秉持与时俱进的原则，随着行业规范的持续修订与日益完善，以及自身工程实践的不断积累与深化，对措施中相关条款同步进行必要的调整与优化，以确保其始终保持前沿性、科学性和可操作性。

最后，向我院辛勤工作的历代结构设计人员、本措施编审组全体成员以及所有为本措施提供支持与帮助的专家和学者表示衷心的感谢。由于水平及时间所限，本措施如有不妥之处，恳请使用者提出意见与建议。本措施由中国建筑科学研究院有限公司建筑设计院负责解释。

目　　录

1 结构设计总体要求

1.1 总体原则

1.1.1 本技术措施适用于我院各类建筑物的结构设计

1.1.2 本技术措施应与现行国家和地方性规范、标准、规定结合使用

1.1.3 结构设计工作年限

当政府部门和建设单位未提出特别要求时，建筑的结构设计工作年限均应按标准执行；对于有特殊纪念意义或功能需要不能间断的建筑结构，结构设计工作年限应按 100 年考虑。

● **说明**

① 建设单位如提出结构设计工作年限按 100 年，必须提供签章的指令文件。

② 应注意设计工作年限和耐久性年限的区别。

③ 标志性或特别重要的建筑，其认定应根据政府部门的官方文件。

1.1.4 建筑结构的安全等级

建筑结构的安全等级划分见表 1.1.4-1。

建筑结构的安全等级 表 1.1.4-1

安全等级	破坏后果	细化标准
一级	很严重：对人的生命、经济、社会或环境影响很大	使用人数超过 8000 人的各类建筑结构； 使用人数超过 500 人的无柱室内空间的关联区域； 建筑高度超过 250m 的超高层建筑的主体部分； 存放特别重要的物品、资料和设备的建筑结构； 使用、生产和储存放射性物质、有毒物质和易燃易爆物质的建筑结构； 其他对人的生命、经济、社会或环境影响很大的建筑结构
二级	严重：对人的生命、经济、社会或环境影响较大	不属于一级和三级范畴的建筑结构
三级	不严重：对人的生命、经济、社会或环境影响较小	规模小、储存物品价值低、人员活动少、无次生灾害的建筑结构； 其他对人的生命、经济、社会或环境影响较小的建筑结构

● **说明**

本条源自国家标准《建筑结构可靠性设计统一标准》GB 50068—2018（局部修订）第 3.2.1 条。

1.1.5 抗震设防专篇

对按规定需编制抗震设防专篇的建筑，应在初步设计阶段编制抗震设防专篇，并在设计文件中明确。

● 说明

本条源自《建设工程抗震管理条例》（中华人民共和国国务院令第744号）第十二条。

1.1.6 超高超限结构

在方案或初步设计阶段，应进行结构超限判定。判定为超限的高层建筑结构，应在初步设计阶段报送超限高层建筑工程抗震设防专项审查。

对于特别不规则的多层建筑结构，应根据当地管理机关的相关规定进行抗震专项审查。如当地无明确规定，则应针对抗震设计进行专家评审。

● 说明

① 超限判别包括高度是否超限、结构体系是否超限、规则性是否超限、屋盖结构是否超限等。

② 对于多层建筑的特别不规则判定，可依据国家标准《建筑抗震设计标准》GB/T 50011—2010（2024年版）第3.4节条文说明，并可参考《超限高层建筑工程抗震设防专项审查技术要点》（建质〔2015〕67号）中的相关要求。

③ 上述建筑工程结构均应先组织院内评审。

1.1.7 风洞试验

结构风洞试验报告应包括分层（块）体型系数、风振系数、风压时程数据、等效风荷载等。结构计算时可直接采用报告提供的等效风荷载，也可利用报告提供的体型系数和风振系数，并结合现行国家标准《建筑结构荷载规范》GB 50009中的相关公式计算风荷载。大跨度空间结构不应采用一致风振系数。

● 说明

现行行业标准《建筑工程风洞试验方法标准》JGJ/T 338中规定：关系结构安全的风荷载问题不能仅采用数值模拟的方法来获得风荷载作用。

目前数值模拟方法应用于建筑领域的计算公式有较多种，且采用不同的计算公式所得结果有较大差异。数值模拟技术独立应用于结构设计工作还有待进一步完善。

结构设计时，根据风洞试验报告判断确定的高层建筑或高耸结构的风荷载，应符合现行行业标准《建筑工程风洞试验方法标准》JGJ/T 338的规定。

1.1.8 减震与隔震

位于高烈度设防地区、地震重点监视防御区的学校、幼儿园、医院、养老机构、儿童福利机构、应急指挥中心、应急避难场所、广播电视台应采用减隔震等技术，并可结合《建筑抗震设计标准》GB/T 50011—2010（2024 年版）、《建筑隔震设计标准》GB/T 51408—2021、《建筑消能减震技术规程》JGJ 297—2013 相关内容综合考虑。

1.2　评审要求

我院所有结构设计项目，均应按照院内设计评审管理相关规定开展设计评审工作。

必须进行院级评审的项目：超高超限结构、超长结构、地基情况复杂的结构、采用新技术新材料的结构。

1.3　新技术、新材料应用

我院鼓励采用新技术、新材料，设计中如采用新技术、新材料时应进行院级设计评审。设计评审通过后，应将拟采用的新技术、新材料明确告知建设单位，必须取得建设单位的书面认可文件后，方可实施应用。

新技术、新材料的论证和应用，必须严格执行工程项目所在地的管理规定。

● 说明

北京市工程项目应执行《北京市住房和城乡建设委员会关于加强建设工程“四新”安全质量管理工作的通知》（京建发［2021］247 号）。

2 荷载与作用

2.1 一般规定

2.1.1 荷载、作用与组合

结构设计应合理确定结构中的荷载和作用，并按承载能力极限状态和正常使用极限状态分别进行荷载组合。根据结构使用过程中可能出现的荷载分布，取各自的最不利组合进行设计。

房屋建筑结构的作用分项系数应按下列规定取值：

（1）永久作用：当对结构不利时取 1.3；当对结构有利时，不应大于 1.0。

（2）可变作用：当对结构不利时取 1.5，标准值大于 4kN/m^2 的工业房屋楼面活荷载取 1.4；对结构有利时，应取为 0。

（3）预应力混凝土结构在承载能力极限状态下，当预应力作用效应对结构不利时，其分项系数取 1.3；对结构有利时，其分项系数不应大于 1.0。正常使用极限状态下，预应力作用效应分项系数取为 1.0。

● 说明

① 本书的荷载指直接作用，即施加于结构的外力，包括永久荷载、可变荷载和偶然荷载，作用指除荷载以外的间接作用，包括温度作用、地震作用以及非直接作用力如沉降、收缩等，荷载和作用均使结构产生内力和变形。

② 在计算机程序使用中，应注意在程序默认的组合之外有没有需要调整补充的组合，例如书库、密集档案库等组合值系数不同的功能房间，应在程序中指定房间功能或指定组合值系数。

③ 使用其他计算软件或手算时，应注意分析最不利的荷载组合，并列出明确的计算说明，例如人防地下室楼板，当平时为大型水箱间底板、战时为六级人防物资库顶板时，应对比其承载能力是平时使用荷载控制还是人防荷载控制，对于人防地下室外墙也应注意给出对比计算。

2.1.2 荷载取值依据

荷载取值和效应组合均应符合现行国家标准《建筑结构荷载规范》GB 50009 及《工程结构通用规范》GB 55001 的相关规定，不得遗漏或放大。对于标准未涵盖的特殊荷载取值应有调研资料或实际工程的依据。

● 说明

① 对于数值较大的局部荷载（大型机电设备、屋面直升机停机坪等），结构整体计算分析时可采用等效均布荷载输入方式，其数值应合理确定，楼板等构件设计时应进行准确的补充分析。

② 对于与生产工艺或供货厂家等密切相关的荷载情况或特殊的荷载，应在设计初期取得使用方提供的依据（来自工艺方、供货方、建设方等），将其荷载取值列入设计总说明等设计文件，并归档留存。

2.1.3 抗倾覆、抗滑移、抗漂浮设计

对于抗倾覆、抗滑移、抗漂浮有利的永久荷载，其分项系数不应大于 1.0，有利的活荷载应不予考虑。

● 说明

① 对于抗倾覆、抗滑移、抗漂浮验算多采用安全系数法，根据结构的重要性及抗倾覆、抗滑移、抗漂浮荷载的不同，分别取相应的安全系数。国家标准《建筑地基基础设计规范》GB 50007—2011 中规定，挡土墙抗滑移、抗倾覆的稳定性安全系数分别为 1.3、1.6；抗浮稳定安全系数应按照现行行业标准《建筑工程抗浮技术标准》JGJ 476 区分不同抗浮工程设计等级，其中对于乙级（除甲级、丙级以外的）工程使用期抗浮稳定安全系数为 1.05。

② 有利的永久荷载可计入结构构件自重和固定不变的建筑楼屋面做法，对于变化或更换可能性较大的地面装饰层、吊顶、除防火墙外的隔墙、景观造景堆土重量等，均不应计入。当无充分的依据表明隔墙在建筑使用年限内不被拆除或改造时，隔墙自重不得作为抗浮抗力的一部分。当有利的永久荷载仅取结构自重及明确恒定不变的其他荷载时，不进行折减。如计入上述之外的荷载时，应参考行业标准《建筑工程抗浮技术标准》JGJ 476—2019 第 6.3.7 条的组合系数，如固定设备组合系数 0.95，填充墙组合系数 0.9。

③ 当将地下室顶板或屋面的大面积覆土荷载计入有利荷载时，应按照最小重度取值，必要时乘以折减系数，并在设计文件中明确采纳的覆土厚度，以提醒施工方和使用方保证不低于此厚度，并提醒施工单位根据覆土施工的时间，采取必要的临时抗浮措施，保证施工期间的抗浮安全。

2.1.4 荷载取值计算书与荷载分布图

结构计算书应包括荷载取值计算书，列明主要楼层永久荷载和可变荷载的取值。对于荷载分布复杂或重要的结构位置，施工图应给出荷载分布图。

● 说明

① 荷载导算计算书的荷载计算应以建筑做法表和现行国家标准《建筑结构荷载规范》GB 50009 附录 A 为依据。荷载导算计算书示例见本措施附录 A 中 A.0.1 条。

②荷载分布复杂指荷载数值变化多、分布范围大、永久恒载和可变荷载种类多，难以用文字简单描述的情况，例如大型建筑的地下室顶板（标高及覆土多样、消防车道线路长等）、大型屋顶花园（标高多样、景观分区多等）。荷载分布图可单独成图或在结构平面图中绘制局部荷载图，比例可按 1∶200 或 1∶500，标明各区域的永久荷载和可变荷载数值即可。荷载分布图示例见附录 A 中 A.0.2 条。

③地下室顶板增加荷载分布图，可用于指导施工过程荷载控制、供其他配合设计方参考，同时便于长期使用和追溯。

2.1.5 设计工作年限 100 年的荷载取值

（1）可变荷载考虑设计工作年限的调整系数参照国家标准《建筑结构可靠性设计统一标准》GB 50068—2018 第 8.2.10 条和《工程结构通用规范》GB 55001—2021 第 3.1.16 条执行，见表 2.1.5-1。

楼面和屋面活荷载考虑设计工作年限的调整系数γ_L　　表 2.1.5-1

结构设计工作年限（年）	5	50	100
γ_L	0.9	1.0	1.1

（2）风荷载、雪荷载采用重现期 100 年的数值，参照国家标准《建筑结构荷载规范》GB 50009—2012 附录 E 取值。

（3）当采用的水浮力为历史最高水位时，不应考虑调整系数。

（4）地震作用应采用 100 年基准期的地震动参数进行计算。

2.2 永久荷载

2.2.1 永久荷载内容

永久荷载应包括结构构件自重、建筑面层及装饰、围护构件、固定设备及基础、土压力等，设计时不得遗漏。

2.2.2 结构材料的重度

当采用计算程序进行分析时，结构材料的重度取值：钢筋混凝土结构重度宜取为 25kN/m³，当采用轻质混凝土或需要考虑构件装饰层重量时，应按照实际做法另行计算确定。混凝土内钢骨重度应取为 78.5kN/m³。对于钢结构，如需考虑防火层、节点连接附加的荷载时，由于结构体系、节点连接方式、防火涂料类型等存在较大差异，应根据具体情况取值。

● 说明

①计算程序中难以考虑梁、柱、墙的装修层重量，混凝土重度常采用 26kN/m³，主要是考

虑装饰层的荷载，此时可扣除梁柱、梁板重叠区重量。当工程采用其他装饰做法时，应根据构件截面尺寸及实际装修情况取值。

②钢结构采用薄型防火涂料附加重量约占2%～3%，厚型防火涂料附加重量占比则常会超过10%。钢结构的节点附加重量包括节点板和加劲肋等，与结构体系、连接方式等有关，例如相贯焊节点可不放大，而螺栓球节点附加重量可达30%，应根据实际构造进行判断，对于某些软件，也可采用不增大重度，仅在节点部位输入附加重量的方式，更符合实际情况。采用增大重度方式时可扣除节点重叠区重量。

2.2.3 楼面、屋面做法荷载

楼面、屋面做法荷载应根据现行国家标准《建筑结构荷载规范》GB 50009的相关规定以及建筑材料做法表进行取值，不得漏项。对于自重变异较大的材料，其自重标准值应区别考虑，构件承载能力及变形计算时应采用上限值，抗浮计算时应取下限值。

● **说明**

①屋面做法中的找坡层厚度一般可按照平均厚度考虑，对于较大面积的屋面，其找坡层厚度变化较大时则可以分区考虑。

②自重变异较大的材料例如填充用的陶粒混凝土，其重度一般在8～19kN/m^3，变化区间大，应在设计文件中明确给出重度限值。

③屋面各类材料重度应采用现行建筑屋面做法图集的数值。对于防水层以上的材料，计算重度时应考虑材料吸水性，按饱和重度考虑，例如石棉、珍珠岩等。

2.2.4 幕墙荷载

幕墙及其龙骨重量应按永久荷载考虑，常见幕墙荷载取值见附录A中A.0.3条。

● **说明**

①建筑幕墙是由支撑结构体系与面板组成的、可相对主体结构有一定位移能力、不分担主体结构所受作用的建筑外围护结构或装饰性结构（详见现行行业标准《玻璃幕墙工程技术规范》JGJ 102）。

②幕墙荷载标准值包括面层重量＋支承龙骨重量，面层重量根据材料及其厚度计算，数值相对较为稳定，龙骨重量与跨度和支承形式等有很大关系，具有较大的数值区间，其数值及作用位置需要根据具体情况进行计算和输入。注意幕墙荷载应根据不同幕墙支撑体系、与主体结构的连接方式来合理取值，例如框支撑幕墙常采用立柱悬挂于对应楼层顶的主体结构上，而对屋顶层可能还需要同时考虑出屋面幕墙荷载。

2.2.5 建筑隔墙荷载

固定位置的隔墙自重荷载可按永久荷载考虑，位置可能发生变化的隔墙自重荷载应按可变荷载考虑。隔墙自重荷载应根据建筑材料做法及隔墙类型确定，重度可根据现行国家标准《建筑结构荷载规范》GB 50009的规定进行取值。综合重度需考虑圈梁、构造柱及抹灰等做法荷载，同时应在设计文件中注明荷载限值要求。此外，消防疏散通道隔墙荷载应考虑挂网做法，建议单侧再附加0.1～0.15kN/m^2。

● 说明

① 从功能上讲，通常情况下防火分区隔墙、住宅分户隔墙的位置变化可能性较小；卫生间外墙、大型机房外墙、外围护墙等由于防水防潮要求位置也相对固定，故上述位置隔墙可视作固定隔墙，按永久荷载输入。

② 隔墙材料重度可采用国家或地方标准图集的数据，也可参见行业标准《蒸压加气混凝土制品应用技术标准》JGJ/T 17—2020第3.3.1条，蒸压加气混凝土砌筑砌体（含配筋砌块砌体）和配筋板材的自重可按照加气混凝土干密度的1.4倍采用。厂家产品图集的重度如无可靠依据，应慎重采纳。

2.2.6 覆土荷载

地下室顶板或屋面覆土荷载应根据实际覆土重度和厚度计算确定。

（1）覆土厚度应根据建筑总图和景观设计合理取值，当用于楼盖承载力设计时取大值，用于结构抗浮验算时取小值，地面铺装做法应另行计算。

（2）景观覆土及铺装做法在设计工作年限内具有不可控性，其荷载须区分结构安全性或抗浮稳定性的不同验算目的分别取值，并充分考虑景观荷载的不均匀分布。对于景观水池的水荷载，不应在抗浮计算时计入。

（3）当采用特殊种植土时，应在设计文件中明确其干重度限值。

（4）施工图应明确设计中承载力计算和抗浮验算采用的覆土厚度，作为施工和使用期间的控制条件。应对不高于承载力计算的厚度、不低于抗浮验算的厚度进行要求，以保证结构安全。设计条件可标注于荷载分布图或结构设计总说明中。

● 说明

① 覆土厚度按景观可能最大的堆土厚度，按区域取值；覆土厚度最小一般按绿化率所需最小厚度取值。

② 覆土重度当用于楼盖承载力和变形设计时取大值，通常采用饱和重度20kN/m^3；用于结构抗浮验算时取小值，可采用干重度15～16kN/m^3。此时，不再采用现行行业标准《建筑工程抗浮技术标准》JGJ 476的组合系数。

③ 轻质种植土配比种类较多，其干重度范围在4～8kN/m^3，饱和重度应按照产品样本采用，通常在8～13kN/m^3，可根据工程需要和造价选择。无样本时可参考现行行业标准《种植屋面工程技术规程》JGJ 155，饱和重度取值不低于12kN/m^3。

2.2.7 特殊材料的自重

特殊材料（如楼面填充材料、特殊种植土等）重度应经充分研究后采用，并在设计文件中说明。

2.3 楼面、屋面活荷载

2.3.1 活荷载不利布置

计算程序应用时，对于楼面活荷载不利布置需勾选对应计算参数。手工复核构件时，应特别注意活荷载不利布置的影响。

2.3.2 地下室顶板活荷载

地下室顶板活荷载应考虑可能的人员聚集或施工堆载情况，取值不应小于 5kN/m^2。应对施工堆载提出限值和施工要求，当出现施工堆载大于设计取值时，应进行单独复核，并采取施工支撑等措施。

当地下室顶板采用无梁楼盖体系时，必须对顶板施工堆载及覆土施工提出要求，避免超载或相邻板块荷载差异过大等不利情况。

● **说明**

① 施工活荷载 5kN/m^2 仅用于承载力计算，地下室顶板结构的变形和裂缝计算时，活荷载取值按照使用期间实际功能选取。

② 当有地标特殊要求时，荷载取值需同时满足地方标准要求，比如：广东省规范中地下室顶板施工荷载为 10kN/m^2，分项系数为 1.0，设计当地建筑时应注意。

2.3.3 悬挑构件的施工检修荷载

挑檐、雨篷等平面悬挑构件，应注意施工和检修荷载的不利影响。施工图总说明中应标明挑檐及雨篷端部考虑的施工和检修荷载限值，且取值不小于 1kN/m；对于装配式悬挑构件，尚应同时考虑每个构件边缘不小于 1kN 的集中荷载，并进行倾覆验算。

2.3.4 屋面积水荷载

对于外形复杂的屋面，应充分考虑排水不畅、堵塞等引起的积水荷载，按照溢流口高度对应的积水深度来确定最小积水荷载。屋面活荷载与积水荷载不同时考虑，当积水荷载小于屋面均布活荷载时，可不考虑其影响。

● **说明**

可在结构施工图中强调施工中应按照建筑图纸留设泄水孔等排水措施、加强使用期间管理等要求。

2.3.5 栏杆荷载

栏杆、栏板活荷载应按照实际取值，且不应小于现行国家标准《工程结构通用规范》GB 55001 的相关规定，不得遗漏。对于中小学校项目，应关注栏杆荷载取值的提升要求。

2.3.6 设备荷载

大型机电设备的荷载应在施工图总说明中注明设计采用的标准值。空调机房、变配电室、水泵房、电梯机房等荷载取值应以现行国家标准《建筑结构荷载规范》GB 50009 和相关专业的技术条件为依据；扶梯、电梯、擦窗机等荷载应按照实际取值。

（1）设备机房的活荷载应包括设备自重及其运行总荷载，对于设备机房区域无设备处的活荷载取值不应小于 $2kN/m^2$。

（2）设备机房的活荷载不包括设备基础的重量，其值应另行计算，固定的设备基础重量应按恒荷载取值。

● 说明

对于扶梯、电梯、擦窗机的荷载标准值，当没有设备具体参数时，可参照相关专业采用的设备样本或工程经验取值，并在施工图中注明，待设备订货后应进行复核。注意对扶梯安装过程的临时吊点等施工临时荷载，可采用设置施工支撑的方式解决，没有条件设置临时支撑时应按照临时荷载复核。

2.3.7 其他功能荷载

对于与使用方密切相关的或有相关特定设计的功能房间的活荷载，应取得使用方的实际需求数据，根据实际情况取值，且不应小于相关标准规定的最低限值。

● 说明

① 超市活荷载当没有使用方数据时，取值应不小于 $4kN/m^2$，对于摆放大型冰柜的区域应不小于 $10kN/m^2$。

② 公共建筑的卫生间，应注意当设置有水冲按摩式浴缸时，活荷载标准值应不小于 $4kN/m^2$，对于有分隔的蹲厕公共卫生间，其填料和隔墙应按照恒荷载输入。

③ 医院建筑中医疗用房的活荷载见附录 A 中 A.0.4 条。

2.4 消防车荷载

2.4.1 工况组合

通常情况下，工程中消防车荷载不与地震作用、温度作用、风荷载、雪荷载、人防荷载进行组合。

● 说明

消防车荷载标准值较大，但对于一般建筑，出现概率小，作用时间短。在基础设计时，允许不考虑消防车通道的消防车荷载。消防车荷载仅用于梁板柱承载力计算，基础、裂缝、挠度、指标计算时不考虑。但对于特殊工程——消防车经常出现的工程，如消防中心、城市主要公共消防设施等，基础设计及结构和构件的承载力极限状态和正常使用极限状态验算均应考虑消防车荷载的影响。

2.4.2 等效均布荷载

消防车的等效均布活荷载应根据消防车规格、楼板跨度、覆土厚度等因素综合考虑取值。

● 说明

楼面等效均布活荷载见表 2.4.2-1 和表 2.4.2-2。

消防车轮压作用下单向板的等效均布荷载值（单位：kN/m^2） 表 2.4.2-1

（30t 消防车）

楼板跨度（m）	覆土厚度（m）									
	0	0.5	0.75	1.00	1.25	1.50	1.75	2.00	2.5	⩾3.0
⩾2	35.0	32.9	31.9	30.8	29.8	28.7	26.6	24.5	19.6	16.1

消防车轮压作用下双向板的等效均布荷载值（单位：kN/m^2） 表 2.4.2-2

（30t 消防车）

楼板跨度（m）	覆土厚度（m）									
	0	0.5	0.75	1	1.25	1.5	1.75	2	2.5	⩾3.0
3	35	33.3	32.1	30.8	29.3	27.7	25.6	23.5	20	16.8
3.5	32.5	31.1	30.3	29.4	27.9	26.3	24.5	22.6	19.3	16.6
4	30	28.8	28.4	27.9	26.4	24.9	23.3	21.6	18.6	16.2
4.5	27.5	26.8	26.6	26.7	25.2	24.2	22.6	21	18.2	15.8
5	25	24.8	24.7	24.5	23.9	23.3	21.8	20.3	17.5	15.3
5.5	22.5	22.4	22.4	22.3	22	21.7	20.6	19.5	17	14.9
⩾6.0	20	20.	20	20	20	20	19.2	18.4	16.2	14.2

① 楼板跨度指短向跨度；以上数据中覆土厚度为按照现行国家标准《建筑结构荷载规范》GB 50009 附录 B 考虑覆土折算后的覆土厚度$\bar{s}$。其中覆土厚度为 0 时的消防车荷载即为国家标准《工程结构通用规范》GB 55001—2021 第 4.2.3 条中给出的消防车荷载取值。

② 设计计算梁内力时，按照上述表格楼面活荷载标准值进行折减，折减系数应符合现行国家标准《工程结构通用规范》GB 55001 和《建筑结构荷载规范》GB 50009 相关规定。设置双向次梁楼盖的主梁，其等效均布活荷载计算时，按照主梁所围成的“等代楼板”（可以理解为受力从属面积）计算。

③ 表中数值仅适用于一个失火现场进入一台消防云梯车的情况，若有多辆消防车进入同一火灾现场的情况，需要另做研究。

④ 宜给出地下室顶板上的消防车路由分布图，可参考图 2.4.2-1。

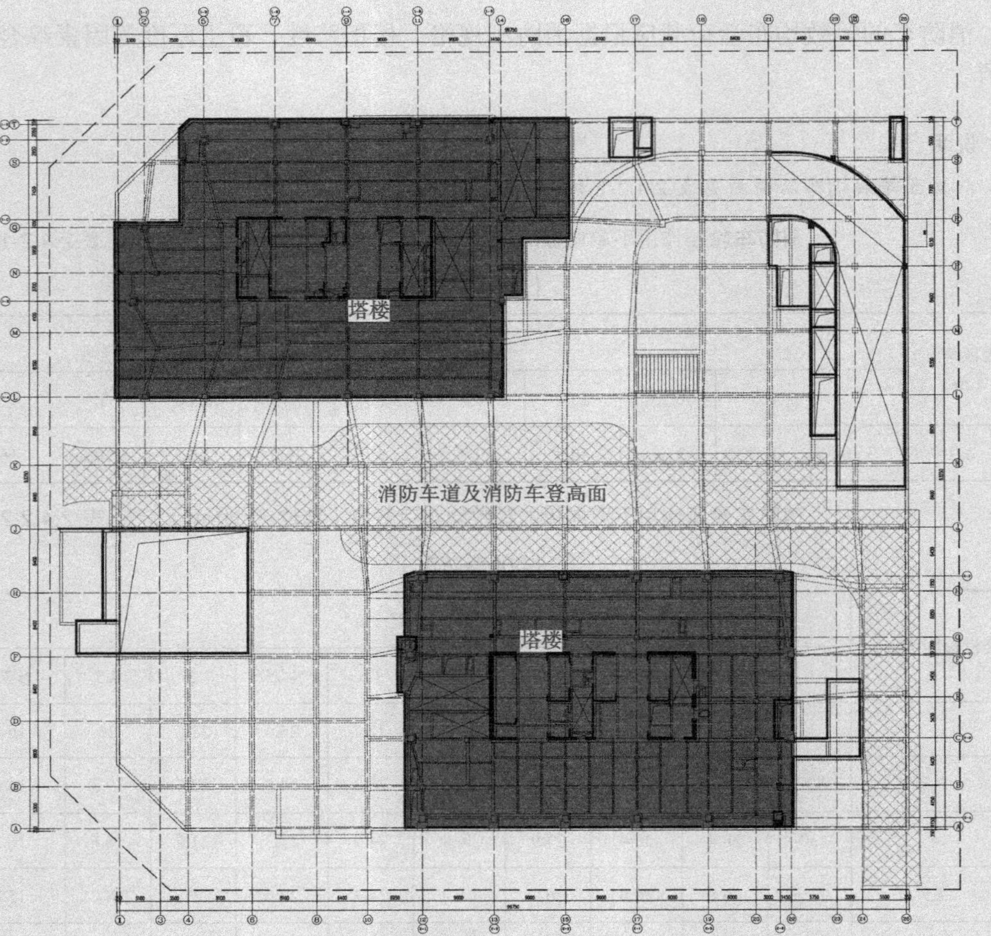

图 2.4.2-1　消防车道及消防车登高面路由分布图

2.4.3　大型消防车或重型车荷载

当大型消防车型号无资料参考时，应根据其吨位或轮压及可能进入现场的台数换算其荷载效应。

● 说明

① 消防车种类较多，全国各地选用情况各异，其对结构影响的关键要素是轮压（一般是后轴轮压），各级消防车对结构的等效均布活荷载可以按轮压大小进行换算。单台消防车作用时，55t 消防车荷载可按照 30t 消防车荷载的 1.17 倍取值，70t 消防车荷载可按照 30t 消防车荷载的 1.7 倍取值。

② 总说明需要注明施工吊车、设备运输车等大型施工器械荷载不得超过设计荷载，如出现超过设计荷载的情况，应要求施工单位单独复核并报设计审核。

2.5 风荷载

2.5.1 对风荷载敏感的结构

对风荷载敏感的结构指房屋高度超过 60m 的结构、大雨篷结构、大跨钢结构、索结构、膜结构等。其承载力设计时应按基本风压的 1.1 倍取值，变形验算时应按照基本风压计算。舒适度验算时应取 10 年一遇的风压计算。

对于风荷载敏感的结构，应考虑风振响应的影响，主要包括顺风向、横风向和扭转风向三部分。设计时，应根据具体情况分别考虑或者组合考虑。横风向和扭转风向的风振计算可参照现行国家标准《建筑结构荷载规范》GB 50009 的规定。

2.5.2 风洞试验及结果采用

根据现行国家标准《工程结构通用规范》GB 55001 的相关规定，体型复杂、周边干扰效应明显或风敏感的重要结构应进行风洞试验。风洞试验方法应按照现行行业标准《建筑工程风洞试验方法标准》JGJ/T 338 的要求执行。

高度大于 400m 的超高层建筑或高度大于 200m 的连体建筑，宜在不同风洞试验室进行独立对比试验。

由风洞试验取定的风荷载得出的主轴方向基底弯矩不应低于现行国家标准《建筑结构荷载规范》GB 50009 规定计算值的 80%，围护结构的风荷载取值不应低于规范规定值的 90%，有独立对比试验时按较高值选用，且较高值的上述限值可分别降低为 70%和 80%。

● **说明**

满足下列情况之一时需要进行风洞试验：

① 房屋高度大于 200m 的高层建筑；

② 平面形状或立面形状复杂的高层建筑；

③ 立面开洞或连体高层建筑；

④ 周围地形或环境较复杂的高层建筑；

⑤ 体型复杂、对风荷载敏感或者周边干扰效应明显的大跨度屋盖结构。

2.5.3 减小风荷载效应的措施

对于受风荷载影响比较明显的高层建筑，应关注主导风向和最不利方向角，进行方案比选，采用有利于减小风荷载效应的建筑体型、建筑平面、建筑立面等。

● **说明**

① 采用合理的建筑体型以减小结构所受的风荷载作用，如圆柱体、锥体等。

② 将建筑平面角部切角或柔化以减小结构所受的横风向风荷载作用，可采用圆形、正多边形等。

③ 建筑立面上设置扰流部件或开洞以减小结构所受的横风向风荷载作用。

④ 根据主导风向以及周边的建筑风环境情况调整建筑的朝向。

2.6 雪荷载

2.6.1 对雪荷载敏感的结构

对雪荷载敏感的结构主要是指大跨、轻质屋面结构。设计时应按照100年重现期雪压和基本雪压的比值，提高其雪荷载值。

对于雪荷载组合计算时，应注意考虑雪荷载不均匀分布。

● 说明

对雪荷载敏感的结构，雪荷载常作为控制荷载，极端雪荷载作用下容易造成结构整体破坏，后果特别严重。建议方案设计阶段配合建筑及建设方尽量采用对积雪敏感性较弱的屋盖形式。对于雪荷载控制的结构，应特别关注雪荷载不均匀分布。

2.6.2 积雪分布

（1）应注意屋面的跨数、拱形、坡形、高低屋面、女儿墙等因素对积雪分布系数的影响。

（2）对于高低跨屋顶，应将漂移雪荷载以三角形分布形式并与屋面基本均布雪荷载进行叠加。

● 说明

各国标准规范考虑积雪漂移效应系数对漂移荷载幅值调控，该类系数取值受高低跨屋面尺寸关系、屋面积雪量与主导风向风速等因素影响。

2.6.3 特殊积雪荷载

（1）对于屋面落雪期间存在积雪冻融成冰并与雪荷载共存的情况，应考虑冰雪共存荷载。冰雪共存情况较严重的屋面，必要时宜进行专项论证。

（2）群集的高层建筑及其裙房应考虑建筑物所处的风环境状态对屋面积雪荷载的影响。

（3）山区的雪荷载应通过实际调查后确定。当无实测资料时，可按当地邻近空旷平坦地面的雪荷载值乘以增大系数1.2采用。

● 说明

第（1）款，借鉴ASCE/SEI规范考虑雪荷载放大系数，不供暖屋面最不利可取1.3，供暖建筑一般取1.0，露天建筑取1.2，温度要求特意保持在0°C以下的建筑取1.3。

2.6.4 覆冰荷载及防坠落保护措施

计算塔桅结构、输电塔和钢索等结构的覆冰荷载时，应根据覆冰厚度及覆冰的物理特性确定其荷载值，可按照现行国家标准《高耸结构设计标准》GB 50135的相关规定进行计算，并考虑覆冰对抗风造成的不利影响。当下方可能有行人经过时，尚应对覆冰坠落风险进行评估并采取相应措施。

● **说明**

（1）设计说明中补充关于坠冰防护措施。如：①加强安全意识，勤检查（定期检查可能存在高空坠冰风险的区域）；②设置警示标志，提醒人们注意安全；③安装安全防护网或挡板等装置，有效防止冰雪从高空坠落；④对已形成的冰凌，可使用专业工具进行清理，确保其不会脱落伤人。

（2）除现行国家标准《高耸结构设计标准》GB 50135外，覆冰荷载可参考相关现行行业标准如《移动通信工程钢塔桅结构设计规范》YD/T 5131、《架空输电线路杆塔结构设计技术规定》DL/T 5154等的规定取值。

2.7　温度作用

2.7.1　温度作用取值

（1）温度作用计算应包括施工阶段和使用阶段。

（2）温度作用计算时，应考虑与永久荷载、可变荷载及风荷载的组合；非地震工况，温度的组合值系数取0.6；温度作用与地震作用组合时，温度作用组合值系数可取0.2；混凝土结构可不考虑与地震作用的组合。

（3）混凝土结构温度作用的计算，应考虑混凝土收缩和徐变的影响。混凝土收缩的影响可用降低温度（当量温差）的方法来等效计算。混凝土徐变松弛系数可取0.3～0.4。

（4）施工阶段温差取值宜考虑主体结构分区、分段施工的影响。

（5）合拢温度宜按温度区间考虑。钢结构的合拢温度应采用日平均温度。

（6）使用阶段温升、温降取值应为使用阶段温度与合拢温度的差值。使用阶段温度取值：室外构件可取年最高、最低温度；室内构件温度取值应考虑空调、供暖的影响；室内外交界构件取室内外温度平均值，对于室内外温差较大的构件，应考虑室内外温度梯度的影响。

（7）地下室与地下结构的室外温度应考虑离地表面深度的影响。当离地表面深度超过10m时，土体基本为恒温，可取年平均气温。

2.7.2　温度作用计算

（1）温度作用计算的模型假定应能真实反映结构实际刚度和约束状态。房屋长度一般不宜超过现行标准规定限值，对超长房屋应考虑超长结构的水平温度作用。

（2）采用线弹性方法计算温度作用时，混凝土结构可考虑刚度的折减，刚度折减系数可取0.85。混凝土构件考虑徐变和刚度折减的温度效应综合折减系数不应小于0.3。

（3）受温度影响较大的高层建筑结构应考虑竖向温度作用。

（4）外露钢结构应考虑太阳辐射产生的温度变化。

2.8 土压力与水压力

2.8.1 水土分算原则及荷载分项系数

（1）基础、地下室外墙设计时，地下水压力和土压力应按水土分算原则计算，有可靠依据时也可采用水土合算。承载能力极限状态及正常使用极限状态计算时，地下水应按抗浮设计水位计算。

（2）地下室外墙计算时，土压力的荷载分项系数应取 1.3。地下水压力的荷载分项系数应取为 1.3，当地下水位变化剧烈时，可取 1.5。地下水头与荷载分项系数的乘积不应超过地下室埋深；当抗浮设计水位标高高于室外地面时，地下水头与荷载分项系数的乘积不应超过抗浮设计水位。

（3）底板计算时，地下水头与荷载分项系数的乘积不应超过地下室埋深；当抗浮设计水位标高高于室外地面时，地下水头与荷载分项系数的乘积不应超过抗浮设计水位。

● 说明

有时地勘报告会单独给出地下室外墙计算建议考虑的地下水位，当地勘报告有特殊要求时需要同时满足地勘报告要求。

2.8.2 有效重度及土压力系数

（1）地下水位以下土的重度按有效重度可近似取为 $11kN/m^3$。

（2）地下室外墙承受的土压力宜取静止土压力，静止土压力系数可取 0.5，对于一般固结土可取$1-\sin\varphi$（φ为土的有效内摩擦角）。对于地下水位下的土应按水土分别计算。当地下室施工采用护坡桩或地下连续墙支护时，可以考虑基坑支护与地下室外墙的共同作用，可按静止土压力乘以折减系数 0.66 近似计算（$0.5\times0.66=0.33$）。当支护深度浅于地下室深度时，不宜折减。

2.8.3 抗浮设计水位

结构设计采用的抗浮设计水位不应低于岩土工程勘察报告提供的抗浮设计水位。

2.9 地震作用

2.9.1 偶然偏心及双向地震

（1）质量和刚度分布明显不对称的结构，应计入双向水平地震作用下的扭转影响。

（2）质量和刚度基本对称结构仅进行单向水平地震作用计算时，应考虑偶然偏心的影响。

（3）当计算双向地震作用时，可不考虑偶然偏心的影响，但应与单向地震作用考虑偶然偏心的计算结果进行比较，取不利的情况进行设计。

● 说明

第（1）款，质量和刚度分布明显不对称、不均匀的结构，通常指在考虑偶然偏心影响的单向规定水平力作用下，扭转位移比超过限值 1.2 的结构，但对于高层建筑仅底部个别楼层略超 1.2 时，可不视为质量和刚度分布明显不对称的结构。

2.9.2　竖向地震

（1）根据国家标准《建筑与市政工程抗震通用规范》GB 55002—2021 第 4.1.2 条及《混凝土结构通用规范》GB 55008—2021 第 4.3.6 条的规定，表 2.9.2-1 所示的大跨度和长悬臂结构、转换结构应考虑竖向地震作用。

大跨度和长悬臂结构定义　　表 2.9.2-1

大跨度和长悬臂结构			转换结构
设防烈度	大跨度（m）	长悬臂（m）	转换跨度（m）
7 度（0.15g）	⩾ 24	⩾ 2.0	⩾ 8
8 度	⩾ 24	⩾ 2.0	⩾ 8
9 度	⩾ 18	⩾ 1.5	⩾ 8

（2）抗震设防烈度为 9 度的高层建筑物应考虑竖向地震作用。

（3）7 度（0.15g）和 8 度抗震设计时，连体结构的连接体应考虑竖向地震的影响；6 度和 7 度（0.10g）抗震设计时，高位连体结构（如连体位置高度超过 80m 时）的连接体宜考虑竖向地震的影响。

（4）隔震结构必要时应考虑竖向地震作用的影响，当 9 度时和 8 度且水平向减震系数不大于 0.3 时，隔震层以上的结构应进行竖向地震作用的计算。

2.9.3　近场效应

根据国家标准《建筑与市政工程抗震通用规范》GB 55002—2021 第 4.1.1 条 1 款规定，当工程结构处于发震断裂两侧 10km 以内时，应计入近场效应对设计地震动参数的影响。

国家标准《建筑抗震设计标准》GB/T 50011—2010（2024 年版）第 3.10.3 条针对建筑结构的抗震性能化设计应符合以下要求：对处于发震断裂两侧 10km 以内的结构，地震动参数应计入近场影响，5km 以内宜乘以增大系数 1.5，5km 以外宜乘以不小于 1.25 的增大系数。第 12.2.2 条规定的放大系数与此相同。

● 说明

根据国家标准《建筑抗震设计标准》GB/T 50011—2010（2024 年版）相关条款规定，在考虑地震断裂近场效应时可遵循以下原则：

（1）6 度和 7 度区：可不考虑近场效应调整。

（2）8 度及以上地区：应进行大震弹塑性计算，调整大震，进行防倒塌设计。

① 按国家标准《建筑抗震设计标准》GB/T 50011—2010（2024 年版）相关要求调整大震

加速度幅值，即处于发震断裂两侧 10km 以内的结构，5km 以内宜乘以增大系数 1.5，5km 以外宜乘以不小于 1.25 的增大系数。

② 大震时程分析选波，应注意脉冲效应、竖向效应。

③ 对竖向地震敏感的结构（大跨、超高层、隔震等），竖向分量也应调整，且应进行竖向为主的分析与验算。

④ 大震防倒塌验算：包括变形验算、损伤与屈服机制控制等内容。

⑤ 不满足时可适当调整小震设计（构件选型或参数）或加强薄弱、关键部位的构造等。

（3）确定断裂带时，发震断裂指的是全新世活动断裂中，近 500 年来发生过 $M>5$ 级地震的断裂或今后 100 年内可能发生 $M>5$ 级地震的断裂。

（4）依据国家标准《建筑抗震设计标准》GB/T 50011—2010（2024 年版）第 4.1.7 条第 1 款第 3）项，抗震设防烈度为 8 度和 9 度时，隐伏断裂的土层覆盖厚度分别大于 60m 和 90m，可忽略发震断裂错动对地面建筑的影响，可不考虑避让问题。

近场效应与地面错动是发震断裂对地面建筑影响的两个方面，因此当工程结构处于发震断裂两侧 10km 以内时，无论是否可忽略发震断裂错动对地面建筑的影响，均应计入近场效应对设计地震动参数的影响。

2.10 其他荷载

2.10.1 电梯撞击荷载

电梯撞击荷载属于偶然荷载，电梯底坑应考虑竖向撞击荷载。根据国家标准《建筑结构荷载规范》GB 50009—2012 第 10.3.1 条规定，电梯竖向撞击荷载标准值可在电梯总重力荷载的 4～6 倍范围内选取。具体荷载值可根据电梯样本提供的电梯类型及总重力荷载。电梯井道下有人到达房间的顶板活荷载取值不应小于 5kN/m²。

● **说明**

根据国家标准《电梯制造与安装安全规范 第 1 部分：乘客电梯和载货电梯》GB 7588.1—2020 第 5.2.5.4 条规定：如果井道下方确有人员能够到达的空间，井道底坑的底面应至少按 5000N/m² 载荷设计，且对重（或平衡重）上应设置安全钳。

2.10.2 电梯机房荷载

在未确定电梯品牌时，电梯机房地面活荷载可根据现行国家标准《工程结构通用规范》GB 55001 相关规定，采用均布活荷载 8kN/m² 计算。确定电梯品牌后应按电梯样本的点荷载取值，同时附加 3.0kN/m² 的均布活荷载，当电梯搁机梁放在梁上时应对支撑梁进行单独复核。

2.10.3 机电管线吊挂荷载

机电管线吊挂荷载包括管道和支架重量及其运行荷载。固定安装的机电管道和支架应按照永久荷载计算，一般建筑可取为 0.5kN/m^2；对机电管线集中密集布置区域应按照实际管道和支架重量进行计算取值。

● 说明

管道运行荷载可以考虑为活荷载，一般为设备专业水管内的水重，尤其对于换热站、制冷机房等大型管道出机房后的局部区域，其管道运行荷载往往达到 3～5kN/m^2，应根据专业提资进行复核。

2.10.4 大型设备运输荷载

大型设备运输荷载应根据实际荷载取值，并按活荷载计算。当其运输频次极少时（通常指在设计工作年限内使用频率低于 3 次），可按偶然组合，且不与地震、风、雪荷载进行组合。

2.10.5 展览、博物馆等建筑的吊挂荷载

展览、博物馆等建筑的吊挂荷载应由设备工艺确定，并在取得甲方认可后方可进行设计，设计文件中必须明确施工前应由工艺方予以确认。顶部吊挂荷载（包括照明及广告设置等）应按活荷载输入，根据行业标准《展览建筑设计规范》JGJ 218—2010 第 4.2.8 条规定可知，取值不宜小于 0.3kN/m^2。当缺乏工艺资料时，可参考附录 A 中 A.0.5 条取值。

2.10.6 展览类建筑的楼地面荷载

根据现行国家标准《工程结构通用规范》GB 55001 相关规定，办公或住宅建筑中的室内小型展厅的活荷载可取为 4.0kN/m^2。对于会展类建筑，其地面荷载需求与展品类型密切相关，应由使用方提供荷载实际需求。

● 说明

根据近年部分会展项目经验，室内展厅的活荷载标准值不低于 5.0kN/m^2，中、大型展览建筑根据实际工程的荷载需求可能达到 20～100kN/m^2。展览建筑的楼地面荷载值参考附录 A 中 A.0.6 条。

2.10.7 停机坪荷载

停机坪荷载可参照国家标准《建筑结构荷载规范》GB 50009—2012 第 5.3.2 条和《工程结构通用规范》GB 55001—2021 第 4.2.11 条执行。当暂无机型资料时，整体计算时可采用等效均布活荷载；对于楼板和梁的承载力设计，应按照现行国家标准《建筑结构荷载规范》GB 50009 的相关规定进行局部荷载复核，并考虑动力系数。机型确定后应按实际荷载再次复核。

一般停机坪在屋面板上设有专门的钢筋混凝土地面，在没有具体条件时，可暂按图 2.10.7-1 所示总计 250mm 厚的屋面做法估算永久荷载。

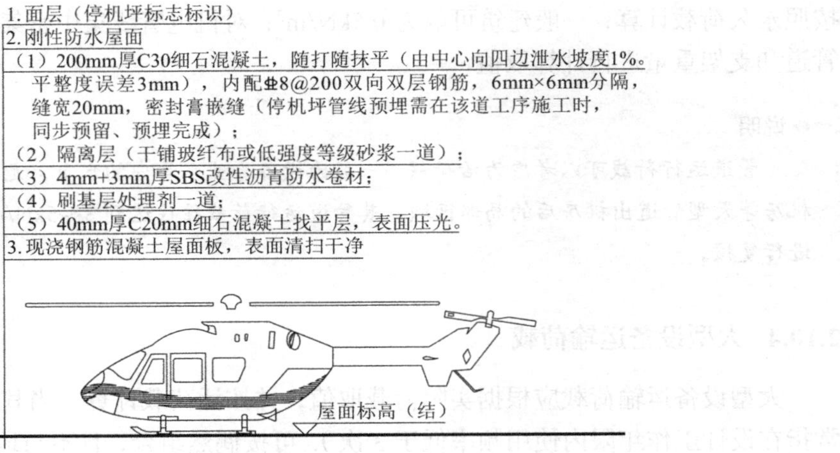

1.面层（停机坪标志标识）
2.刚性防水屋面
（1）200mm厚C30细石混凝土，随打随抹平（由中心向四边泄水坡度1%。
平整度误差3mm），内配⌀8@200双向双层钢筋，6mm×6mm分隔，
缝宽20mm，密封膏嵌缝（停机坪管线预埋需在该道工序施工时，
同步预留、预埋完成）；
（2）隔离层（干铺玻纤布或低强度等级砂浆一道）；
（3）4mm+3mm厚SBS改性沥青防水卷材；
（4）刷基层处理剂一道；
（5）40mm厚C20mm细石混凝土找平层，表面压光。
3.现浇钢筋混凝土屋面板，表面清扫干净
屋面标高（结）

图 2.10.7-1　停机坪地面做法示例

2.10.8　物流建筑的荷载

物流建筑楼地面的活荷载取值应满足现行国家标准《建筑结构荷载规范》GB 50009 及《物流建筑设计规范》GB 51157 的相关要求。

楼面荷载计算时的主要参数如下：物流建筑结构设计的动力计算，可将重物、搬运车辆自重乘以动力系数后作为静力进行设计。重物和车辆轮压的动力系数取 1.1～1.3；组合值系数建议取值 0.9；存储区荷载的准永久值系数不小于 0.6，按轮压计算荷载时的准永久值系数可取 0.5。无地下室的首层地面荷载计算时的轮压动力系数应考虑覆土厚度，可根据覆土厚度按照现行国家标准《物流建筑设计规范》GB 51157 采用，见表 2.10.8-1。

载重车辆的轮压动力系数　　**表 2.10.8-1**

覆土厚度（m）	≤0.25	0.3	0.4	0.5	0.6	≥0.7
动力系数	1.3	1.25	1.2	1.15	1.05	1.00

结构图纸应给出采用的荷载限值，作为使用方后续选用叉车的控制数据。对于物流建筑，应根据物流建筑的规模、等级及使用方实际需求考虑荷载取值。常用物流建筑的楼地面荷载可参考附录 A 中 A.0.7 条。

● **说明**

荷载限值应包括工作区叉车额定载重限值、采用的等效均布活荷载限值、货物存放区等效均布活荷载限值等，并注明该数值是否已包含动力系数。

3 结构计算分析与程序使用

3.1 计算分析与程序使用的原则

在进行结构计算分析时，应选择合理的计算假定、简图、方法，并考虑各种可能的荷载和边界条件。计算程序的选择和使用应基于准确性和可靠性原则。

（1）结构计算模型应根据实际情况确定，计算模型应能够准确反映结构中构件的实际受力状况，如结构的位移、应力和变形等应满足现行国家标准和设计要求，且不应出现明显的异常或不合理情况。在进行结构计算分析时，应考虑可能影响结构性能的因素，包括荷载、材料性能、边界条件、施工次序等。

（2）在使用计算程序时，应遵守现行国家标准的规定，熟悉软件使用说明和原理，对结构分析软件的结果，应进行分析判断，确认合理后方可作为结构设计的依据，并应注意保护知识产权和遵守相关法律法规。

● 说明

①实际工程中，设计人员需要有清晰的结构概念，应能将复杂的计算模型简化，找出最直接的传力路径，将复杂的问题简单化，使结构受力简单明确，从而保证结构计算结果的可靠性。结构抗震设计需重视概念设计，结构计算只是抗震概念设计的一个验证过程，避免为了追求个别数据指标而违背结构的合理性。

②抗震计算分析着重于把计算方法放在比较合理的基础上，不拘泥于细节，从工程判断的角度，力求简单易行，以线性的计算分析方法为基本方法，并按概念设计进行各种调整。

③利用计算程序进行结构抗震分析时，计算模型的建立、必要的简化计算与处理，应依据计算软件的技术条件确定，以符合结构的实际工作状况。复杂结构进行地震作用下的内力和变形分析时，应采用不少于两个不同力学模型的结构分析软件进行整体计算，并对其计算结果进行分析比较。所有程序计算结果，应经分析判断确认其合理、有效后方可用于工程设计。

3.2 参数选择

3.2.1 计算参数选择

（1）地震参数设置，应符合下列规定：

①周期折减系数取值应符合本措施相关章节的规定。

②场地特征周期T_g取值应综合考虑场地的地质条件、土类型、场地剪切波速等因素。

不同的场地类别应具有不同的特征周期取值范围。根据国家标准《建筑与市政工程抗震通用规范》GB 55002—2021 第 4.2.2 条规定，当建筑场地的等效剪切波速、覆盖层厚度介于不同场地类别的分界线± 15%范围内时，建筑结构抗震设计用的场地特征周期应内插取值。插值方法详见附录 B。

③ 阻尼比取值应符合本章及其他章节的相关规定。

④ 连梁刚度折减系数应根据不同荷载采用不同的刚度折减方法，在多遇地震作用下，连梁刚度折减系数不宜小于 0.5（一般指多遇地震，对于中震、大震连梁刚度折减系数取值见本书第 7 章），风荷载作用下应取 1.0，竖向荷载作用下取 1.0。

（2）结构计算分析中常采用刚性楼板假定和弹性板，其中计算分析软件中常用的弹性板有弹性板 3、弹性板 6、弹性膜。楼板特性与应用范围如表 3.2.1-1 所示。

刚性楼板和弹性楼板分类 **表 3.2.1-1**

类型	特性	应用范围
刚性楼板	平面内刚度无限大，平面外刚度为零	适用于大部分有梁板体系，对于楼板完整且无薄弱连接的结构进行整体计算分析时可采用刚性楼板，一般刚性楼板常用于整体指标计算
弹性楼板 3	楼板平面内刚度无限大，楼板平面外真实刚度	适用于厚板转换层结构的厚板分析，当板柱结构板的面内刚度足够大时，也可采用
弹性楼板 6	采用壳单元，楼板的面内刚度和面外刚度均为实际刚度，理论上最符合楼板实际情况	适用于板柱结构，可真实地模拟楼板的刚度和变形
弹性膜	采用平面应力膜单元真实计算楼板的平面内刚度，同时忽略楼板的平面外刚度	适用于空旷的工业厂房和体育场馆结构、楼板局部开大洞结构、楼板平面较长或有较大凹入以及平面弱连接结构

结构计算分析时，楼板计算假定的不同会对结构动力特性和内力有较大的影响，因此在实际应用中，应根据具体的结构类型、楼板开洞情况、结构分析需求以及设计标准要求等因素，选取合适的弹性板类型，并应对分析结果进行详细评估和验证，以确保结构的安全性和合理性。

（3）常用施工模拟次序加载分为下列方案：

① 一次性加载。即一次集成结构刚度，按一次施加竖向荷载。适用于多层结构、有吊柱结构、大型体育馆类建筑（无严格层概念）等情况。

② 模拟施工加载 1。即一次集成结构刚度，分层施加恒荷载。

③ 模拟施工加载 3。即分层集成刚度分层施加恒荷载，每层加载时，仅考虑本层及以下层的刚度。该方法更符合实际情况，对一般多高层建筑宜采用。

④ 构件级施工次序。可指定构件的施工次序。如框架-支撑结构、局部带斜撑结构可指定支撑后装（减少支撑大部分竖向荷载）；带转换桁架结构可将转换层定义为一个施工层，以保证转换层受力安全。

（4）框架柱计算长度系数，应符合下列规定：

① 结构设计时，构件应与整体结构分离分析，并计算构件的强度和稳定性。构件的稳定承载能力可通过计算长度系数求得。

② 钢筋混凝土柱长度系数应符合《混凝土结构设计标准》GB/T 50010—2010（2024 年版）第 6.2.20 条规定。

③ 钢柱计算长度系数应符合《钢结构设计标准》GB 50017—2017 第 8.3 节规定。计算

长度系数计算应分为有侧移和无侧移两种类型，钢柱计算长度系数应考虑钢柱两端的约束条件和相连钢梁的相对刚度等因素。

④ 对于复杂受力情况也可以采用整体稳定分析反算计算长度的方法。

（5）框剪结构和框架-核心筒结构应进行二道防线内力调整，确保“中震可修”和“大震不倒”的性能水准，并应符合国家及行业标准《建筑抗震设计标准》GB/T 50011—2010（2024 年版）第 6.2.13 条、《高层建筑混凝土结构技术规程》JGJ 3—2010 第 8.1.4 条和《高层民用建筑钢结构技术规程》JGJ 99—2015 第 6.2.6 条的相关规定。

（6）梁刚度放大系数，应符合下列规定：

① 对于钢筋混凝土梁，当采用现浇楼盖和装配整体式楼盖时，结构分析应考虑楼板翼缘对梁刚度和承载力的影响，适当对梁刚度进行放大。梁刚度放大系数应符合国家标准《混凝土结构设计标准》GB/T 50010—2010（2024 年版）第 5.2.4 条相关规定。

② 对于钢梁，行业标准《高层民用建筑钢结构技术规程》JGJ 99—2015 第 6.1.3 条规定：当钢梁与混凝土楼板有可靠连接时，结构弹性计算可计入钢筋混凝土楼板对钢梁刚度的增大作用。当钢梁两侧有楼板时，钢梁刚度放大系数可取 1.5；当一侧有楼板时，钢梁刚度放大系数可取 1.2。弹塑性计算时，大震时楼板可能开裂，不应考虑楼板对钢梁刚度增大作用。

（7）对于高层建筑结构内力计算中活荷载不利布置，应符合行业标准《高层建筑混凝土结构技术规程》JGJ 3—2010 的相关规定。例如，当楼面活荷载大于 $4kN/m^2$ 时，应考虑楼面活荷载不利布置引起的结构内力的增大。

● **说明**

第（1）款，计算多遇地震作用下楼层位移角时，连梁刚度可不折减。

第（2）款，对于弹性楼板 6（壳单元），部分竖向楼面荷载会通过楼板的面外刚度直接传递到竖向构件上，造成相应梁上荷载会偏小，在梁设计时慎重选用。

温度荷载计算时应将楼板定义为弹性板。计算楼板应力时可采用弹性板 6 或者弹性膜，但当考虑温度作用进行梁设计时采用弹性楼板 6，则存在荷载传递的问题。

对于与斜柱相连的梁、斜板、桁架的上下弦杆、转换层的梁等构件计算，应设置为弹性板。对于验算存在轴力的关键水平构件，考虑中震大震时楼板开裂引起的刚度退化，计算时楼板厚度设置为 0 或厚度折减的方式进行验算，以保证关键构件安全。

当常用软件（如 SATWE）中设置不考虑强制刚性楼板时，除特殊指定弹性板区域外，其余区域均默认为刚性楼板。

第（3）款，对于既有建筑加固改造设计中需要新增构件，当卸载或者支顶困难时，新增构件也应考虑施工模拟（构件及施工顺序）加载，保证受力计算的准确性。

对于存在斜撑或者带伸臂桁架加强层的结构，为减少斜撑竖向荷载应力，采用支撑后装的方式，计算时定义相应的施工加载次序，在施工图中应注明与计算相对应的施工次序要求。

对于传力复杂的结构，如带转换层结构、存在吊柱的结构、悬挑结构、跨层结构等，可能出现多层需要同时施工的情况，因此应将这些楼层设置为同一个施工次序号，保证与实际工程情况相符。

示例：如图 3.2.1-1 所示结构，对于高位转换结构，为保证转换桁架及上部构件安全，可以分为下列两种情况进行施工模拟计算转换桁架及其上面的构件：①计算转换桁架时，将转换层定义为一个施工层（图 3.2.1-1 中施工层 4）进行验算；②计算转换层以上结构时可将转换层和上部梁柱作为一个施工层（将图 3.2.1-1 中施工层第 4～10 层合并为一个施工层）进行验算。

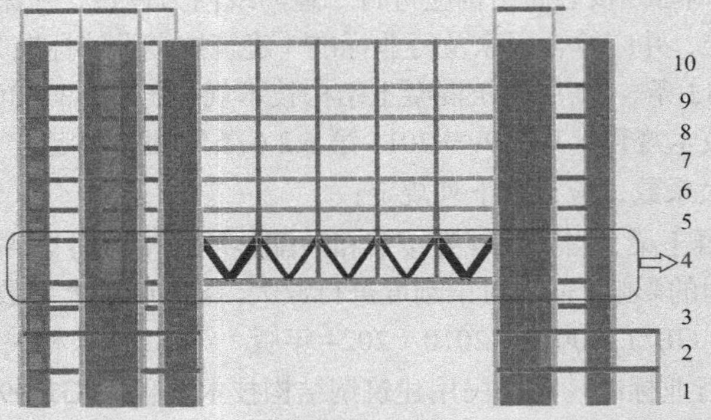

图 3.2.1-1　带转换层结构施工加载次序示意

如图 3.2.1-2 所示结构，上部存在桁架结构，下部结构采用吊柱结构，为保证顶部桁架及下部吊挂构件安全，可以分为下列两种情况进行施工模拟计算顶部桁架及其下部吊挂构件：①计算顶部桁架时，将顶部桁架层定义为一个施工层（图 3.2.1-2 中施工层 12）进行验算；②计算桁架下部结构构件时，可以将顶部桁架层和下部结构作为一个施工层（将图 3.2.1-2 中施工层第 12～17 层合并为一层）进行验算。

带穿层柱结构施工加载次序示意图如图 3.2.1-3 所示。

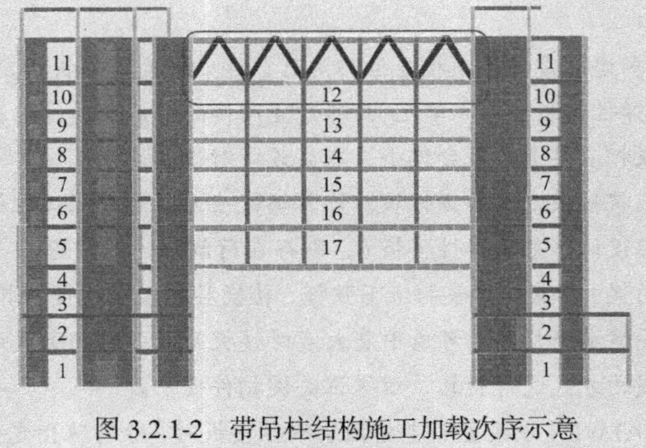

图 3.2.1-2　带吊柱结构施工加载次序示意

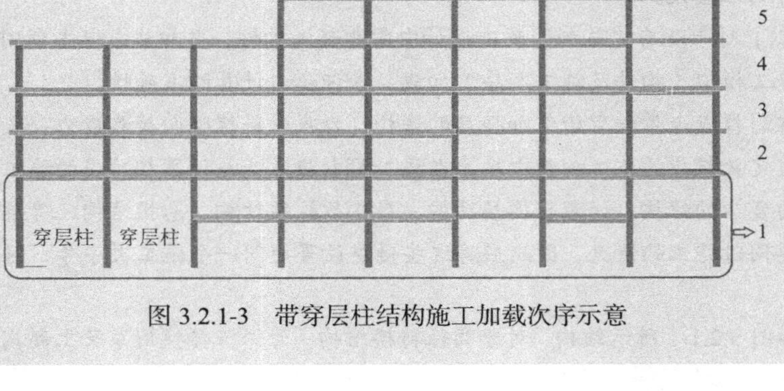

图 3.2.1-3　带穿层柱结构施工加载次序示意

第（4）款，实际工程中，结构荷载条件、约束条件复杂，国家标准《钢结构设计标准》GB 50017—2017 中对于框架柱的计算长度系数给出了计算方法，但在使用时存在一定局限性，对于复杂受力情况的柱常采用欧拉公式来反算计算长度系数。

对于常规结构，大部分结构设计软件（PKPM、MIDAS、ETABS 等）能够依据现行标准判断结构有无侧移，进行柱计算长度的计算，但对于复杂结构或者约束情况复杂的框架柱（与悬挑梁相连的柱、与桁架相连的柱等）设计软件无法判断结构约束情况，按现行标准计算柱计算长度时存在问题（对于悬挑梁或者桁架对框架柱的约束情况判断有误），类似情况设计中可采用欧拉公式来反算计算长度系数。

如图 3.2.1-4 所示，软件会将悬挑梁识别为钢柱的约束，因此沿悬挑梁方向钢柱的计算长度系数软件处理有误，柱计算长度系数会偏小不安全；如图 3.2.1-5 所示，对于柱顶为桁架时，软件在判断按现行标准计算柱长度系数时，仅将桁架的下弦杆作为钢柱的约束来计算，未考虑桁架整体对钢柱的约束，此时柱计算长度系数会偏大，造成柱截面过大而不经济，因此在设计时对于此类问题需要核查软件判断是否有误。

图 3.2.1-4　悬挑梁与钢柱连接情况

图 3.2.1-5　桁架与钢柱连接情况

第（5）款，在框架-剪力墙结构或框架-核心筒结构中，剪力墙（核心筒）通常被视为第一道防线，而框架则被视为第二道防线。在地震等外力作用下，剪力墙首先承受大部分的水平剪力，而框架则承受较小的剪力。剪力墙或核心筒在中震和大震作用下出现损伤，刚度退化，相应地震作用会转移到框架，框架承受地震作用会增大，因此需要对框架的剪力进行调整，使其能够承担更多的剪力，从而提高结构的整体抗震性能，保证结构中震可修和大震不倒的性能水准。

① 对于有加强层的框架核心筒结构，由于加强层刚度突变，会引起加强层及上下楼层框架剪力突变，因此加强层及其上、下楼层的框架剪力不作为框架部分分配的楼层剪力标准值最大值。对于存在转换层（转换桁架）的结构，进行调整时也可参考加强层做法。

② 一般结构应进行抗震性能化设计，在中震、大震作用下框架可不用进行二道防线内力调整。

③ 对于穿层柱设计时，设计时应按照周边相邻的框架柱（非穿层柱）的剪力进行设计，同时也需要进行二道防线内力调整。

④ 二道防线内力调整时，如主要竖向构件有收进，应进行分段调整。

⑤ 对于仅设置少量框架柱的剪力墙结构（框架部分承受的地震倾覆力矩不大于结构总地震倾覆力矩的 10%），框架部分也应按要求进行剪力调整。

⑥ 对于少墙框架结构，框架部分的剪力采用框架结构模型和框架剪力墙结构模型进行包络设计，对于包络计算中的框架模型软件处理方式为将剪力墙的刚度进行折减（一般刚度折减系数取值 0.2）进行整体计算。少墙框架中的剪力墙刚度较框架柱大，造成地震作用局部集中于剪力墙，框架和剪力墙均很难形成二道防线的作用，对抗震不利，因此在设计中应优先采用受力合理的框架-剪力墙结构，尽量避免采用少墙框架结构。

第（6）款，弹性计算中，当采用壳单元（面内面外真实刚度）模拟楼板时可不考虑楼板对梁的刚度放大作用。

行业标准《高层建筑混凝土结构技术规程》JGJ 3—2010 第 11.3.1 条对考虑楼板翼缘对钢梁刚度影响要求同《高层民用建筑钢结构技术规程》JGJ 99—2015。

根据相关试验研究，对于钢梁采用固定的刚度放大系数有时会低估楼板对钢梁的刚度放大作用，从而可能低估结构的整体抗侧刚度，相应会低估结构的地震作用，同时楼板对钢梁放大作用也会改变框架结构的整体变形特性，也会低估框筒或框剪结构中框架部分的剪力占比，造成钢梁截面不经济，因为楼板对钢梁的刚度增大作用跟楼板与钢梁的相对刚度有关。因此钢梁相对准确的刚度放大系数可参见行业标准《组合结构设计规范》JGJ 138—2016 第 12.1.2 条相关规定。

第（7）款，对于连续板，如采用理正单块板（两端固定）进行计算，其计算时未考虑活荷载不利布置，造成配筋偏小，因此计算连续板时需要考虑该影响。例如：某办公楼楼板，板跨 3.0m，板厚 110mm，附加恒荷载 1.6kN/m^2，活荷载 3.5kN/m^2，混凝土强度等级 C30，楼板为连续板，按考虑和不考虑活荷载不利布置进行计算对比分析，计算结果如图 3.2.1-6 及图 3.2.1-7 所示。结果显示，考虑活荷载不利布置时比不考虑活荷载不利布置楼板支座负弯矩增大约 20%，楼板跨中正弯矩增大约 40%。随着活荷载增大，其对楼板弯矩影响越大，计算时应根据结构布置和活荷载情况考虑此影响。

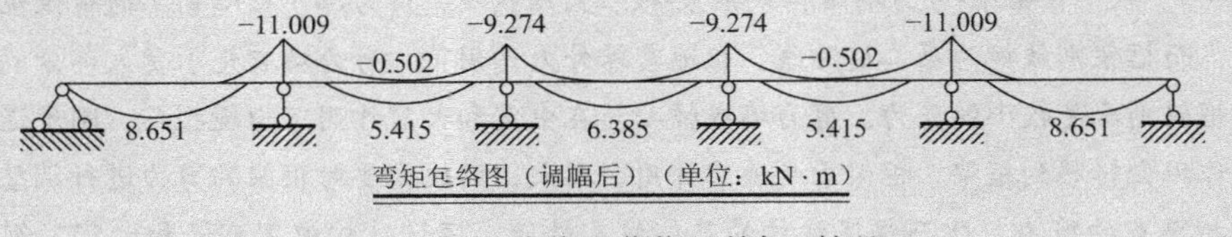

图 3.2.1-6　考虑活荷载不利布置情况

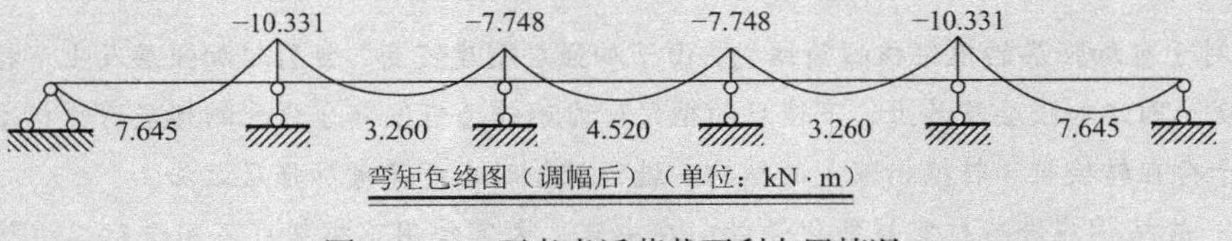

图 3.2.1-7　不考虑活荷载不利布置情况

3.2.2 结构整体指标

（1）扭转周期比是控制结构扭转效应的指标。周期比控制结构整体抗侧刚度和抗扭刚度的相对关系，并使抗侧力构件的平面布置更有效、更合理，使结构不致出现过大的扭转，从而控制结构刚度布局合理。扭转周期比应符合行业标准《高层建筑混凝土结构技术规程》JGJ 3—2010 第 3.4.5 条规定。

（2）扭转位移比（层间位移比）是控制结构平面不规则性的重要指标。控制扭转效应、建筑体形和结构平面布置规则性判定指标，扭转位移比应符合国家及行业标准《建筑抗震设计标准》GB/T 50011—2010（2024 年版）第 3.4.3 条和《高层建筑混凝土结构技术规程》JGJ 3—2010 第 3.4.5 条规定。

（3）层间位移角应按弹性计算风荷载或多遇地震标准值作用的楼层层间最大水平位移和层高之比计算，对于最不利地震作用方向和抗侧力构件方向的楼层层间位移角也应进行验算。层间位移角验算时不应考虑偶然偏心和双向地震工况。

（4）层间刚度比是控制结构竖向不规则的重要指标。结构的抗侧刚度宜下大上小，变化均匀，避免结构竖向刚度突变，形成薄弱层。

① 层间刚度比应符合国家及行业标准《高层建筑混凝土结构技术规程》JGJ 3—2010 第 3.5.2 条、第 5.3.7 条、第 3.2.3 条及附录 E；《建筑抗震设计标准》GB/T 50011—2010（2024 年版）第 3.4.3 条、第 6.1.14-2 条、第 E.2.1 条；《高层民用建筑钢结构技术规程》JGJ 99—2015 第 3.3.10 条的规定。

② 结构抗侧刚度比用以判断楼层是否为薄弱层、地下室是否可以作为嵌固端、转换层刚度是否满足，侧向刚度比计算方法及应用范围可按表 3.2.2-1 执行。

侧向刚度比计算方法及应用范围 **表 3.2.2-1**

刚度计算方法	标准计算规定	应用范围
等效剪切刚度比值	《高层建筑混凝土结构技术规程》JGJ 3—2010 附录 E.0.1	（1）主要用于低位转换结构（转换层设置在 1、2 层时），控制转换层与相邻上层的刚度比，但低位转换结构其他楼层的刚度比应按照正常结构的层剪力与层间位移计算的刚度控制刚度比； （2）剪切刚度同时用于上部结构嵌固条件的判定
等效侧向刚度比值	《高层建筑混凝土结构技术规程》JGJ 3—2010 附录 E.0.3	主要用于高位转换结构（转换层设置在 3 层及以上时）转换层下部与转换层上部结构的刚度比计算
楼层剪力与相应的层间位移比值	《高层建筑混凝土结构技术规程》JGJ 3—2010 第 3.5.2 条、第 E.0.2 条； 《高层民用建筑钢结构技术规程》JGJ 99—2015 第 3.3.10 条； 《建筑抗震设计标准》GB/T 50011—2010（2024 年版）第 3.4.3 条	（1）楼层剪力与层间位移比值算法，大部分工程都可用此法计算层间刚度比； （2）用于高位转换结构（转换层设置在 3 层及以上时）转换层与其相邻上层抗侧刚度比计算

③ 国家标准《建筑抗震设计标准》GB/T 50011—2010（2024 年版）规定本层侧向刚度不小于相邻上一层的 70%，或不小于其上相邻三个楼层侧向刚度平均值的 80%，不区分结构体系，其中侧向刚度为楼层剪力与层间位移计算的比值。行业标准《高层建筑混凝土结构技术规程》JGJ 3—2010 中对楼层侧向刚度比的规定区分结构体系，对非框架结构的刚度比应考虑层高修正的，比值限值应分别按照 90%、110%或者 150%进行控制；对于形成薄弱层应按现行标准要求进行加强。

（5）楼层受剪承载力比是控制结构竖向不规则的重要指标。楼层受剪承载力比为水平地震作用时，楼层的全部柱、剪力墙、斜撑等抗侧力结构的受剪承载力之和与相邻上一层受剪承载力之和的比值。楼层受剪承载力用以避免由于楼层受剪承载力突变而形成的薄弱层，限值应符合国家标准《建筑抗震设计标准》GB/T 50011—2010（2024 年版）第 3.4.4 条和行业标准《高层建筑混凝土结构技术规程》JGJ 3—2010 第 3.5.3 条规定。

（6）剪重比为结构楼层地震作用剪力标准值与该楼层及以上各层重力荷载代表值之和的比值。剪重比应满足国家标准《建筑抗震设计标准》GB/T 50011—2010（2024 年版）第 5.2.5 条和行业标准《高层建筑混凝土结构技术规程》JGJ 3—2010 第 4.3.12 条限值要求。

（7）刚重比为结构刚度与重力荷载之比，是控制结构整体稳定性的重要因素，也是影响重力二阶效的主要参数。控制结构在风荷载或水平地震作用下，重力荷载产生的二阶效应不致过大，以免引起结构的失稳、倒塌。当刚重比过小时，则结构的刚度相对于重力荷载过小；当刚重比过大时，结构的经济技术指标较差，宜适当减少墙、柱等竖向构件的截面面积而降低侧向刚度。刚重比应符合行业标准《高层建筑混凝土结构技术规程》JGJ 3—2010 第 5.4.4 条和《高层民用建筑钢结构技术规程》JGJ 99—2015 第 6.1.7 条规定。

● **说明**

第（1）款，结构扭转周期比是对结构整体抗扭刚度的控制，因此扭转周期比计算一般采用刚性楼板假定进行计算，当结构不符合刚性楼板假定时（如楼板大开洞的结构、层概念不清晰的结构等），判别结构的扭转周期比意义不大。

现行标准中未规定多层建筑周期比限值要求，为保证结构设计合理性，可参照行业标准《高层建筑混凝土结构技术规程》JGJ 3—2010 要求执行，当周期比控制确有难度或代价较大时，应提前跟当地审图单位沟通。

当周期比不满足现行标准的要求时，说明该结构的扭转效应明显，设计时应增加结构周边构件的刚度，降低结构中间构件的刚度，以增大结构的整体抗扭刚度；还可对照层间位移角情况调整平动方向的刚度，当第一平动方向的楼层位移角富余时，可削弱该平动方向的刚度进行调整。

第（2）款，结构扭转位移比一般采用刚性楼板假定进行计算。按规定水平地震作用进行计算，考虑偶然偏心工况。刚性楼板假定一般指的是楼盖周边两端的位移不超过平均位移的 2 倍，刚性楼板并不是刚度无穷大，因此计算楼层位移比时应根据结构实际情况确定，对于不符合刚性楼板假定的结构（楼盖整体性很差的楼盖）扭转位移比计算意义不大。

对于存在楼盖大开洞、楼板连接薄弱、错层等结构计算时应考虑分块刚性楼板进行计算，不应采取强制刚性楼板假定进行计算。

结构扭转位移比最不利位置通常在结构边角部位，因此位移比较大，进行调整时应注意增加结构端部刚度，减小中间区域结构刚度，使结构具有合理的抗侧和抗扭刚度。

扭转位移比不满足现行标准限值的调整方法：在设计软件中查看结构地震工况下的整体振动情况，如结构两端位移不均匀差异大，应查找位移最大的节点区域并加强其周边刚度，位移小的区域削弱周边刚度。

第（3）款，对于多边形结构（如三角形平面）结构位移角控制，如图 3.2.2-1 所示，除考虑主轴方向（X向和Y向）的位移角，还应考虑三角形斜边主轴方向（X_1向和Y_1向）的位移角控制。

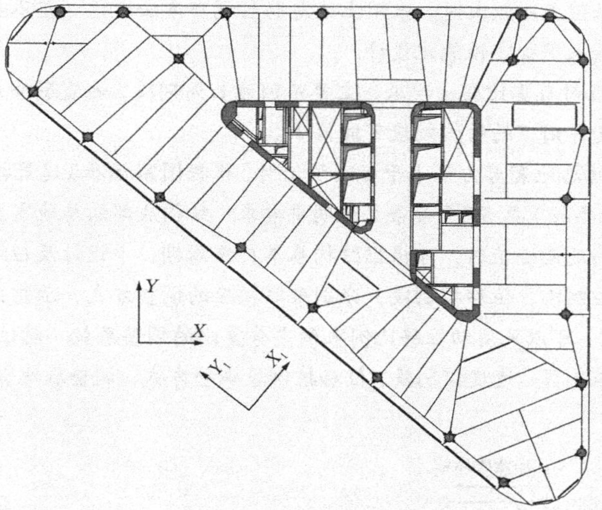

图 3.2.2-1　结构平面简图

第（4）款，对于高层建筑，应按行业标准《高层建筑混凝土结构技术规程》JGJ 3—2010 的相关规定执行，对于多层建筑，应按《建筑抗震设计标准》GB/T 50011—2010（2024 年版）第 3.4.3 条规定执行。

楼层剪切刚度的计算仅与竖向构件柱、墙截面、楼层层高有关，与地下室土的约束、梁截面无关。

在进行结构嵌固端判定时，当地下室顶板无法满足刚度比要求，嵌固端下延一层，现行标准未明确刚度比是嵌固层与哪一层楼层的等效剪切刚度比，建议取为嵌固层刚度与首层刚度的比值。

行业标准《高层建筑混凝土结构技术规程》JGJ 3—2010 第 3.5.2 条底部嵌固层刚度比的要求为判断结构竖向不规则，在判定底部嵌固层刚度比时，应采用嵌固层在结构底部的模型来计算刚度比。

刚度比的调整，应首先从概念设计上进行把控，尽量避免结构平面、构件尺寸突变，避免上下楼层层高变化过大；局部调整时应适当加强本层墙、柱和梁的刚度，或适当减小上部相关楼层墙、柱和梁的刚度。

第（5）款，如楼层受剪承载力之比不满足标准限值，在结构设计时应指定薄弱层，并按规定增大该楼层的地震剪力，计算程序一般自动判断为薄弱层，并根据国家标准《建筑抗震设计标准》GB/T 50011—2010（2024 年版）或行业标准《高层建筑混凝土结构技术规程》JGJ 3—2010 要求对薄弱层进行地震作用放大。

薄弱层调整可采用下列方法：可适当提高该楼层构件的受剪承载力，如增大配筋、提高混凝土强度或加大截面等，均可提高本层墙、柱等抗侧力构件的承载力，或可适当降低上部相关楼层墙、柱等抗侧力构件的承载力，以实现楼层间受剪承载力的均匀，避免突变。

计算软件给出的楼层受剪承载力之比一般是在多遇地震作用下，根据结构构件截面、实配钢筋（PKPM 软件通常默认实配值为计算值的 1.15 倍）等数据进行计算。因此当楼层受剪承载力之比与标准限值差值较小时可以按上述薄弱层调整方法进行调整。当由于结构竖向构件布置原因造成此比值与限值差距较大时，采用上述薄弱层调整方法进行调整不合理，会造成构件尺寸突变，宜对该楼层采用抗震性能化设计。

第（6）款，标准对剪重比提出要求，主要是因为长周期段，地震影响系数下降较快，由此计算出来的水平地震作用下的结构效应可能偏小。

① 当结构底部的总地震剪力略小于标准限值时，根据国家标准《建筑抗震设计标准》GB/T 50011—2010（2024 年版）第 5.2.5 条条文说明中要求，结构底部的总地震剪力略小于本条规定而中、上部楼层均满足最小值时，可根据结构基本自振周期位于设计反应谱中的位置，分为加速度控制段、速度控制段、位移控制段，分别采取相应的调整方式，示意见图 3.2.2-2。目前设计软件（如 SATWE）可以采用动位移比例来确定剪重比的调整系数，动位移比例为 0、0.5、1 对应标准的加速度控制段、速度控制段、位移控制段调整方式，调整后地震作用指标（位移角）应进行重新计算。

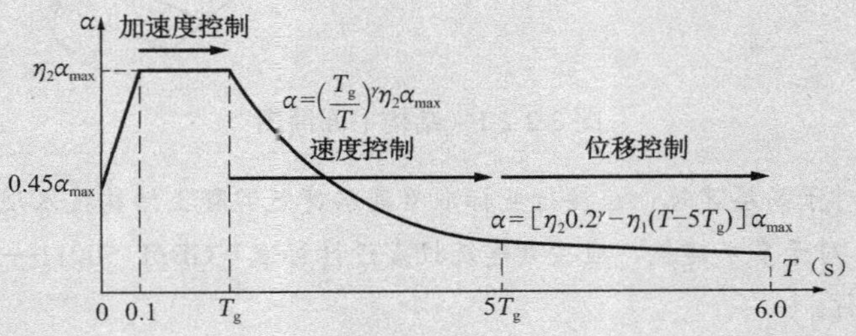

图 3.2.2-2　地震影响系数曲线

② 超高层建筑、高层钢结构等长周期结构易出现剪重比不满足标准限值的情况，但一般建筑应控制底部剪力不低于限值 85%，且不满足的楼层数少于 10%。当无法满足此要求时，说明结构总的抗侧刚度偏小、结构偏柔，宜调整结构布置或增大结构抗侧刚度。

③ 对于结构剪重比偏大，而楼层位移角偏小时，证明结构刚度偏大，设计时应适当减少墙、柱截面，降低刚度，使结构更加经济合理。

第（7）款，刚重比小于标准限值，证明结构的刚度相对于重力荷载过小，应增加竖向构件的侧向刚度，如增大截面面积，提高混凝土强度等。

按行业标准《高层建筑混凝土结构技术规程》JGJ 3—2010 方法计算刚重比时应采用无地下室结构的模型进行计算。

行业标准《高层建筑混凝土结构技术规程》JGJ 3—2010 中的刚重比计算方法一般只适用于刚度和质量分布沿竖向均匀的结构，对于刚度和质量分布沿竖向不均匀的结构（如转换、连体、上部收进等质量、刚度沿竖向分布不均匀的结构），宜采用整体屈曲分析，可以通过屈曲因子进行结构整体稳定性判断。

3.2.3 计算结果合理性判定

判断结构是否合理，应从结构层荷重、周期、基底剪力、楼层变形等方面进行综合判定。

（1）对于结构层荷重（单位面积质量，即重力荷载代表值），不同类型和使用功能结构的层荷重应在一定的区间内，如各种类型结构标准层层荷重参考值见表 3.2.3-1。在设计时应复核结构层荷重是否在合理范围内，是否存在丢失荷载的情况。

不同类型结构标准层层荷重参考值 表 3.2.3-1

类型	多层建筑 标准层层荷重（kN/m²）	高层建筑 标准层层荷重（kN/m²）
钢筋混凝土剪力墙结构	13～15	15～18
钢筋混凝土筒体结构	14～18	
钢筋混凝土框架结构	11～13	13～14
钢筋混凝土框架-剪力墙结构	12～13	13～15
钢结构	9～10	10～12
钢-混凝土组合结构	13～15	

（2）对于结构自振周期，可参照国家标准《建筑结构荷载规范》GB 50009—2012 附录 F 执行，并应通过结构自振周期经验公式判断结构计算是否合理。当周期过大时应核查结构各振型是否合理，是否存在局部振动等情况。

（3）对于基底剪力，应根据结构周期情况，检查结构基底剪力与结构重力荷载代表值的对应关系（剪重比）是否异常。

（4）对于楼层变形，应核查结构楼层整体变形是否存在异常，如规则结构在小震弹性分析时楼层位移不会出现突变，存在楼层刚度或者荷载变化较大的结构，相应地震作用和楼层变形在相应楼层也会出现相应突变。并应根据结构体系查看地震工况下两个方向变形特征（弯曲型，剪切型）是否符合结构体系的变形特征或两个方向变形特征是否一致等。

● **说明**

第（2）款，结构自振周期本质上是结构刚度与质量的判断，不同类型结构的自振与结构楼层数、结构形体尺寸存在对应关系。

3.3 结构计算分析

3.3.1 结构静力分析

（1）对于竖向荷载分析，应主要关注结构在竖向力（如结构自重、楼面荷载、活荷载等）作用下的应力和变形情况。依据作用于结构上的竖向荷载（包括结构自重、楼面活荷载、雪荷载、活荷载等），对结构进行在竖向荷载作用下的内力分布（如轴力、剪力、弯矩等），并应进行应力与变形分析。应基于内力分析结果，进一步计算结构的应力和变形情况，判断结构是否满足强度和刚度要求。

（2）结构计算分析还应考虑非荷载作用，即分析结构上除荷载作用以外的其他因素所产生的作用，如温度作用、混凝土收缩和徐变、支座不均匀沉降等。

（3）对于风荷载计算，结构设计应保证结构在风荷载作用下具有足够的承载能力和抵抗变形能力，确保结构在风荷载作用下的安全性。建筑在风荷载作用下会产生振动，风振加速度过大会严重影响使用舒适度，建筑结构应具有良好的舒适度，控制风振加速度。

风荷载计算应满足国家及行业标准《建筑结构荷载规范》GB 50009—2012、《工程结构通用规范》GB 55001—2021、《高层建筑混凝土结构技术规程》JGJ 3—2010、《高层民用建筑钢结构技术规程》JGJ 99—2015 中对于基本风压取值、风振加速度限值、顺风向风振、横风向风振、风洞试验的相关规定。计算风荷载时常用设计参数见表 3.3.1-1。

计算风荷载时常用设计参数 **表 3.3.1-1**

参数	参数取值
基本风压	一般建筑取 50 年一遇基本风压
地面粗糙度	A、B、C、D 四类，根据建筑周边环境选择
结构基本周期	根据振型分析计算结果取值（X向和Y向）
阻尼比	承载力与变形：混凝土结构取 0.05，混合结构取 0.03～0.04，钢结构取 0.02； 舒适度：混凝土结构取 0.02，钢结构取 0.01，混合结构取 0.01～0.02
承载力设计放大系数	风荷载敏感高层建筑承载力设计时应按基本风压 1.1 倍，风荷载敏感的高层建筑一般指的是 60m 以上的高层建筑；承载力计算时，风荷载还要考虑设计工作年限的调整。风荷载敏感高层建筑如果设计工作年限是 100 年，承载力计算应该是 1.1 倍的 100 年风压
体型系数	根据建筑形体取值，体型不均匀时可考虑分段输入，屋面敞开构件计算时取 2.0
顺风向风振	按国家标准《建筑结构荷载规范》GB 50009—2012 第 8.4 节执行
横风向风振	按国家标准《建筑结构荷载规范》GB 50009—2012 第 8.5 节执行
考虑扭转风振	按国家标准《建筑结构荷载规范》GB 50009—2012 第 8.5 节执行
多方向风角度	根据建筑特点输入，体型复杂的高层建筑应考虑风向角的不利影响
舒适度验算风压	取 10 年一遇基本风压
连梁刚度折减	计算风荷载时可不折减

● **说明**

第（1）款，荷载计算，即准确计算作用于结构上的竖向荷载，包括荷载的大小、分布、传递路径、组合效应。在进行竖向荷载分析时，应充分考虑实际工程条件，如边界条件、施工次序、使用条件等，以便更准确地评估结构的受力情况。

第（2）款，非荷载作用分析时应重点考虑温度作用、混凝土收缩徐变以及支座差异沉降等作用，上述作用对结构安全和正常使用影响较大，但实际计算分析时难以准确量化，因此非荷载作用对结构的影响常采用构造措施解决。

第（3）款，对于风荷载计算时需输入结构实际周期，目前最新版本的 PKPM 软件能自动代入计算周期值进行重新计算，对于其他软件设计时需要自行核查。

① 对于风荷载与地震作用组合应符合行业标准《高层建筑混凝土结构技术规程》JGJ 3—2010 第 5.6.4 条规定，PKPM 软件中风荷载与地震作用是否参与组合为可选择项，对于 60m 以上建筑，设计时应注意检查避免遗漏。

② 对于风荷载较大地区，注意考虑斜屋面、塔冠、屋顶构件层等对结构风荷载计算的影响。

③ 对于上下体型变化较大的结构可以分段考虑风荷载体型系数。

3.3.2 结构动力分析

结构动力分析可分为振型分析、反应谱分析、时程分析等。对需要进行弹性时程分析补充验算和需进行罕遇地震弹塑性分析的结构（特别不规则结构、特别重要结构、较高的类型的结构），分析应符合现行标准的相关规定，弹性时程分析和弹塑性分析建筑类型如表 3.3.2-1 所示。

弹性时程分析和弹塑性分析建筑类型　　表 3.3.2-1

类型	多遇地震弹性时程分析	罕遇地震弹塑性分析
建筑结构类型	（1）甲类高层建筑结构； （2）7 度和 8 度Ⅰ、Ⅱ类场地高度大于 100m 建筑； （3）8 度Ⅲ、Ⅳ类场地高度大于 80m 的建筑； （4）9 度高度大于 60m 的建筑； （5）不满足《高层建筑混凝土结构技术规程》JGJ 3—2010 第 3.5.2～3.5.6 条规定的高层建筑结构； （6）带转换层的结构、带加强层的结构、错层结构、连体结构、竖向体型收进、悬挑结构的高层建筑结构； （7）超限高层建筑结构	（1）7～9 度时楼层屈服强度系数小于 0.5 的框架结构； （2）甲类高层建筑和 9 度抗震设防的乙类高层建筑； （3）采用隔震和消能减震设计的建筑结构； （4）房屋高度大于 150m 的结构； （5）7 度和 8 度Ⅰ、Ⅱ类场地高度大于 100m 建筑，8 度Ⅲ、Ⅳ类场地高度大于 80m 的建筑，9 度高度大于 60m 的建筑；以上不满足《高层建筑混凝土结构技术规程》JGJ 3—2010 第 3.5.2～3.5.6 条规定竖向不规则的高层建筑结构； （6）7 度Ⅲ、Ⅳ类场地和 8 度抗震设防的乙类建筑结构； （7）板柱剪力墙结构； （8）超限高层建筑结构

● **说明**

① 弹性时程分析主要为补充验算，对计算结果的底部剪力、楼层剪力和层间位移进行比较，当时程分析法大于振型分解反应谱法时，相关部位的构件内力和配筋应做相应调整。

② 地震波选择：天然波和人工波，天然波数量不小于总数 2/3，地震波的三要素为频谱特性、加速度有效峰值、有效持时。

频谱特性：可用地震影响系数曲线表征，并根据所处的场地类别和设计地震分组确定；

加速度有效峰值应按国家标准《建筑抗震设计标准》GB/T 50011—2010（2024 年版）表 5.1.2-2 中所列地震加速度最大值采用，即以地震影响系数最大值除以动力放大系数（2.25）求得；

地震波有效持续时间通常从首次达到该时程曲线最大峰值的 10%时点算起，到最后一点达到最大峰值的 10%为止。一般为结构基本周期的 5～10 倍，即结构顶点的位移可按基本周期往复 5～10 次。行业标准《高层建筑混凝土结构技术规程》JGJ 3—2010 要求地震波的持续时间不宜小于建筑结构基本自振周期的 5 倍和 15s。

③ 对于在统计意义上相符，多组时程波的平均地震影响系数曲线与振型分解反应谱法所用的地震影响系数曲线相比，在对应于结构主要振型的周期点上相差不大于 20%。从计算结果表现为在结构主方向的平均底部剪力一般不应小于振型分解反应谱法计算结果的 80%，每条地震波输入的计算结果不应小于 65%。但计算结果也不宜太大，每条地震波输入计算不大于 135%，平均不大于 120%。

④ 对于计算结果的选取，当取三组加速度时程曲线输入时，计算结果宜取时程法的包络值和振型分解反应谱法两者的较大值；当取七组及七组以上的时程曲线时，计算结果可取时程法的平均值和振型分解反应谱法两者的较大值。对于多遇地震分析，一般选择的地震波顶部鞭梢效应的放大系数最大值不宜小于 1.1。

3.4　专项分析要点

3.4.1　节点分析

（1）对于不同的材料，应选取合适的材料本构和单元，如混凝土材料可采用塑性损伤本构-实体单元，钢材可采用理想弹塑性本构或双折线随动本构模型。

（2）对于构件间的连接，应选取合理的相互作用，如采用绑定、耦合、接触等来模拟构件间的连接和边界条件。

（3）根据圣维南原理，荷载施加区域和边界约束条件会对计算结果产生一定扰动，因此节点所连杆件的长度不宜过小，宜不小于构件尺寸较大值的 2 倍。

（4）节点分析基于整体宏观模型中分离节点单独建模，其边界条件与实际工程存在一定误差，因此可采用多尺度模型，在宏观模型中对关键节点建立微观精细模型，在保证效率的同时，得到更符合实际的计算结果。但应关注选取合理的相互作用模拟不同尺度单元之间的连接，且该连接位置应与所分析的节点区域有一定距离，宜不小于构件尺寸较大值。

（5）得到节点有限元应力分析云图后，应对不同的材料选取不同的强度准则进行判断，并应根据材料塑性发展的范围判断结构损伤程度。

● **说明**

① 构件的连接节点是保证结构各构件之间传递荷载协调变形的关键部位，对结构的整体受力性能起着至关重要的作用，“强节点弱构件”是重要的结构设计概念。

② 节点设计可按弹塑性进行设计，且节点的承载力应进行“强柱弱梁”“强节点弱构件”等验算，应大于所连构件截面的承载力，并应符合现行标准的要求。

③ 对于形体或受力状态复杂的关键节点，可采用 ABAQUS、ANSYS、MIDAS/FEA 等成熟的有限元分析软件进行精细化仿真模拟，得到节点的应力应变，从而判断节点设计的合理性和可行性。

3.4.2 楼板应力分析

对于楼板连接薄弱、楼板大开洞、平面不规则、竖向不规则、竖向收进、大底盘多塔、带斜柱、带转换层、带加强层、连体等结构在水平荷载作用下在楼板平面内产生较大的轴力、剪力和附加弯矩，应进行楼板应力分析。

● **说明**

楼板作为结构中的重要水平构件，楼板承受并传递竖向荷载，同时在水平荷载作用下楼板还承担着协调竖向构件之间的变形作用。因此在楼板设计不但要分析竖向荷载作用下的内力和应力（主要为平面外），同时在水平荷载作用下还应分析平面内的内力与应力情况。

进行楼板应力分析时，楼板通常采用弹性膜或者弹性楼板 6（壳单元）模拟，并应保证楼面梁与楼板之间的协调变形。

在水平荷载作用下，楼板连接薄弱的结构，连接薄弱处楼板平面内承受较大的水平力，应根据楼板应力分析结果进行附加钢筋配置。

对于框支转换层楼板和连体结构部分楼板在水平荷载作用下平面内承受较大的水平力，应根据行业标准《高层建筑混凝土结构技术规程》JGJ 3—2010 中第 10.2.24 条转换层楼板计算方法验算楼板受剪截面和受剪承载力。

3.4.3 结构舒适度分析

（1）高层建筑应满足10年一遇风荷载作用下的风振舒适度要求。

（2）对于钢筋混凝土楼盖、钢-混凝土组合楼盖（不包括轻钢楼盖结构）结构，应进行必要的人致振动的舒适度验算，并应满足现行行业标准《高层建筑混凝土结构技术规程》JGJ 3—2010和《建筑楼盖结构振动舒适度技术标准》JGJ/T 441—2019中竖向振动频率和竖向振动加速度峰值限值的相关规定。

① 楼盖结构振动舒适度计算方法、相关技术参数和计算方法可参照《建筑楼盖结构振动舒适度技术标准》JGJ/T 441—2019规定执行，行走激励、有节奏运动、室内设备振动、室外振动等多种不同设计状况下的验算应符合标准规定；

② 行走激励为主的楼盖结构可按单人行走激励计算楼盖的振动响应。对于大跨度结构、大悬挑结构、悬挂结构等竖向刚度较小的结构，可补充人群自由行走的竖向振动激励验算。

● **说明**

第（1）款，风振加速度限值应满足行业标准《高层建筑混凝土结构技术规程》JGJ 3—2010或《高层民用建筑钢结构技术规程》JGJ 99—2015的相关规定。

舒适度的计算方法可参照现行国家标准《建筑结构荷载规范》GB 50009规定执行。也可通过风洞试验结果判断确定。当加速度反应不满足标准限值要求时，应调整结构方案或者采取减振措施。

对于超高层建筑宜补充风荷载时程分析，时程曲线应配合风洞试验相关数据，时程分析模型可采用刚性假定，每一层刚心上需要施加对应的两个水平时程和绕Z轴时程，结果可提取刚心处的加速度。

计算风振舒适度时，结构阻尼比的取值对于混凝土结构宜取0.02，对于混合结构可根据房屋高度和结构类型取0.01～0.02，对于钢结构宜取0.01～0.015。

部分风荷载控制地区的超高层建筑，建议同时验算1年一遇风荷载作用下的风振舒适度，相对应的风振加速度限值会更严格，风振加速度限值和计算方法要求可参考广东省标准《高层建筑风振舒适度评价标准及控制技术规程》DBJ/T 15—216—2021相关规定。

第（2）款，楼盖舒适度计算主要对楼盖结构进行模态分析和动力学时程分析，并通过最低阶固有频率和最大加速度响应来判断楼盖结构是否满足标准限值。常用的计算楼盖舒适度的软件有PKPM-SLABCAD、MIDAS/GEN、SAP2000等。

采用程序进行楼板舒适度的分析，大致可分为如下步骤：

① 进行竖向模态分析，根据楼板竖向频率判断楼板是否满足标准结构竖向振动频率的限值要求；

② 当竖向振动频率不满足舒适度要求时，应根据模态分析情况来确定楼板的薄弱区域；

③ 对楼板薄弱区域进行动力学时程分析，并根据加速度响应判断是否满足标准要求，不满足标准要求时，可通过调整结构方案或者采取楼盖减振措施。

3.4.4 施工模拟分析

高度超过150m的高层建筑结构或复杂结构在进行重力荷载作用分析时，应考虑施工过程影响。施工模拟分析时应考虑混凝土的收缩、徐变及施工工序等因素。

设计文件中应根据施工模拟分析结果明确相应的施工工序和注意事项。当施工工况与设计施工模拟计算存在较大差异时，应根据实际情况调整计算。

● 说明

高层建筑和超高层建筑应关注复杂结构的施工模拟分析，如结构采用不同施工方案、构件杆件安装次序、外框与混凝土内筒之间由徐变收缩引起的竖向差异变形等，均会对结构构件内力和变形产生影响。

结构计算应考虑施工过程对结构内力产生的影响。对于超高层组合结构中的外框和混凝土内筒，混凝土的收缩变形和徐变变形可能非常显著，必要时同时考虑。

① 对结构构件的影响：核心筒和外框架柱混凝土收缩徐变的不同，会造成外框和内筒之间存在差异变形，造成外框柱和内筒之间的钢梁产生附加内力，因此核心筒与框架柱之间的梁设计时应考虑这一影响。

② 对非结构构件影响：混凝土收缩徐变是一个长期过程，对于非结构构件如填充墙、幕墙等二次结构由于后期混凝土收缩徐变，易造成二次结构构件产生裂缝，甚至发生破坏。为减小混凝土收缩徐变影响，对于非结构构件与结构构件可采用柔性连接。

③ 对层高的影响：混凝土核心筒因后期混凝土收缩徐变产生的竖向压缩变形，可能会引起下部楼层层高有一定数量的减小，影响到后期电梯安装与使用。针对不可避免的混凝土收缩变形引起的变形影响问题，可根据施工模拟计算结果，在施工期间预调构件的加工长度和安装标高，减少电梯等设备的后期正常使用的影响。

如施工中采用临时支撑时，施工阶段验算时应考虑临时支撑和构件安装、拆除全过程对主体结构内力和变形的影响。

3.4.5 结构抗连续倒塌分析

安全等级为一级的结构宜满足抗连续倒塌概念设计的要求，进行抗连续倒塌分析。抗连续倒塌设计方法工程中可采用拆构件法，并应符合行业标准《高层建筑混凝土结构技术规程》JGJ 3—2010 规定；也可采用非线性动力分析法。根据抗连续倒塌设计的要求，采用拆除构件方法进行抗连续倒塌设计时，应假定瞬时拆除某个结构单元来模拟荷载对建筑的影响，以此评估结构是否具有防止连续倒塌能力；当拆除构件不能满足结构抗连续倒塌设计要求时，应在该构件表面附加 80kN/m^2 的侧向偶然荷载设计值进行结构承载力验算。

● 说明

结构抗连续倒塌分析是为保证当出现局部构件损坏后，不会造成结构整体倒塌。

基于构件拆除法的抗连续倒塌非线性动力分析，即为验证结构的整体抗连续倒塌的能力，假定拆除构件，并对剩余结构进行非线性动力分析。该方法考虑材料的弹塑性和结构几何非线性，判断构件拆除后结构是否发生连续倒塌。非线性动力分析法可参见团体标准《建筑结构抗倒塌设计标准》T/CECS 392—2021 相关规定。

3.4.6 考虑行波效应地震时程分析

根据国家标准《建筑抗震设计标准》GB/T 50011—2010（2024 年版）第 5.1.2 条第 5 款规定可知，平面投影尺度很大的空间结构，应根据结构形式和支承条件，分别按单点一致、多点、多向单点或多向多点输入进行抗震计算。多点输入计算时，应考虑地震的行波效应和局部场地效应。

1）行波效应分析方法

行波效应分析方法常采用时程分析法，该方法可以考虑地震波的频谱特性，同时可以考虑材料非线性、结构几何非线性等特性。在分析计算时通过在不同支座点输入调整相位差的地震波来考虑地震波传播在时间和空间上的差异，求解多点输入的问题。

2）地震波传播方向及地震动输入方向的确定

地震波传播方向及地震动输入方向是相互独立的两个不同概念，地震波传播方向影响结构各支座的起振时间，一般情况下应至少沿结构两个主轴方向分别计算，当结构中存在与主轴交角大于 15°的斜交抗侧力构件时，尚应计算斜交构件方向。地震动输入方向则与地震动空间特性有关，地震动是三维空间作用，包含主方向、次方向和竖向三向地震动时程，通常进行三向或仅考虑水平地震作用的双向地震动输入，地震动输入时，对于每种地震波传播方向，分别考虑两种地震动输入方向，即顺传播方向和横传播方向，主次方向轮换输入。

3）视波速的选取

视波速为行波效应分析的重要参数，其值的选取直接关系计算结果大小，应分析安评和地勘资料，不宜取值过大，否则接近一致激励。可取等效剪切波速的近似值作为下限，取基岩剪切波速作为上限，并参考相关工程案例，有明确参考资料时可采用近似计算值，并同时选取几种波速进行比较。

（1）行波效应分析比较的指标通常包括基底总剪力、抗侧力构件内力（行波效应放大系数）、结构整体扭转效应、结构侧移等，不同结构类型行波效应响应规律不尽相同，也可参考相关研究和工程案例，仅选取关注指标进行比较分析。

（2）对于基底总剪力，由于多点输入分析各约束点输入的非同步性，采用多点输入分析的基底总剪力通常小于单点一致激励的基底总剪力计算结果。视波速越小，各点输入的非同步性越强，结果越偏离单点一致输入的计算结果；视波速越大，结果越接近单点一致输入的计算结果。

（3）对于构件内力，应结合不同构件受力特征综合考虑，通常出于简化目的，选取某一种控制内力分量进行比较，作为构件地震作用效应放大系数。且由于结果较为离散，参考相关研究，通常采用统一的内力影响系数对某类构件的地震作用进行放大。为避免极少数构件在一致激励分析时存在应力值较小，引起行波效应放大系数过大的情况，造成设计不合理，可采用构件数量的累计百分比 95%时对应的内力影响系数值作为该类构件地震行波效应的放大系数。

● 说明

① 平面投影尺度很大的空间结构，指跨度大于 120m 或长度大于 300m 或悬臂大于 40m 的结构。

② 对实际工程进行考虑行波效应的多点地震输入的分析后得到构件地震行波效应的放大系数，由于地震波的选取和视波速的取值具有一定的不确定性和人为因素，宜参考国家标准《建筑抗震设计标准》GB/T 50011—2010（2024 年版）第 5.1.2 条第 5 款中提出的附加地震作用效应系数，低烈度、场地条件良好时取低值，高烈度、场地条件差时取高值，同时取值由结构平面远端向中心过渡，并对关键位置进行适当概念加强。

3.4.7 大震弹塑性分析

1）结构大震弹塑性分析选取，应符合下列规定：

（1）可采用静力弹塑性分析，也可采用动力弹塑性分析。高度不超过 150m 的高层建筑可采用静力弹塑性分析方法；高度超过 200m 时应采用弹塑性时程分析方法；高度在 150～200m 之间的建筑，可根据结构的自振特性或者不规则性选择适宜的分析方法；高度超过 300m 的超高层建筑应采用两个独立的动力弹塑性分析，并对计算结果进行校核。

（2）结构大震弹塑性分析应符合行业标准《高层建筑混凝土结构技术规程》JGJ 3—2010 第 3.7.4 条、3.11.4 条的规定。

（3）静力弹塑性分析（Push-over）一般适用于第 1 振型参与质量占总质量的 75%以上且楼面刚度整体性较好的结构。

（4）侧推荷载分布模式对静力弹塑性分析结果影响较大，常用的荷载分布模式有均布分布、倒三角分布、SRSS 分布（反应谱振型组合后的地震作用分布），宜采用上述模式计算，取较不利结果。当结构不对称时宜按主轴正方向和反方向分别进行加载计算。

（5）当计算判断的薄弱部位与抗震设计概念不一致时，宜采用弹塑性动力时程分析进行计算对比。

2）大震弹塑性分析模型假定，应符合下列规定：

（1）对于模型的几何信息，因弹塑性分析准确性与网格密度相关，应对结构模型中的剪力墙、楼板、梁柱等构件进行网格剖分。

（2）对于模型的材料参数，材料强度及应力应变关系应符合相关标准的规定。

（3）对于楼板模拟，所有楼层均应采用壳单元进行模拟，并按照实际输入楼板厚度。

（4）对于结构质量分布模拟，应与弹性设计模型一致，并将质量及荷载计入相应构件。

3）大震弹塑性结果取用及控制要点，应符合下列规定：

（1）大震弹塑性分析考察结果包含结构总质量、主要振型、最大层间位移角、基底总剪力、结构损伤破坏情况、结构性能水准评价等。当采用动力弹塑性时程分析时，最大层间位移角、基底总剪力取值与地震波的选取密切相关，且与结构损伤破坏情况有关，选波时应综合考虑上述因素。

（2）结构性能水准的评价可参照行业标准《高层建筑混凝土结构技术规程》JGJ 3—2010 第 3.11 节和《高层民用建筑钢结构技术规程》JGJ 99—2015 第 3.8 节性能目标要求执行，并应结合工程实际情况和专家意见进行控制。计算罕遇地震下结构的变形时，可参照国家标准《建筑抗震设计标准》GB/T 50011—2010（2024 年版）第 5.5 节规定执行。

● **说明**

① 大震弹塑性分析目的：研究结构在罕遇地震作用下的变形形态、构件的塑性及其损伤情况，以及整体结构的弹塑性行为，具体的研究指标包括最大顶点位移、最大层间位移及最大基底剪力等。研究结构关键部位、关键构件的变形形态和破坏情况，论证整体结构在大震作用下的抗震性能，寻找结构的薄弱层或薄弱部位，塑性铰出现顺序、塑性开展情况，对结构的抗震性能给出评价，并对结构设计提出改进意见。

② 弹塑性分析与弹性分析的区别主要在以下三个方面：计算模型、材料本构关系、计算方法。弹塑性分析计算模型采用钢筋、钢材、混凝土的组合模型，考虑钢筋、钢材与混凝土材料的共同作用对结构性能的影响。弹塑性模型与弹性模型的质量、主要自振周期、边界条件等应一致。弹塑性分析的材料本构关系为非线性本构，不仅考虑材料的弹性模量，还考虑材料的屈服、强化、损伤、破坏等特性。

③ 结构整体性能包括结构弹塑性耗能机制、层间位移角、顶点位移时程、结构层剪力、基底剪力时程等。结构最大层间位移角应符合国家标准《建筑抗震设计标准》GB/T 50011—2010（2024 年版）表 5.5.5 的规定，判断结构弹塑性分析的合理性，一般通过基底剪力时程曲线、弹性与弹塑性顶点位移对比时程曲线、楼层位移角曲线对比结构整体损伤情况、弹塑性基底剪力与小震结果对比（一般为小震计算结果的 3～6 倍）等方式。

④ 损伤判定：构件性能主要包括结构各种构件混凝土损伤情况、钢筋和钢材塑性应变情况以及特殊构件变形情况等，以此判断结构是否满足结构性能设计要求。构件的损坏主要以混凝土的受压、受拉损伤因子及钢材（钢筋）的塑性应变程度作为评定标准，并应符合行业标准《高层建筑混凝土结构技术规程》JGJ 3—2010 表 3.11.2 的规定。

3.5 结构计算程序选择

结构设计中常用计算分析软件如下：

（1）地震反应谱分析和弹性时程分析：SATWE、PMSAP、MIDAS/GEN、ETABS、SAP2000 等。

（2）大震弹塑性分析：SAUSAGE、ABAQUS、LS-DYNA、Perform-3D、SAP2000、ETABS、MIDAS/GEN、EPDA 等。

（3）考虑行波效应地震时程分析：SAP2000、ETABS、MIDAS/GEN、SAUSAGE 等。

（4）空间结构设计分析：MIDAS/GEN、SAP2000、3D3S、MSTCAD 等。

（5）支座及节点分析：ABAQUS、ANSYS、MIDAS/FEA 等。

（6）楼板应力分析：ETABS、SAP2000、MIDAS/GEN、SATWE 等。

（7）楼板舒适度分析：ETABS、SAP2000、MIDAS/GEN、PKPM-SLABCAD 等。

（8）施工模拟分析（考虑混凝土收缩徐变）：MIDAS/GEN、ETABS、SAP2000 等。

（9）装配式结构设计：PKPM-PC、PKPM-PS。

（10）减隔震分析设计：MIDAS/GEN、ETABS、SAP2000、SAUSG-PI、SAUSG-Zeta、PKPM 等。

（11）结构构件设计与验算：理正结构工具箱、PKPM 工具箱等。

（12）人防构件设计与验算：理正人防工具箱等。

● **说明**

① 在软件选择时注意软件的适用范围和相关技术假定；对于设计软件需核查软件版本及其对应的标准是否为工程设计所应采用的标准。

② 对软件计算分析结果应判断确认其合理、有效后方可用于工程设计。

③ 在软件使用时应保护知识产权和遵守相关法律法规。

4 地基基础

4.1 一般规定

4.1.1 适用范围

本章依据现行国家及行业标准、规范、规程，并参考地方标准、本院工程实践及科研成果编写，适用于新建、改建、扩建的各类民用建筑的地基基础设计，工业建筑可参考执行。

4.1.2 标准规范

地基基础设计除应遵守国家及行业标准和本章规定外，尚应符合地方标准及相关部门的规定。

● **说明**

① 地基基础设计由于当地地质条件的特殊性、施工经验及技术的限制，应重视地方标准及规范，包括勘察、设计、检测等标准，同时应根据国家标准进行复核包络。

② 目前有岩土勘察或地基基础设计标准的省、自治区、直辖市：广东、福建、浙江、河南、贵州、辽宁、湖北、广西、北京、上海、天津、重庆等。

③ 北京、上海两地因地方标准与国家标准规定存在差异，且地方标准可以涵盖国家标准，可依据地方标准《北京地区建筑地基基础勘察设计规范》DBJ 11—501—2009（2016 年版）、上海市工程建设规范《地基基础设计标准》DGJ 08—11—2018 进行当地项目的地基基础设计。

4.1.3 设计原则

地基基础设计应注重概念设计及多方案比选，选择经济合理的地基基础形式，满足安全适用、经济合理、方便易施的基本原则。

● **说明**

① 地基基础设计尚应了解邻近建筑的基础状况、地下构筑物及地下设施等，避免所设计的基础在施工及使用阶段对周边建筑产生不利影响。

② 地基基础在土建成本中占比较大，应进行多方案比选，将经济性作为基础设计的考量因素。

4.2 场地与勘察报告

4.2.1 基本设计要求

1）应根据工程特点及岩土工程勘察报告，优先选择场地稳定、地质条件好的地段作为建筑场地。

2）评估建筑场地应对场地的稳定性与适宜性作出评价，并应包含下列内容：地震活动情况、特殊地质、不良地质情况、水质、水位等。

3）应进行建筑场地安全性评估，包括地质灾害危险性评估和地震安全性评价。

4）工程地基基础设计应依据勘察报告进行。方案阶段应参考可行性研究勘察报告，非重大工程可暂时参考邻近地块的勘察报告；初设阶段应有初步勘察报告；施工图设计阶段应有岩土工程详细勘察报告。

（1）设计单位应向勘察单位提供总平面图、各栋建筑的结构选型、基础形式及埋深、荷载或基础承载力等要求，有特殊要求时应注明，如时程分析需要的土层剖面、场地覆盖层厚度和动力参数等，以便勘察单位出具针对性的勘察报告。

（2）场地按抗震是否有利分为抗震有利、一般、不利、危险地段，具体划分参见国家标准《建筑与市政工程抗震通用规范》GB 55002—2021 第 3.1.2 条；对不利地段，应尽量避开；当无法避开时应采取有效的抗震措施。对危险地段，严禁建造甲、乙、丙类建筑。

（3）当需要在条状突出的山嘴、高耸孤立的山丘、非岩石和强风化岩石的陡坡、河岸和边坡边缘等不利地段建造丙类及丙类以上建筑时，除保证其在地震作用下的稳定性外，尚应估计不利地段对设计地震动参数可能产生的放大作用，其水平地震影响系数最大值应乘以增大系数。其值应根据不利地段的具体情况确定，在 1.1～1.6 范围内采用。

（4）地震活动情况除以上抗震地段划分外，尚应关注地震断裂带的不利影响。

（5）特殊地质主要含以下几种：湿陷性黄土、冻土区、膨胀土、山区、溶洞区、地下采空区等，具体措施见第 4.8 节特殊地基。

（6）水土腐蚀影响：水、土对混凝土及钢筋依据介质不同，腐蚀性分为微腐蚀、弱腐蚀、中腐蚀、强腐蚀四类，腐蚀等级为微腐蚀时可不采取特殊措施，其余腐蚀等级应采取相应措施，可参照国家标准《工业建筑防腐蚀设计标准》GB/T 50046—2018 的相关规定，并宜满足下列规定：

① 采用相应强度的混凝土；

② 基础和地下室与土接触的一侧，采用相应较大的保护层厚度；

③ 根据地基土和地下水所含腐蚀性离子种类选用相应的抗腐蚀水泥；

④ 根据结构环境类别和腐蚀性等级控制钢筋混凝土构件的最大裂缝宽度；

⑤ 基础和地下室与土接触的一层，涂刷防腐材料；

⑥ 在钢筋和钢构件表面涂刷环氧树脂等防腐涂料。

（7）水位含抗浮水位及防水水位，并宜满足下列规定：

① 抗浮水位应由地勘提供，并注意其确定是否合理；

② 防水水位应采用历年最高水位进行防水设计；

③ 地下室周边应采用弱透水、不透水材料回填，如素土、灰土，确保地下室的嵌固作用；

④ 当地下水位较高，施工需要临时降低地下水位时，应在施工图中明确相关要求。

● **说明**

第（4）款，地震断裂带带来的地面错动影响，可忽略地震断裂带错动对地面影响的建筑参见国家标准《建筑抗震设计标准》GB/T 50011—2010（2024 年版）第 4.1.7 条；不能忽略的建筑应避开地震断裂带，避让距离应符合国家标准《建筑抗震设计标准》GB/T 50011—2010（2024 年版）的相关规定。

① 对处于地震断裂带两侧 10km 以内的结构，地震动参数应计入近场影响，5km 以内宜乘以增大系数 1.5，5km 以外宜乘以不小于 1.25 的增大系数。

② 处于地震断裂带的建筑应进行性能化设计，考虑近场效应。

③ 隔震建筑应考虑近场效应。

4.2.2 场地安全性评估

1）地质灾害危险性评估，应符合下列规定：

（1）在地质灾害易发区进行规划及工程建设时，必须对规划区和建设用地进行地质灾害危险性评估。

（2）应符合《地质灾害防治条例》（国务院令第 394 号）、《国土资源部关于加强地质灾害危险性评估工作的通知》（国土资发〔2004〕69 号）及《地质灾害危险性评估技术要求》（国土资发〔2004〕69 号附件）的相关规定。

（3）应查明各种致灾地质作用，对工程建设遭受地质灾害的可能性和工程建设引发地质灾害的可能性作出评价，提出具体的预防治理措施。

（4）地质灾害危险性评估成果应按照国土资源行政主管部门的有关规定组织专家审查、备案后，方可提交使用。

2）地震安全性评价，应符合下列规定：

（1）应进行地震安全性评估的工程如下：

① 国家重大建设工程；

② 地震破坏可能引发水灾、火灾、爆炸、剧毒、强腐蚀物质大量泄漏或其他严重次生灾害的工程；

③ 地震破坏可能引发放射性污染的核电站和核设施工程；

④ 省、自治区、直辖市认为有重大价值或重大影响的其他建设工程。

（2）应符合《地震安全性评价管理条例》（2019 年修正本）的相关规定。

（3）地震安全性评价报告，应包括地震活动环境、地震地质构造、设防烈度或设计地震动参数、地震地质灾害等。

（4）地震安全性评价报告，应经国务院地震工作主管部门或者省、自治区、直辖市人民政府负责管理地震工作的部门或机构审查通过。

4.2.3 岩土工程勘察

1）岩土工程勘察应在搜集建筑物上部荷载、功能、结构类型、基础形式、埋置深度、变形限制等资料后进行，设计单位应在勘察前提供上述资料，以便得到资料完整、评价正确的勘察报告。

2）地勘报告应包括下列内容：

（1）场地、地基的稳定性、地层结构、持力层和下卧层的工程特性、地下水条件及不良地质作用等；

（2）提供满足设计、施工所需的岩土参数，明确地基承载力、预测地基变形性状；

（3）提出地基基础、基坑支护、降水、地基处理等设计及施工方案；

（4）提出对建筑物有影响的不良地质作用的处理措施；

（5）进行场地与地基的地震效应评价。

3）建筑物的岩土工程勘察宜分阶段进行，可行性研究勘察应符合选择场址、制定基本结构方案的要求；初步勘察应符合初步设计的要求；详细勘察应符合施工图设计的要求；场地条件复杂或有特殊要求的工程，宜进行施工勘察。对于基础设计有需求（如岩层坡度变化大、岩溶、土洞地质情况及复杂地基的一柱一桩等）时，或施工遇异常情况时，应进行施工勘察。

4）地勘报告应包括下列成果：

（1）勘察报告应有相关负责人签字及盖章，且需经审查机构审查后方可使用；

（2）对于勘察报告中未能有效提供设计所需参数及试验数据的内容应提出补充勘察（抗浮水位、桩基参数、锚杆参数等）；对设计过程中由于建筑物移位、埋深变化、正负零调整等造成原勘察出现不能涵盖的范围时，应提出补充勘察要求；

（3）对地基基础建议及结论、抗浮水位的建议、桩基形式的建议进行研究，如有不同方案，应与勘察单位及时沟通，应由勘察单位出具补充说明；

（4）勘察单位应主导施工阶段验槽、地基判定等工作，如出现验槽时不满足原勘探土层及承载力的情况，应给出相应的处理意见。

● **说明**

① 各个阶段勘察布点间距应满足国家标准《岩土工程勘察规范》GB 50021—2001（2009年版）及行业标准《高层建筑岩土工程勘察标准》JGJ/T 72—2017的要求，设计单位可根据不同的勘察阶段、建筑物定位及平面、拟建建筑的地基基础形式等提出布点要求。

② 对持力层土层、岩层分布不均匀，影响地基基础的埋深、桩长或地基处理方式的建筑，应进行施工勘察，核查地勘报告，确保达到设计要求的地基承载力。

③ 在初步设计阶段应有初步勘察报告；小型工程遇特殊情况无勘察报告时，若地质条件较好，可参照附近建筑物的勘察报告进行设计。建筑方案确认后，可直接进行项目岩土工程详细勘察工作，依据详细勘察报告进行初步设计和施工图设计。

4.3 地基设计

4.3.1 基本设计要求

（1）地基基础设计应依据岩土勘察报告，综合考虑结构类型、地基土质、地下水情况、地基承载力及沉降变形等因素，并应着重考虑当地的施工技术、能力、施工机械装备等条件。

（2）应根据地基复杂程度、建筑物规模、功能特征以及地基破坏可能造成的建筑物破坏程度，确定基础安全等级、地基基础设计等级、抗浮工程设计等级等。

● 说明

①基础设计安全等级应同主体的安全等级，若基础造成的破坏程度需特别重视提高基础的安全等级时，应特殊说明。

②地基基础设计等级、抗浮工程设计等级的确定可优先遵循地方标准的规定，再用国家标准确定的设计等级进行复核。

4.3.2 设计计算内容

1）地基设计计算应包括地基承载力计算、沉降变形计算和稳定性计算，地基基础设计时具体的计算要求及内容（如是否需要变形及沉降计算等）应符合国家及地方规定。无地方规定时，可按下列规定执行：

（1）所有建筑均应满足地基承载力计算要求。

（2）设计等级为甲级、乙级的建筑应进行沉降变形计算。

（3）设计等级为丙级的建筑，当符合国家标准《建筑地基基础设计规范》GB 50007—2011 表 3.0.3 规定时，可不进行变形计算，下列情况除外：

①地基承载力特征值小于 130kPa，且体型复杂的建筑；

②在基础或邻近地面有地面堆载或相近建筑基础荷载差异大，可能引起较大的差异沉降时；

③软弱地基上的建筑物存在偏心荷载时；

④相邻建筑距离过近，可能引起倾斜时；

⑤地基内存在较厚且不均匀的软弱土。

（4）承受较大水平荷载的高层建筑、高耸建筑及挡土墙等，以及建造在斜坡或边坡附近的建筑物或构筑物，应验算其稳定性。

（5）应根据地勘提供的抗浮水位，进行建筑物的抗浮验算。应特别关注地下水位较高、上部建筑为多层、纯地下室、下沉广场等部位的整体抗浮问题，并应复核局部大空间、多层楼板同一位置开洞、部分地下室埋深较大等部位的局部抗浮。

2）地基基础设计时，所采用的荷载效应及不利组合应符合国家标准《建筑地基基础设计规范》GB 50007—2011 第 3.0.5 条的相关要求。

3）地基基础设计进行地基承载力计算时，尚应考虑地震产生的不利影响。

● 说明

基础构件的抗震承载力调整系数γ_{RE}应根据受力状态按照国家标准《建筑抗震设计标准》GB/T 50011—2010（2024 年版）表 5.4.2 采用。对于钢筋混凝土柱下独立基础的底板抗弯配筋计算可按梁受弯采用，即γ_{RE}取 0.75；对条形地基梁的抗剪验算取 0.85 等。

4.3.3 地基承载力计算

1）地基承载力可由静载试验或其他原位测试、公式计算，并结合工程实践经验修正等方式得出。

2）深度修正时基础埋深d的取值可遵循以下原则进行深度修正：

（1）对于独立基础或条形基础，室内地面高于天然地面时，自天然地面算起，$d=d_1$，参见图 4.3.3-1（a）；如有地下室，且地下室未做防水板时，自地下室地面算起，$d=d_2$，参见图 4.3.3-1（b）；

（2）独立柱基加防水板基础，按防水板及其上部建筑地面做法重量计算等效埋深d，参见图 4.3.3-1（c）；

（3）对于箱形基础或筏板基础，自周围较低的室外标高算起，参见图 4.3.3-1（d）；

（4）在填方整平地区，无论采取何种基础形式，依据回填时间确定：若先填方整平后施工时，若填土较厚时，越早回填越有利于土固结，可考虑自填土地面标高算起，如填土在上部结构完成后进行，应从自然地面标高算起，参见图 4.3.3-1（e）、（f）；

（5）当高层建筑周边有纯地下室或裙房等超补偿基础时，可按附属建筑基底压力折算为土层厚度计算埋深，参见图 4.3.3-2；

（6）新建建筑物基础埋深宜与相邻的已有建筑物基础在同一标高。当两者基础不在同一标高时，宜控制其基础之间的净距不小于基础之间高差的 1.5～2 倍；如无法满足，必须采取可靠措施，保证新建建筑物基础和已有建筑物基础的安全。

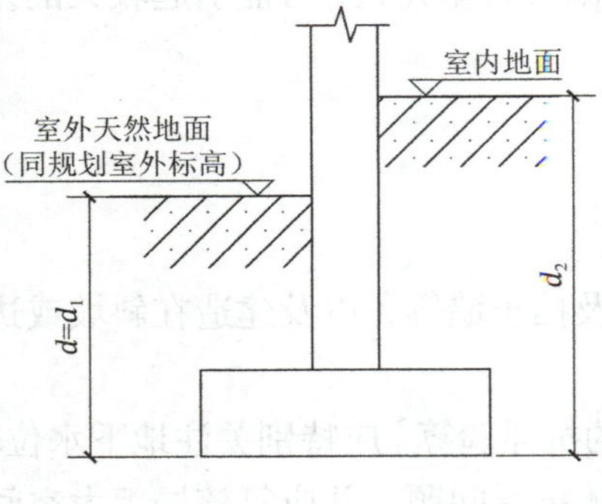

(a)

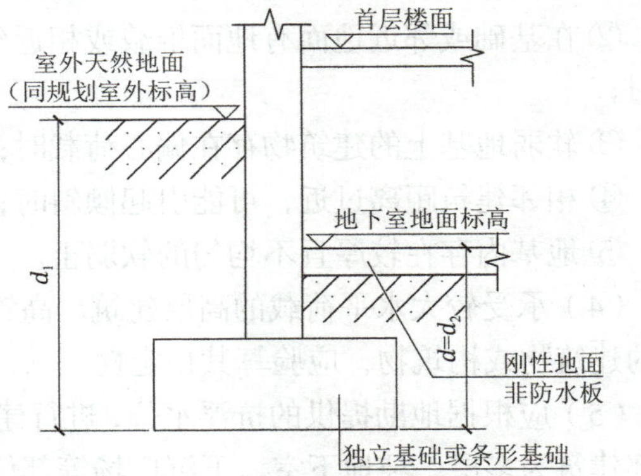

(b)

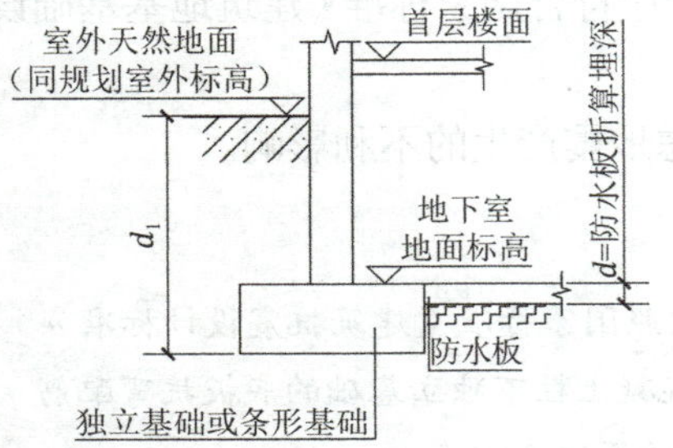

(c)

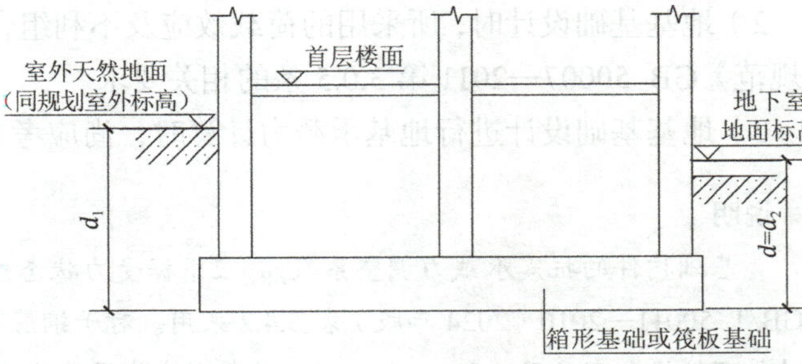

(d)

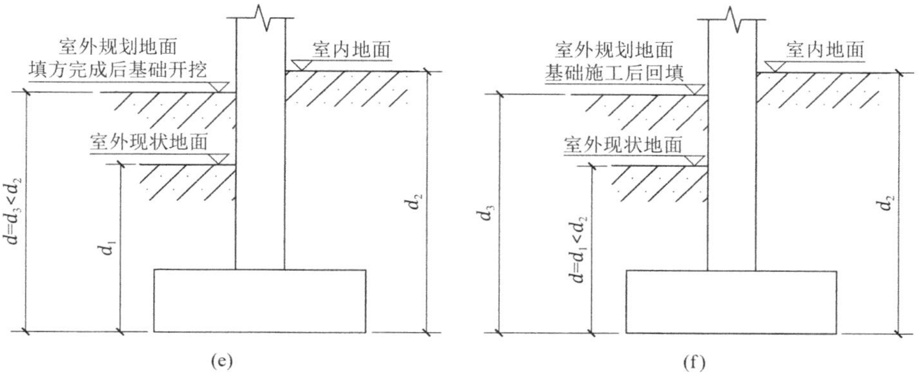

图 4.3.3-1　基础埋深修正

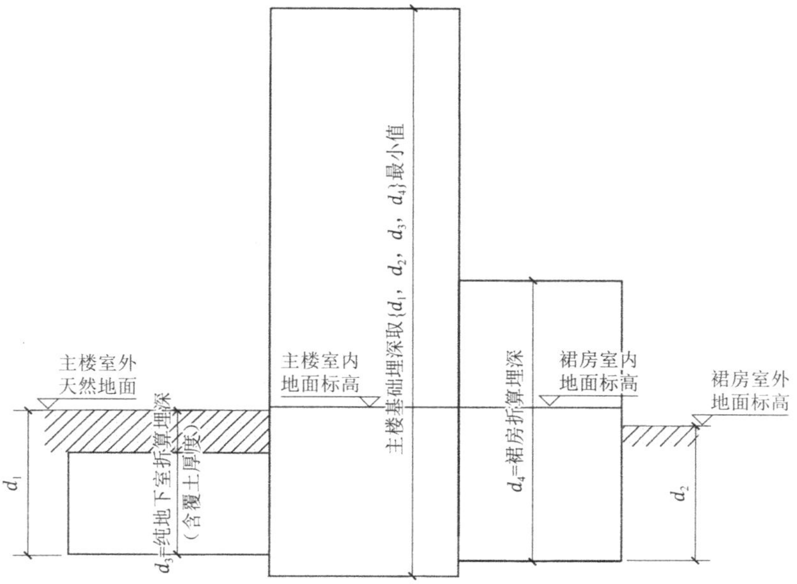

图 4.3.3-2　周围地下室及裙房基础埋深折算

3）岩石地基承载力的确定，可参照下列规定执行：

（1）按岩基静载试验方法确定f_a，不进行深宽修正；

（2）按照室内饱和单轴抗压强度计算，即$f_a = \psi f_{rk}$；其中ψ为折减系数，根据岩体完整程度以及结构面的情况，由地方经验确定。当无地方经验时，可根据现行国家标准的建议值取值，并应做试验验证（基桩做静载试验）。

4）当地基受力范围内有软弱下卧层时，应进行软弱下卧层的承载力验算。

● **说明**

① 载荷试验包含浅层平板试验、深层平板试验、岩基载荷试验，可得出地基承载力特征值f_{ak}。其中浅层平板试验得出的特征值可以进行深宽修正，深层平板试验得出的特征值只能进行宽度修正，不进行深度修正。

② 不同地区、版本的地基基础标准，采用的地基承载力计算公式和承载力修正系数或有差异。地基承载力计算时，采用的承载力计算公式和承载力修正系数取值，应与勘察报告依据的标准版本一致。

③ 地方标准《北京地区建筑地基基础勘察设计规范》DBJ 11—501—2009（2016 年版）与国家标准《建筑地基基础设计规范》GB 50007—2011 对于承载力的命名（《建筑地基基础设计规范》称“地基承载力特征值”；《北京地区建筑地基基础勘察设计规范》称“地基承载力标准值”）、深宽修正公式、基础埋置深度、修正系数、地基变形允许值等均不同，北京区域内项目应以《北京地区建筑地基基础勘察设计规范》DBJ 11—501—2009（2016 年版）为准。

4.3.4 地基变形控制

（1）地基变形计算应包括沉降量、沉降差、倾斜、局部倾斜、挠度及翘曲等。

（2）地基变形应根据地基基础形式及上部结构特点、建筑或建筑群分布等形成相应的控制要点，并应符合下列规定：

① 对于建筑地基不均匀、荷载差异大、体型复杂的建筑，砌体结构应控制局部倾斜；框架结构或排架结构应控制柱底沉降及不同柱跨之间的沉降差；高层或高耸结构应控制倾斜及平均沉降量；

② 对于同一整体大底盘地下室的建筑群，上部建筑有多种高度的不同的裙房、塔楼及纯地下室时，宜考虑地基基础与上部结构的相互作用，控制不同建筑之间的沉降差；

③ 建筑物范围内有大量堆载压在局部区域时，应在结构施工时明确是否允许，当允许堆载时应考虑引起的不均匀变形，尤其在软土地基区域；

④ 当因场地、总图等要求设计室外地面高于天然地面，需要大面积堆土时，应尽量提前完成大面积堆载，有利于地基土的固结；当必须在主体结构施工完成后进行大面积堆载时，应控制堆载的范围和速度，避免大量、集中、快速堆载，并宜进行相应的地基变形分析；

⑤ 对于有变形观测、监测要求的建筑应进行沉降、沉降差、倾斜等相关观测及监测，并指导后浇带的封闭等施工组织。

● **说明**

第（1）款，地方标准《北京地区建筑地基基础勘察设计规范》DBJ 11—501—2009（2016 年版）对于地基变形允许值、分层总和法的计算深度、沉降计算经验系数等的规定不同于现行国家标准《建筑地基基础设计规范》GB 50007，因此北京市内项目应按《北京地区建筑地基基础勘察设计规范》DBJ 11—501—2009（2016 年版）第 7.4 条执行。

4.3.5 稳定性计算

（1）位于山区或稳定土坡及边坡的建筑应进行稳定性验算，并采取相应的安全距离措施，应符合下列规定：

① 基础底边距离坡顶的距离应符合国家标准《建筑地基基础设计规范》GB 50007—2011 第 5.4.2 条式(5.4.2-1)及式(5.4.2-2)的规定，不满足时应按式(5.4.1)进行验算；

② 无论是否满足距离要求，对于坡脚大于 45°，坡高大于 8m 的高大边坡，均应按国

家标准《建筑地基基础设计规范》GB 50007—2011 第 5.4.1 条式(5.4.1)进行稳定性验算。

（2）承受较大水平推力的建（构）筑物，应进行抗倾覆验算，抗倾覆安全系数不应小于 1.6。

（3）建筑物周边存在下沉广场、场地高差等情况时，应进行不平衡土压力的抗滑移等稳定计算。

4.3.6 抗震设计

（1）下列建筑可不进行地基基础抗震承载力计算：

① 国家标准《建筑抗震设计标准》GB/T 50011—2010（2024 年版）规定的可不进行上部结构抗震验算的建筑；

② 地基主要受力层范围内不存在软弱土的单层厂房、砌体房屋、不超过 8 层且高度不超过 24m 的框架或框架剪力墙结构、基础荷载与上述框架相当的多层抗震墙结构。

（2）天然地基基础进行抗震验算时，应采用地震效应标准组合，且地基承载力应乘以地基抗震承载力调整系数，调整系数取值参见国家标准《建筑抗震设计标准》GB/T 50011—2010（2024 年版）表 4.2.3。

（3）高层建筑的 CFG 复合地基应进行抗震验算。

● **说明**

① 对于基础埋深不大的多层建筑，汶川地震调查资料表明震害轻微，可不进行抗震承载力计算。

② 对于需要验算 CFG 复合地基抗震承载力的高层建筑，标准中并未提供相应的验算方法。本技术措施要求对桩间土发挥的地基承载力 f_{ak} 进行抗震承载力调整，并应依据行业标准《建筑地基处理技术规范》JGJ 79—2012 第 7.1.5 条式(7.1.5-2)进行计算，如 CFG 复合地基进行深度修正，此项可进行抗震承载力调整，调整系数取值同国家标准《建筑抗震设计标准》GB/T 50011—2010（2024 年版）表 4.2.3。

4.4 浅基础设计

4.4.1 浅基础选型

基础选型应根据结构类型、建筑有无地下室、基底荷载大小及分布、地基岩土特性、地下水高低及抗浮水位、相邻建筑基础情况、建设地材料供应及施工经验等因素，进行多方案技术经济比选，确定经济合理可靠的基础形式。

常见的基础形式见表 4.4.1-1 及表 4.4.1-2。

（1）不带地下室结构

基础选型　　**表 4.4.1-1**

结构体系	刚性基础	独立基础	条形基础	筏板基础
砌体结构	○	×	○	△
框架结构	×	○	○	△
多层剪力墙结构	×	×	○	△
多层框架-剪力墙结构	×	○	○	△

注：表中符号○表示宜采用；△表示可采用；×表示不宜采用。

（2）带地下室结构

基础选型　　表 4.4.1-2

结构体系	独立基础＋防水板	条形基础＋防水板	筏板基础
砌体结构	×	○	△
框架结构	○	△	○
剪力墙结构	×	○	○
框架-剪力墙结构	×	△	○
框架-核心筒结构	×	△	○

注：表中符号○表示宜采用；△表示可采用；×表示不宜采用。

● 说明

第（1）款，砌体结构优先采用刚性条形基础，如灰土条形基础、素混凝土条形基础、毛石混凝土条形基础等；砌体结构基底压力大而导致基础宽度大于 2.5m 时，可采用钢筋混凝土条形基础。

框架结构，在地基较好，中柱基底面积/受荷载面积 ≤ 1/2 时，选用柱下独立基础；地基较差时，1/2 < 中柱基底面积/受荷载面积 ≤ 4/5 时宜选用柱下条形基础；中柱基底面积/受荷载面积 > 4/5 时，选用筏板基础。

框架-剪力墙结构，如框架柱采用独立基础，剪力墙宜采用条形基础。当基础埋深 ≥ 3m 时，宜做地下架空层，避免在筏板上回填土。

第（2）款，框架结构，中柱基底面积/受荷载面积 ≤ 1/2 时，选用柱下独立基础＋防水板；中柱基底面积/受荷载面积 > 1/2 时，宜选用筏板基础。

多层和高层建筑，当采用条形基础不能满足地基承载力和变形要求时或建筑物要求基础有足够的刚度调节不均匀沉降时，可采用筏板基础。

如地基土质较差，采用天然地基不能满足设计要求时，需综合考虑工程造价、工期长短及施工的条件，考虑选用复合地基或桩基等。

4.4.2 基础埋深

（1）基础埋置深度应考虑建筑物使用功能、地质和水文条件等因素，满足地基承载力、变形及主体结构抗滑、抗倾覆稳定性要求。

（2）基础埋深是指从基础底面至室外设计地面的深度。建筑物的基础在保证安全可靠的前提下，应尽量浅埋。如地下室周围无可靠侧限，基础埋深应从具有可靠侧限的标高算起。

（3）天然地基或复合地基，基础埋深可取$H/(15\sim18)$，H为建筑物室外地面至主要屋面的高度。除岩石地基外，基础埋深不宜小于 0.5m。岩石地基可不考虑埋深要求。

（4）基础埋深不足或岩石地基的建筑应满足风荷载和地震作用（大震）等水平力作用下的抗滑移和抗倾覆稳定性要求。

（5）坡道附属构筑物基础埋深应大于场地冻结深度，或采取其他防冻措施。

4.4.3 刚性基础

（1）刚性基础，又称无筋扩展基础，可采用灰土、砖、毛石、毛石混凝土或者混凝土等。砖、毛石基础应做垫层，混凝土、毛石混凝土、灰土等可不做垫层。

（2）条形基础底面宽度不应小于 600mm。

（3）刚性基础宽高比的允许值应满足国家标准《建筑地基基础设计规范》GB 50007—2011 第 8.1.1 条的规定。当存在基底反力偏心过大、承受偏心荷载等特殊情况时，应验算基础的受剪承载力。

● **说明**

当基础单侧扩展范围内基础底面处的平均压力值超过 300kPa 时，可按《建筑地基基础设计规范》GB 50007—2011 第 8.1.1 条文说明验算（柱）边缘或变阶处的受剪承载力。

4.4.4 独立基础

（1）独立基础基底平面宜为矩形或正方形，长短边之比不宜大于 2。

（2）独立基础上部竖向永久荷载的重心宜与基础底面的形心重合。如有偏心，必须验算偏心产生的附加影响。

（3）当两柱之间的距离较近，使两柱基底平面重合，无法设计成单独柱基时，可考虑设计为双柱联合基础，如图 4.4.4-1 所示。对于多柱联合基础，应设置柱间基础梁，基础梁的截面受剪、受弯承载力应根据计算确定。

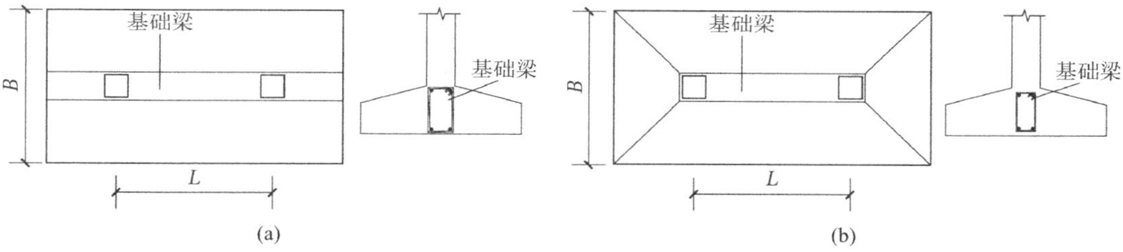

图 4.4.4-1 设基础梁的双柱联合基础

（4）如存在独立基础底面标高相差较大、地基土主要受力层范围内存在严重不均匀土层、软弱土层或可液化土层或各柱承受的上部荷载相差较大等易引起不均沉降的情况，或者抗震等级为一级的框架结构、Ⅳ类场地抗震等级为二级的框架结构均应设置基础双向拉梁，如图 4.4.4-2 所示。

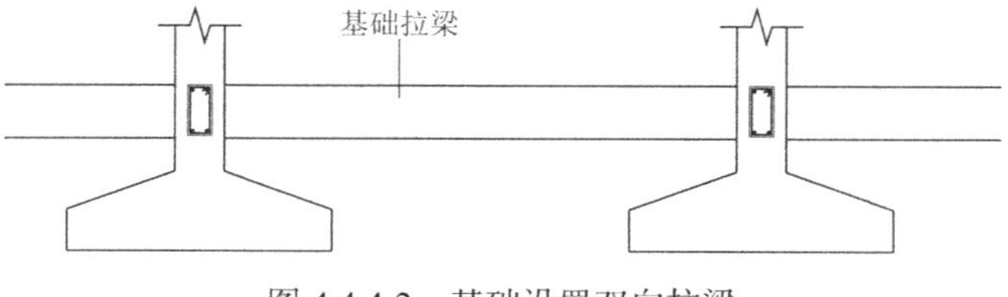

图 4.4.4-2 基础设置双向拉梁

（5）柱下独立基础，当冲切锥体落在基础底面以内时，应验算柱与基础交接处、基础变阶处的受冲切承载力。当基础底面的短边尺寸小于等于柱宽加两倍的基础有效高度时，还应验算柱与基础交接处的基础受剪承载力。

（6）当基础的混凝土强度等级小于柱的混凝土强度等级时，尚应验算柱下基础顶面的局部受压承载力。

● **说明**

基础的混凝土强度等级往往低于柱的混凝土强度等级，此时应验算柱下基础顶面的局部受压承载力。

4.4.5 钢筋混凝土条形基础

（1）条形基础的翼板厚度不应小于 200mm。当翼板厚度大于 250mm 时，宜采用变厚度翼板，顶面的坡度不大于 1：3，边缘厚度不宜小于 150mm。

（2）墙下条形基础应验算墙与基础交接处的基础受剪承载力。

（3）柱下条形基础断面宜为倒 T 形，基础梁高度可取柱距的 1/8～1/4。基础梁除验算受弯承载力外，还应验算柱边缘基础梁的受剪承载力；当存在扭矩时，还应考虑扭矩的影响。

（4）柱下条形基础的端部宜向外悬挑伸出 1/4～1/3 相邻跨的跨度。

（5）柱下条形基础的基础梁配筋计算时，可不进行弯矩调幅。基础梁顶部钢筋应按计算配筋全部贯通，底部通长钢筋不应少于底部受力钢筋截面总面积的 1/3；其构造可按非抗震构造做法，即梁纵筋连接长度、接头均按非抗震要求，箍筋不用加密、箍筋弯钩角度可按 90°。基础梁两侧应按国家标准《混凝土结构设计标准》GB/T 50010—2010（2024 年版）沿高度配置纵向构造钢筋，存在扭矩时应布置抗扭纵筋。

4.4.6 独立基础＋防水板

（1）以下两类建筑，宜采用独立基础＋防水板：

① 从经济性考虑的多层建筑及纯地下车库；

② 从有效控制主、裙楼（纯地下车库）差异沉降考虑的高层建筑的多层裙房及纯地下车库。

（2）防水板下应设置一定厚度的松散焦渣、聚苯板等易压缩材料，以减少柱基沉降对防水板的不利影响。软垫层应采用施工质量易控制的聚苯板，厚度宜为 80～150mm，密度不应小于 $18kg/m^3$。

（3）防水板的厚度不应小于 250mm。

（4）独立基础＋防水板计算分析时，防水板仅用来抵抗水浮力，不应考虑防水板的地基承载能力，独立基础承担全部上部荷载并考虑水浮力的影响。防水板的计算可采用倒楼盖法或相关的计算软件进行有限元分析，并应考虑因防水板对基底反力分布范围的扩大所造成基础抗冲切承载能力降低的影响。

（5）防水板最小配筋率应为 0.20%；当地下水位产生的浮力小于防水板自重及防水板上的建筑面层重量时，防水板最小配筋率可按 0.15%。

● **说明**

第（1）款，防水板是直接或者间接卧置于地基上，与其他基础构件形成一个连续的基础底板，通常认为其不承受地基反力，常用在有地下室的建筑。与整体式筏板基础相比，防水板具有成本低、有效减小主裙楼沉降差的优势。

第（2）款，防水板设置软垫层的目的是确保防水板不承担或仅承担自重引起的地基反力。软垫层应有一定的承载能力，保证施工时浇筑的防水板混凝土重量和施工荷载；同时应具有一定的变形能力，避免防水板承担过大的地基反力。受焦渣材料供应及其价格因素的影响，焦渣垫层的应用正在逐步减少。如柱基沉降很小，防水板仅承担自重引起的地基反力，防水板下也可不设软垫层。

4.4.7　筏板基础

（1）筏板基础可分为梁板式和平板式两种类型。框架-核心筒和筒中筒结构宜采用平板式筏板基础，其他类型结构宜优先采用平板式筏板基础。

（2）梁板式筏板基础计算，应满足下列规定：

① 基础板厚度，应验算双向板的受冲切承载力、单向板的受剪承载力；

② 基础板配筋，应计算基础板的弯矩，可采用塑性理论计算；

③ 基础梁截面，应验算基础梁受剪承载力，并配置箍筋；基础梁截面宜设计成较宽的梁，以减小基槽的开挖深度和梁间的回填量；

④ 基础梁配筋，应采用倒楼盖法或弹性地基梁法计算基础梁的弯矩。

（3）平板式筏板基础计算，应满足下列规定：

① 基础板及柱墩的厚度及尺寸，应验算基础板及柱墩受冲切、受剪切承载力；

② 基础板及柱墩的配筋，应采用倒楼盖法或弹性地基梁法计算弯矩。基础板可分为柱上板带和跨中板带，并分别配筋；柱下板带中，在柱宽及两侧 0.5 倍板厚且不大于 1/4 板跨的有效宽度范围内，钢筋配置量不宜少于柱下板带钢筋的 1/2。

（4）当地基土质较好，基础承载力和沉降能满足标准要求时，基础底板可不外挑；当地质土质较差，承载力和沉降不能满足要求时，可根据计算结果，将基础底板向外挑出，出挑长度不宜大于 2m 和 1.5 倍板厚的较大者。

（5）平板式筏基板厚不应小于 500mm；梁板式筏基板厚不应小于 400mm。

（6）筏板基础的混凝土强度不宜高于 C40，也不应低于 C30。当墙、柱混凝土的强度大于基础板时，应验算墙、柱与基础交接面处的局部承载力。

（7）基础与地下室外墙相连处，基础配筋应考虑地下室外墙根部的弯矩，且基础与外墙的钢筋应满足受拉搭接长度的要求。

（8）筏板上下层钢筋之间的支撑、定位等做法由施工单位提出，以确保混凝土浇灌时人员安全、钢筋位置准确，结构施工图可不做具体规定。

（9）带裙房的高层建筑筏板基底平面形心与上部竖向准永久荷载作用点的偏心距计算时，应考虑裙房扩散、分担主楼竖向荷载的作用。此时，与主楼紧邻的一跨裙房可视为主楼基础的外扩，因此在计算主楼基础平面的形心时，分担主楼荷载的裙房基础平面面积应计入主楼的基础面积。

● 说明

第（1）款，梁板结构虽消耗材料较少，但相对于平板结构更为费工，工期长，且占用高度大，因此优先选用平板式筏板基础。

第（3）款，倒楼盖法假设基底反力呈线性分布，且上部结构刚度被假定为无穷大，将基础与上部结构的连接点视为不动铰支点，基础为倒置的平面楼盖。该方法仅适用于简化计算的情况，并需满足以下要求：地基土比较均匀、地基压缩层范围内无软弱土层或可液化土层、上部结构刚度较好，柱网和荷载较均匀、相邻柱荷载及柱间距的变化不超过20%，且梁板式筏基梁的高跨比或平板式筏基板的厚跨比不小于1/6时，筏板基础可仅考虑局部弯曲作用。倒楼盖法仅能考虑局部弯曲作用，并未考虑筏板的整体弯曲，且地基反力未按实际情况计算，故计算出支座反力大，跨中反力小。

弹性地基梁法采用文克尔假定，即任一点的土抗力和该点的位移成正比。该方法考虑了地基土弹簧刚度的影响，地基梁内力的大小受地基土弹簧刚度的影响，从而能够更准确地反映实际情况，具有普遍适用性。

第（7）款，基础配筋与地下室外墙配筋相协调，确保地下室外墙的计算假定与实际受力相符。

4.4.8 相邻基础要求

（1）确定天然地基的基础埋深时，为保证相邻的既有建筑的安全和正常使用，新建建筑基础埋深不宜深于相邻既有建筑的基础。当难以避免时，须进行分析并采取可靠措施（如设置永久支护桩），保证既有建筑的安全。

（2）新建建筑基础埋深深于相邻既有建筑时，地下室外墙及基础应考虑邻近建筑基础的应力扩散；新旧地下室外墙间的缝隙应采用自密实性较好的粗砂回填，以保证两栋建筑物的可靠嵌固。

（3）新建建筑基础埋深浅于相邻既有建筑时，应评估新建建筑地基压力对相邻既有建筑地下室外墙侧压力的影响，必要时选用桩基础将竖向荷载传递至较深地层。

4.4.9 高层建筑筏板挠度及主裙楼差异沉降控制

（1）带裙房的高层建筑当采用整体筏板基础时，其主楼下筏板的整体挠度值不宜大于0.05%，主楼与相邻的裙房柱的差异沉降不应大于其跨度的0.1%。

（2）减小差异沉降，主裙楼可采取以下技术措施：

① 应以减小主楼的沉降量及使裙房沉降量不致过小为核心；

② 可采用增大基底面积、复合地基、桩基等措施；

③ 裙房可采用沉降量较大的独立基础或条形基础（主楼采用筏板基础等）、天然地基（主楼采用复合地基或桩基）、埋深浅且持力层土的压缩性高于主楼等措施，避免裙房沉降量过小；

④ 可在主楼与裙房之间，设置基础至裙房屋顶的沉降后浇带。沉降后浇带的位置应根据地基反力分布情况，设在紧邻主楼的裙房第一跨或第二跨内。沉降后浇带范围内与高层相连部分的裙房宜采用筏板基础。沉降后浇带应在主楼主体结构完工且沉降趋于稳定后进

行浇筑，具体时间可通过沉降观测数据分析后确定。

（3）当主楼采用天然地基时，裙房不宜采用抗拔桩抗浮。

（4）当高层建筑与相连的裙房之间不设沉降后浇带或沉降后浇带提前封闭时，高层建筑及与其紧邻一跨裙房区域筏板应采用相同厚度，裙房筏板的厚度宜自第二跨裙房起逐渐变化，并进行上部结构-基础-地基协同作用分析，主、裙楼基础整体性和基础板的变形应满足现行标准要求。

● **说明**

第（1）款，筏板基础的结构分析须考虑上部结构、基础与地基土的共同作用，否则计算的基础挠度值大于实测值。主楼筏板的整体挠度值为筏板的整体变形值，可以取筏板平面中心点的变形值f_0与两侧框架柱下筏板变形平均值$0.5(f_1+f_2)$的差值，即$f_0-0.5(f_1+f_2)\leqslant 0.05\%L$，$L$为筏板跨度。

第（2）款，沉降量趋于稳定指标是根据沉降量与时间关系曲线得到最后100d的平均沉降速率小于1mm/100d。

第（4）款，沉降后浇带起到释放主楼与裙楼差异沉降作用，对于需要取消或者提前封闭沉降后浇带的情况，需要进行专项分析、论证，有可靠的协同分析依据，并应经院内评审同意。

4.5 桩基础设计

4.5.1 基本设计要求

（1）桩基设计应优先遵循建筑物所在地区的地方标准、规程及当地有关部门的规定要求。当地方标准无规定时，应按现行国家及行业标准《建筑与市政地基基础通用规范》GB 55003、《建筑桩基技术规范》JGJ 94 和《建筑地基基础设计规范》GB 50007 的相关规定执行。

（2）桩基设计应采用经审查合格的岩土工程勘察报告作为依据，且应优先采用勘察报告推荐的桩基方案。当采用勘察报告未推荐的桩基方案时，应及时与勘察单位沟通并由其提供书面变更意见确认。

4.5.2 桩基选型与布置

（1）桩型的选择应根据建筑结构类型、荷载性质、工程地质情况、桩的使用功能、成桩工艺要求、施工条件及周边环境等因素，结合当地经验和桩型特点，并遵循安全适用、经济合理的原则选用，可参照行业标准《建筑桩基技术规范》JGJ 94—2008 附录 A 进行选型。

（2）基桩布置应符合行业标准《建筑桩基技术规范》JGJ 94—2008 第 3.3.3 条规定，并宜满足下列要求：

① 排列基桩时，宜使桩顶受荷均匀，桩群承载力合力点与竖向永久荷载合力作用点宜重合，基桩受水平力和力矩较大方向应有较大抗弯截面模量；

② 基桩宜布置在柱、墙、核心筒承台冲切锥体范围内，纵横墙交叉处应布桩，门窗洞

口下不宜布桩；

③ 柱下单桩或墙下单排布桩时，墙、柱和桩的中心线应重合，柱底弯矩宜由承台连系梁承担；地下室外墙条形基础不宜采用单排桩；

④ 地下基坑、管沟等与桩贴邻时，该部位桩应设置于坑底或采取其他可靠措施；

⑤ 桩端进入持力层的深度应从桩端全截面进入持力层算起，不应包括桩尖部分的长度。处于基岩倾斜面的嵌岩桩，嵌岩桩全截面进入持力层深度应从稳定基岩斜面最低处算起。

● 说明

当柱底弯矩较大时，应设置多桩。地下室外墙条形基础应考虑外墙底部弯矩、水平力对桩和承台梁产生的不利影响。

4.5.3 桩基计算

（1）桩基应符合现行行业标准《建筑桩基技术规范》JGJ 94 相关规定，并应进行下列承载能力计算：

① 应根据桩基的使用功能和受力特征分别进行桩基的竖向承载力计算和水平承载力计算；

② 桩群承载力合力点确定时，尚应考虑承台（筏板）、外挑筏板、整体连接的裙房基础下地基土的反力，综合确定桩基的抗力合力点；

③ 应对桩身和承台结构承载力进行计算。对于桩侧土不排水抗剪强度小于 10kPa 且长径比大于 50 的桩，应进行桩身压屈验算；对于混凝土预制桩，应按吊装、运输和锤击作用进行桩身承载力验算；对于钢管桩，应进行局部压屈验算；

④ 当桩端平面以下存在软弱下卧层时，应进行软弱下卧层承载力验算；

⑤ 位于坡地、岸边的桩基，应进行整体稳定性验算；

⑥ 对于抗浮、抗拔桩基，应进行基桩和群桩的抗拔承载力计算；

⑦ 对于抗震设防区的桩基，应进行抗震承载力验算。

（2）桩基承载力设计时，所采用的作用效应组合与相应的抗力应符合下列规定：

① 确定桩数和布桩时，应采用传至承台底面的荷载效应标准组合；相应的抗力应采用基桩或复合基桩承载力特征值；

② 验算坡地、岸边建筑桩基的整体稳定性时，应采用荷载效应标准组合；抗震设防区，应采用地震作用效应和荷载效应的标准组合；

③ 计算桩基承载力、确定尺寸和配筋时，应采用传至承台顶面的荷载效应基本组合；

④ 桩基进行抗震承载力验算时，其调整系数γ_{RE}应按现行国家标准《建筑抗震设计标准》GB/T 50011 的规定采用。

（3）符合下列条件之一的桩基，当桩周土层产生的沉降超过基桩的沉降时，在计算基桩承载力时应计入桩侧负摩阻力：

① 桩穿越较厚松散填土、自重湿陷性黄土、欠固结土、淤泥、可液化土层以及生活垃

圾为主的土层进入相对较硬土层时；

② 桩周存在软弱土层，邻近桩侧地面承受局部较大的长期荷载，或地面大面积堆载（包括填土）时；

③ 由于降低地下水位，使桩周土有效应力增大，并产生显著压缩沉降时。

（4）存在液化土层的低承台桩基抗震验算应符合现行国家标准《建筑抗震设计标准》GB/T 50011 的相关规定。

（5）桩基进行沉降计算应符合现行行业标准《建筑桩基技术规范》JGJ 94 的规定，并应满足下列要求：

① 计算荷载作用下的桩基沉降时，应采用荷载效应准永久组合（不考虑风荷载和地震作用）；建筑桩基沉降变形计算值不应大于桩基沉降变形允许值；

② 受水平荷载较大或对水平位移有严格限制的建筑桩基，应计算其水平位移。计算荷载作用下的水平位移时，应采用荷载效应准永久组合（不考虑风荷载）；计算水平地震作用、风荷载作用下的桩基水平位移时，应采用水平地震作用、风荷载效应标准组合。

（6）桩身应按现行行业标准《建筑桩基技术规范》JGJ 94 规定进行承载力和裂缝控制计算。计算时应考虑桩身材料强度、成桩工艺、吊运与沉桩、约束条件、环境类别等因素，并应符合现行国家标准《建筑地基基础设计规范》GB 50007、《混凝土结构设计标准》GB/T 50010 和《钢结构设计标准》GB 50017 的相关规定。

（7）桩基抗震设计及构造应符合现行国家标准《建筑抗震设计标准》GB/T 50011 和建筑物所在地区的抗震设计标准、规范、规程的相关规定。

（8）桩基承台应满足现行行业标准《建筑桩基技术规范》JGJ 94 规定的受弯、受冲切、受剪承载力计算要求。当承台下基桩受拉时，尚应验算承台顶面正截面受弯承载能力，配置抗弯钢筋并应满足最小配筋率要求。对于柱下桩基，当承台混凝土强度等级低于柱或桩的混凝土强度等级时，应验算柱下或桩上承台的局部受压承载力。

（9）当进行承台的抗震验算时，应根据现行国家标准《建筑抗震设计标准》GB/T 50011 的规定对承台顶面的地震作用效应和承台的受弯、受冲切、受剪承载力进行抗震调整。

● **说明**

第（1）款，在建筑物发生整体倾斜的事故案例中，有一些案例整体倾斜的主要原因是实际的基础平面形心与主楼竖向荷载合力作用点偏离太大。例如，主楼单侧有裙房，主楼实际的基础平面并非主楼的投影面积，而是主楼投影平面加上相邻一跨裙房平面的面积。

4.5.4 桩基构造

（1）桩基和承台构造应符合现行国家及行业标准《建筑桩基技术规范》JGJ 94、《建筑地基基础设计规范》GB 50007 的相关规定。腐蚀性环境下桩基构造尚宜符合现行国家标准《工业建筑防腐蚀设计标准》GB/T 50046 的规定。

（2）钻孔桩桩身直径不宜小于 300mm；冲孔桩、旋挖成孔桩桩身直径不宜小于 600mm；

人工挖孔桩桩身直径不宜小于 800mm。

（3）桩顶嵌入承台内的长度，当桩径 < 800mm 时不应小于 50mm，当桩径 ≥ 800mm 时不应小于 100mm。承台的有效厚度应考虑桩顶嵌入承台内的长度。对于大直径灌注桩，当采用一柱一桩时，可设置承台或将桩与柱直接连接。

4.5.5 预制桩选型及施工

（1）混凝土预制桩、预应力混凝土空心桩及钢桩选型和施工要求应优先遵循建筑物所在地区的地方标准、规范、规程及当地有关部门的规定要求。当地方标准无规定时，按现行行业标准《建筑桩基技术规范》JGJ 94 要求执行。

（2）抗震设防烈度为 8 度及以上地区，不宜采用预应力混凝土管桩（PC）和预应力混凝土空心方桩（PS）。

（3）在腐蚀环境下，预制桩的选择应满足现行国家标准《工业建筑防腐蚀设计标准》GB/T 50046 的相关规定。

（4）预制桩选用时应结合地勘报告注意是否有其不易穿透粉土或砂土层等硬夹层；预制桩施工时应采取措施消除、减轻挤土效应。

（5）预制桩选型和施工时，应根据土层条件、施工工艺等因素，选取合适的桩尖类型。预应力混凝土空心桩当桩端嵌入遇水易软化的强风化岩、全风化岩、中风化泥岩和非饱和土时，桩尖应采用封闭型桩尖；沉桩后，应对桩端以上 2m 左右范围内采取有效的防渗措施，可采用微膨胀混凝土填芯或在内壁预涂柔性防水材料。

（6）预应力混凝土管桩不承受拉力时，桩顶应采取钢筋混凝土填芯措施，加强管桩与承台的连接，填芯混凝土深度不应小于 3 倍桩径且不应小于 1.5m。

（7）预制桩施工应按合理的顺序进行（一般由内向外），严禁边打桩边开挖基坑，挖土宜分层均匀进行，桩周土体高差不宜大于 1m。如需截桩，应采取有效措施保证截桩后的预制桩质量。截桩应采用截桩器。

（8）预制桩施工应预先进行工艺试桩（包括静压桩、锤击桩等），以确认施工可行性。优先采用静压沉桩施工工艺。预制桩静压沉桩工艺按行业标准《建筑桩基技术规范》JGJ 94—2008 第 7.5 节规定执行。当需穿透砂石等坚硬夹层、打桩有困难时，可采取引孔等措施，以保证桩端进入设计土层。

（9）预制桩锤击沉桩工艺按行业标准《建筑桩基技术规范》JGJ 94—2008 第 7.4 节规定执行。收锤标准应由勘察、设计、施工、监理结合试打桩工艺协商确定。当管桩入土深度以贯入度控制时，最后 3 阵（每振 10 击）贯入度不宜大于 30mm/10 击。当持力层为较薄的强风化岩层且下卧层为中、微风化岩层时，最后贯入度不宜大于 25mm/10 击。

● **说明**

抗震设防烈度 8 度及以上地区，应根据桩基实际受力状况，采用满足受剪、受弯承载力验算的预应力混凝土空心桩。当不满足时，应采取可靠措施（如采用钢筋混凝土灌芯）满足桩基受剪、受弯承载力验算要求。

4.5.6 灌注桩后注浆

（1）后注浆灌注桩的单桩竖向极限承载力标准值应通过单桩静载荷试验确定。

（2）灌注桩后注浆选择应考虑地质水文条件和成桩施工条件，按注浆部位可分为桩端压力注浆、桩侧压力注浆和桩端桩侧复式注浆，选用原则宜满足下列规定：

① 当桩端持力层为碎石类土层、中、粗砂、裂缝发育的中风化岩层时，宜优先选用桩端注浆；

② 当桩长超过 15m，且桩基承载力要求较高，采用桩端注浆不能满足承载力要求时，可采用桩端桩侧复式注浆；

③ 对于超长桩且桩侧有适宜注浆的土层时，应选用桩侧压力注浆；

④ 抗拔桩宜采用桩侧压力注浆。

（3）灌注桩后注浆施工要求应按行业标准《建筑桩基技术规范》JGJ 94—2008 第 6.7 节要求执行。

● **说明**

桩端注浆可有效改变桩端虚土情况并可增大桩端受力面积，与相同桩长、相同桩身直径的直孔桩相比，后注浆灌注桩的单桩竖向极限承载力的增幅在粗粒土（孔隙较大的中砂、粗砂、卵石、砾石）中为 50%～260%；在细粒土（黏性土、粉土、粉砂、细砂等）中为 14%～88%。

4.5.7 桩基变刚度调平设计

（1）桩基变刚度调平设计是指考虑上部结构形式、荷载和地层分布以及桩土共同作用效应，通过改变桩基支承刚度分布，以使建筑物沉降趋于均匀、基础内力降低的设计方法。以减小差异沉降和承台内力为目标的变刚度调平设计，宜结合具体条件，按下列规定执行：

① 主裙楼连体建筑，当高层主体采用桩基时，裙房（含纯地下室）的地基或桩基刚度宜相对弱化，可采用天然地基、复合地基、疏桩或短桩基础；

② 框架-核心筒结构高层建筑桩基，应强化核心筒区域桩基刚度（如适当增加桩长、桩径、桩数、采用后注浆等措施），相对弱化核心筒外围桩基刚度（采用复合桩基，视地层条件减小桩长）；

③ 框架-核心筒结构高层建筑，天然地基承载力满足要求时，宜于核心筒区域局部设置增强刚度、减小沉降的摩擦型桩；

④ 对于大体量筒仓、储罐的摩擦型桩基，宜按内强外弱原则布桩；

⑤ 对上述按变刚度调平设计的桩基，宜进行上部结构-承台-桩-土共同工作分析。

（2）当承台底为可液化土、湿陷性土、高灵敏度软土、欠固结土、新填土，沉桩引起超孔隙水压力和土体隆起时，可不考虑承台效应。

4.5.8 基桩检测

（1）基桩检测应按行业标准《建筑基桩检测技术规范》JGJ 106—2014 规定执行，并应满足建筑物所在地区的地方标准、规范、规程及当地有关部门的规定。

（2）单桩竖向极限承载力标准值应通过单桩静载荷试验确定。单桩竖向抗压静载荷试验应采用慢速维持荷载法。

（3）为桩基设计提供依据的单桩静载荷试验，应由设计单位依据勘察报告提出试验桩要求并在施工图设计完成前进行。

（4）当试验桩采用地面试桩时，应在试桩加载时测量设计桩顶标高处的桩身轴力，用以计算高出桩顶设计标高部分的侧阻力，从而近似计算试桩有效桩长的承载力。

（5）在存在负摩阻力的场地进行试桩时，应从试桩得出的单桩竖向承载力中扣除桩身计算中性点以上的正摩阻力。

● **说明**

第（4）款，基桩承载力的确定，应考虑基桩使用条件和试验条件的差异（如桩周的上覆压力不同），对试验所得的基桩承载力进行修正。

第（5）款，在存在负摩阻力的场地进行试桩时，因试桩的加载期很短（一般 1～2d），试桩加载期间，桩身计算中性点以上地基土给基桩提供的是正摩阻力。因此，应从试桩得出的单桩竖向承载力中扣除此部分正摩阻力，才是试桩的实际承载力。

4.6 基础抗浮设计

4.6.1 基本设计要求

（1）地下室部分或全部位于抗浮设防水位以下时，应进行抗浮稳定性验算。除应验算结构的整体抗浮稳定性外，尚应验算结构的局部抗浮稳定性。应重点关注以下部位：

① 上部结构缺失或大范围楼板缺失的开洞部位；

② 柱网不规则时，柱网相对较大的区域；

③ 地下室底板或基础底板埋深局部降低的区域；

④ 顶板覆土厚度相差较大的区域；

⑤ 结构抗浮荷载较小区域（如裙房、纯地下室等）。

（2）抗浮设防水位应根据岩土工程勘察报告（已通过政府审查）确定，结构设计人员应核查其合理性。当抗浮设防水位明显不合理时，应要求业主与勘察单位沟通，重新提交安全合理的抗浮设防水位。

（3）抗浮设防水位可区分施工期与使用期。

（4）位于坡地且占地面积较大的建筑，可分区段确定抗浮设防水位。

（5）山地建筑，应考虑地表汇水下渗及周边山体通过岩石裂隙补水对设防水位的影响。

（6）场地有承压水且与潜水有水力联系时，应实测承压水位并考虑其对抗浮设防水位的影响。

（7）抗浮锚杆和抗浮桩均会显著提高地基刚度，满足抗浮要求的同时，应兼顾考虑裙房或纯地下室与主楼之间的差异变形控制。

（8）肥槽回填应采用弱透水或不透水材料，肥槽顶部应采取有效排水措施。对于有上浮风险的建筑，基底尽量避免采用透水材料铺设褥垫层。

（9）应要求施工单位采取措施防止地表水侵入基坑肥槽，明确提出施工期间终止降水的条件（包括已完成施工的层数、已完成覆土和压重填料的厚度等），如遇施工中断，应提醒施工单位关注上浮风险。

（10）当抗浮稳定性验算已考虑覆土的有利作用时，应在设计文件中明确覆土不可移除或减少，并对覆土的重度、厚度、压实质量、最早和最晚完成时间提出要求。

（11）抗浮构件计算所需的岩土力学参数应由岩土工程勘察报告提供，如有缺失，应提请地勘单位出具补充说明。

● **说明**

第（2）款，抗浮水位对造价影响较大，必要时应进行专项论证。论证结论应纳入正式勘察成果资料，以明晰责任。

第（5）款，山地建筑在勘察期间可能地下水位较低，但存在丰水期自高处补水的可能。

第（7）款，当主楼采用天然地基、复合地基、换填地基等沉降较大的地基形式时，在裙房和纯地下室应慎用抗浮锚杆和抗浮桩，确需采用时，应分析差异沉降。

第（8）款，此条规定旨在避免因地表水侵入基底形成“水盆效应”。

常用的弱透水、不透水回填材料：压实黏土（约30～50元/m^3）、2：8灰土（约100～150元/m^3）、预拌流态固化土（约200～300元/m^3）、低强度等级素混凝土（约400元/m^3）等。通常在肥槽宽度较小时（如不大于1m）考虑采用预拌流态固化土或素混凝土。

常用的透水回填材料：砂、级配砂石、碎石等。

第（9）款，近些年施工期间地表水侵入肥槽导致的地下室上浮事故频发，为明晰技术责任，应在结构设计总说明中增加以下内容：“基坑基槽回填前，施工单位应当采取防止地表水侵入基坑基槽的措施，避免因地表水侵入基坑基槽导致地下结构上浮；施工单位应当编制地表水侵入基坑基槽的应急处理预案。基坑基槽回填前，若地表水侵入基坑基槽导致地下结构上浮，设计单位不承担任何责任。”

第（10）款，部分施工单位对抗浮问题认识不足，引发了较多工程事故。结构工程师应在设计交底中强调对覆土、肥槽回填、降水、地表排水等的要求，并形成会议纪要。

4.6.2 抗浮措施及选择

（1）抗浮方案应进行多方案比选，综合考虑造价（包括抗浮措施、底板及地基基础等）、施工工艺、工期等因素选取，可考虑以下一种或多种方式的组合：

① 增加压重，如增加顶板覆土、在楼板或底板上增加填料、增加结构自重、底板外挑（利用外挑底板上的回填土自重）等；

② 设置抗浮锚杆；

③ 设置抗浮桩；

④ 控制水浮力，如排水限压、泄水降压、隔水控压；

⑤ 增大基础刚度，该方法仅用于解决局部抗浮稳定性不满足问题。

（2）当自重与浮力相差不大时，应优先选择压重抗浮。压重材料宜优先选择低强度等级普通混凝土或素土；当选用以钢渣、铁屑或铁矿石作为骨料的配重混凝土时，应对不同重度进行经济比较；如选用钢渣干拌料，应检验其压实后重度能否达到标称值，并应进行放射性和游离氧化钙等检测。

（3）锚杆的适用条件可参照国家标准图集《建筑结构抗浮锚杆》22G815 第 5 页表 2 执行。

（4）当采用“控制水浮力”的抗浮方式时，在建筑全寿命周期内应做到水浮力持续监测，排水设备随时使用，并应特别关注监管的连续性和有效性。

● 说明

抗浮锚杆与抗浮桩有各自的优缺点和适用条件，两者比较如下：

① 一般情况下，抗浮锚杆的单根抗拔承载力小于抗浮桩；

② 抗浮锚杆通常按只受拉构件设计，而抗浮桩既可受拉又可受压；

③ 永久锚杆的锚固段不得设置在未经处理的有机质、液限大于 50%或相对密实度小于 0.33 的地层中，抗浮桩无此限制，但也应注意各种成桩工艺与地层的匹配；

④ 抗浮锚杆的数量往往较多，防水节点处有漏水隐患；

⑤ 抗浮桩施工相对成熟，部分地区欠缺预应力抗浮锚杆施工经验；

⑥ 抗浮锚杆比抗浮桩更有利于控制主裙楼差异沉降。

第（2）款，采用压重抗浮可靠性更好，有利于主裙楼差异沉降控制，不占用关键工期，通常经济性最优。

配重混凝土单价较高，且不同重度的配重混凝土差价很大。根据 2024 年 6 月北京市场询价，普通 C15 混凝土 385 元/m^3，重度 30kN/m^3 的预拌钢渣混凝土约 1000 元/m^3，重度 35kN/m^3 的预拌钢渣混凝土约 2000 元/m^3。

预拌普通混凝土和预拌配重混凝土凝结后可视为一层刚性防水，其防水性能优于素土等压实材料。

第（3）款，锚杆分预应力锚杆和非预应力锚杆，通常非预应力锚杆的经济性优于预应力锚杆。常见工程的抗浮设计等级为甲级和乙级，非预应力锚杆难以满足锚固浆体内不出现拉应力或拉应力不大于 f_{tk} 的要求。非预应力锚杆应用时应考虑当地的使用经验，并加强锚杆的防腐措施。根据行业标准《建筑工程抗浮技术标准》JGJ 476—2019 条文说明第 7.5.9、7.5.10 条，控制锚固体拉应力和裂缝宽度是出于耐久性考虑，当采用国家标准图集《建筑结构抗浮锚杆》22G815 中的筋体防腐构造后，锚固体不作为保护层，则可不考虑控制拉应力和裂缝宽度。

4.6.3 抗浮计算

抗浮稳定性应按国家标准图集《建筑结构抗浮锚杆》22G815 第 5 页 3.2 条进行验算。

抗浮稳定性验算时，不宜考虑填充墙自重荷载、全部类型的可变荷载、使用期内可能缺失或减少的建筑楼面做法自重荷载等荷载的有利作用。当考虑材料自重的有利作用时，其重度不宜大于表 4.6.3-1 所列数值。

常用材料重度取值表　　表 4.6.3-1

材料	重度（kN/m^3）
一般覆土	15
素混凝土	22
钢筋混凝土	24
钢	78

（1）计算建筑物自重时，如地下室面积较大，不宜计入地下室外墙重。

（2）采用分项系数法进行抗浮构件设计时，应计入不低于主体设计所采用的结构重要性系数。

（3）采用群桩、群锚抗拔时，除应验算单根抗拔构件的抗拔承载力外，尚应考虑群桩、群锚效应（呈整体破坏时的抗拔承载力验算）。

（4）抗浮锚杆设计应进行下列计算和验算：

① 锚固长度、抗拔承载力的计算；

② 筋体截面面积计算；

③ 筋体与锚固体的锚固承载力验算；

④ 群锚效应验算。

（5）抗浮锚杆的性能参数应由基本试验确定。初步设计时，可依据国家标准图集《建筑结构抗浮锚杆》22G815 相关规定进行计算。

（6）抗浮桩设计应进行下列计算和验算：

① 单桩竖向抗拔承载力计算；

② 群桩抗拔承载力计算；

③ 桩身受拉承载力计算；

④ 桩身抗裂验算和裂缝宽度计算。

（7）当大面积地下结构的抗浮桩在筏板或防水板下满堂布置时，抗浮桩承载力验算除应符合《建筑桩基技术规范》JGJ 94—2008 第 5.4.5 条、第 5.4.6 条的规定外，尚应符合下式规定：

$$T_{uk}/2 \leqslant 0.9\gamma' l(S_x S_y - A_p) \quad (4.6.3\text{-}1)$$

式中：T_{uk}——基桩的单桩极限抗拔承载力标准值，按《建筑桩基技术规范》JGJ 94—2008 式(5.4.6-1)计算；

γ'——抗浮桩桩长范围内土的加权平均浮重度；

l——抗浮桩的长度；

S_x、S_y——抗浮桩的排距、列距；

A_p——基桩截面面积。

（8）抗浮桩的性能参数由试桩确定，初步设计时，可依据现行行业标准《建筑桩基技术规范》JGJ 94 的相关规定进行计算。

● **说明**

第（2）款，材料重度具有离散特性，对于已在国家标准《建筑结构荷载规范》GB 50009—

2012 中列出的材料，宜采用其下限值。

顶板覆土施工存在较大不确定性，如：因绿化景观微地形需要，覆土过薄；压实质量差，重度达不到设计要求等，因此覆土重度宜取较低值。若覆土采用田园土、改良土等轻质种植土，则应根据实际情况确定重度。

第（5）款，需特别注意的是，即使桩、锚间距较大，也应进行群桩、群锚效应验算。

第（7）款，抗浮锚杆的常见设计标准如下：

①《建筑结构抗浮锚杆》22G815；

②《建筑工程抗浮技术标准》JGJ 476—2019；

③《抗浮锚杆技术规程》YB/T 4659—2018；

④《岩土锚杆与喷射混凝土支护工程技术规范》GB 50086—2015；

⑤《建筑边坡工程技术规范》GB 50330—2013；

⑥《建筑地基基础设计规范》GB 50007—2011；

⑦《全国民用建筑工程设计技术措施：结构（地基与基础）(2009 年版)》；

⑧《岩土锚杆（索）技术规程》CECS 22：2005。

除此以外，个别省份还颁布了地方标准，如《四川省建筑地下结构抗浮锚杆技术标准》DBJ51/T 102—2018。

各标准采用的设计方法不同，计算结果相差较大。经研究，《建筑结构抗浮锚杆》22G815 概念清晰，可靠度适中，计算表格与节点做法丰富，推荐采用。《建筑工程抗浮技术标准》JGJ 476—2019 和《全国民用建筑工程设计技术措施：结构（地基与基础）(2009 年版)》未验算筋体与锚固体间的抗拔承载力。《抗浮锚杆技术规程》YB/T 4659—2018 未考虑多根筋体粘结强度降低系数。《抗浮锚杆技术规程》YB/T 4659—2018、《岩土锚杆与喷射混凝土支护工程技术规范》GB 50086—2015、《全国民用建筑工程设计技术措施：结构（地基与基础）(2009 年版)》计算出的筋体截面积相较其他标准偏小。《全国民用建筑工程设计技术措施：结构（地基与基础）(2009 年版)》和《岩土锚杆（索）技术规程》CECS 22：2005 使用时需注意粘结强度取特征值。

表 4.6.3-2 给出了各标准可靠度的大致比较关系，供参考。

抗浮锚杆综合安全系数比较表 **表 4.6.3-2**

标准	锚固体与岩土间抗拔承载力		筋体与锚固体间抗拔承载力		筋体受拉承载力
	岩层	土层	1 根筋体	2 根筋体	
《建筑结构抗浮锚杆》22G815	2.50		3.42	4.03	2.00
《建筑工程抗浮技术标准》JGJ 476—2019	2.50	2.00	未验算		2.00
《抗浮锚杆技术规程》YB/T 4659—2018	≥2.00		3.42		1.55
《岩土锚杆与喷射混凝土支护工程技术规范》GB 50086—2015	$\psi=1.0$ 时 Ⅰ级 3.26 Ⅱ级 2.97 Ⅲ级 2.97		2.54	2.99	1.48

续表

标准	锚固体与岩土间抗拔承载力		筋体与锚固体间抗拔承载力		筋体受拉承载力
	岩层	土层	1 根筋体	2 根筋体	
《建筑边坡工程技术规范》GB 50330—2013	一级 2.60 二级 2.40 三级 2.20		一级 2.60 二级 2.40 三级 2.20	一级 3.05 二级 2.82 三级 2.58	一级 2.20 二级 2.00 三级 1.80
《建筑地基基础设计规范》GB 50007—2011	2.50	3.20	未验算		1.35～1.50
《全国民用建筑工程设计技术措施：结构（地基与基础）（2009 年版）》	2.50	3.12～4.16	2.25	2.64	1.95
《岩土锚杆（索）技术规程》CECS 22：2005	$\psi=1.0$ 时 Ⅰ级 2.97 Ⅱ级 2.70 Ⅲ级 2.70		$\psi=1.0$ 时 Ⅰ级 2.97 Ⅱ级 2.70 Ⅲ级 2.70	$\psi=1.0$ 时 Ⅰ级 3.49 Ⅱ级 3.17 Ⅲ级 3.17	Ⅰ级 2.12 Ⅱ级 1.92 Ⅲ级 1.92

注：1. 锚固体与岩土间抗拔承载力、筋体与锚固体间抗拔承载力的综合安全系数均为抗力标准值与荷载标准值之比；筋体受拉承载力的计算，大多数标准和标准图集中的公式均存在分项系数法与单一安全系数法混用的情况，采用单一安全系数法时，安全系数应为抗力标准值与荷载标准值之比，本技术措施为方便与大多数标准比较，表格中筋体受拉承载力综合安全系数为抗力设计值与荷载标准值之比；

2. 锚固体与岩土间的粘结强度应按地勘报告取值，故综合安全系数不体现各标准所列建议值间的差异；

3. 综合安全系数考虑了各标准筋体与锚固体的粘结强度取值差异，以《建筑边坡工程技术规范》GB 50330—2013 和《全国民用建筑工程设计技术措施：结构（地基与基础）（2009 年版）》为基准，与之不同的计入综合安全系数，筋体按预应力螺纹钢筋，水泥浆强度取 M30；

4. 《抗浮锚杆技术规程》YB/T 4659—2018 规定："对于非预应力锚杆，孔口以下 0～4m 长度范围内地层为岩体基本质量等级Ⅳ～Ⅴ级的岩层时，f_{mk}宜适当折减，为土层时宜取 0"，因此锚固体与岩土间抗拔承载力计算的综合安全系数可能大于本表的 2.0；

5. 《岩土锚杆与喷射混凝土支护工程技术规范》GB 50086—2015 和《岩土锚杆（索）技术规程》CECS 22：2005 考虑了锚杆长度的影响系数ψ，本表未考虑该影响，按$\psi=1.0$计算。

第（7）款，大面积筏板或防水板下满堂布置的抗浮桩，桩侧阻力合力（$T_{uk}/2$）（安全系数为 2）的最大值为抗浮桩周围土体的有效重量。当不满足式(4.6.3-1)时，在浮力作用下，抗浮桩、桩间土发生整体抬升。

4.6.4 抗浮锚杆设计

（1）抗浮锚杆，可按下列原则分类：

① 根据是否施加预应力，可分为预应力锚杆和非预应力锚杆；

② 根据锚固地层特性，可分为土层锚杆和岩层锚杆；

③ 根据锚固浆体的受力状态，可分为全长粘结型锚杆（图 4.6.4-1）、拉力型预应力锚杆（图 4.6.4-2）、压力型预应力锚杆（图 4.6.4-3）、压力分散型预应力锚杆（图 4.6.4-4）；

④ 根据是否扩体，可分为扩体锚杆和等直径锚杆。

（2）欠固结土、膨胀土、湿陷性黄土、可液化土等特殊性岩土地基采用抗浮锚杆时，应进行专项研究和论证。

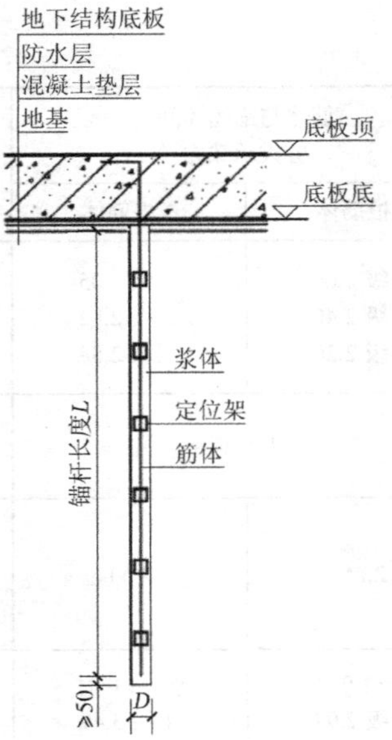

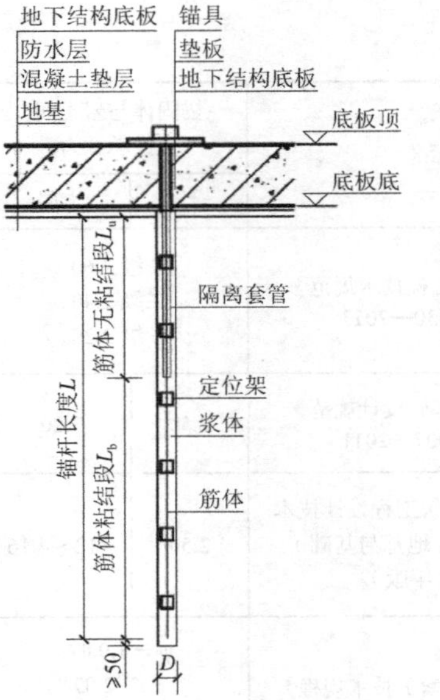

图 4.6.4-1　全长粘结型锚杆示意图　图 4.6.4-2　拉力型预应力锚杆示意图

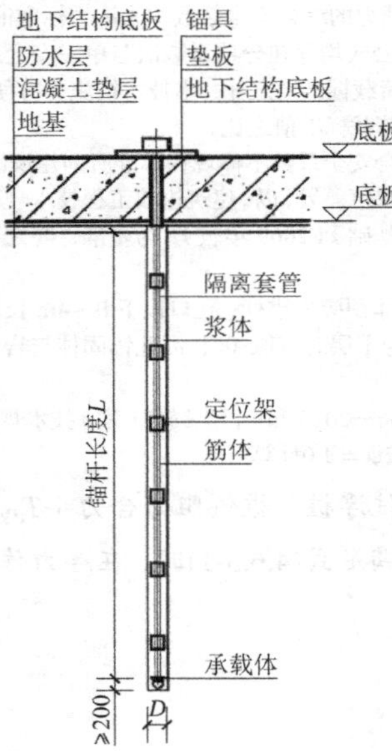

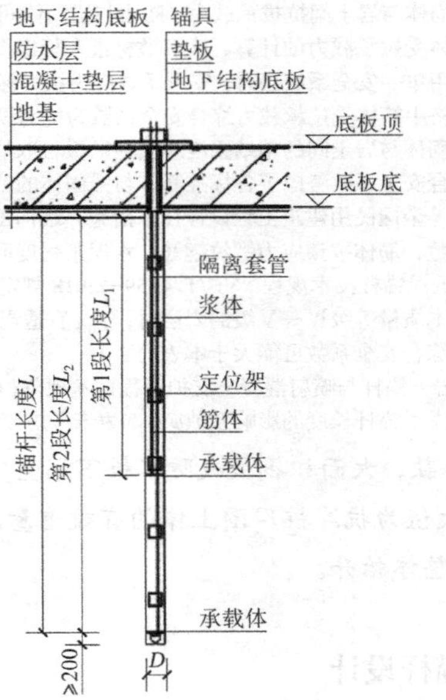

图 4.6.4-3　压力型预应力锚杆示意图　　图 4.6.4-4　压力分散型预应力锚杆示意图

（3）应以尽量调平底板沉降变形和上浮变形为目的确定锚杆的平面布置方式，典型的布置方式见表 4.6.4-1 和图 4.6.4-5。

锚杆典型平面布置方式　　**表 4.6.4-1**

工况	布置方式
无水工况柱沉降较大时	布置 1～3
有水工况柱上浮变形较大时	

续表

工况	布置方式
无水工况柱沉降较小且有水工况柱上浮变形较小时	布置 4～6

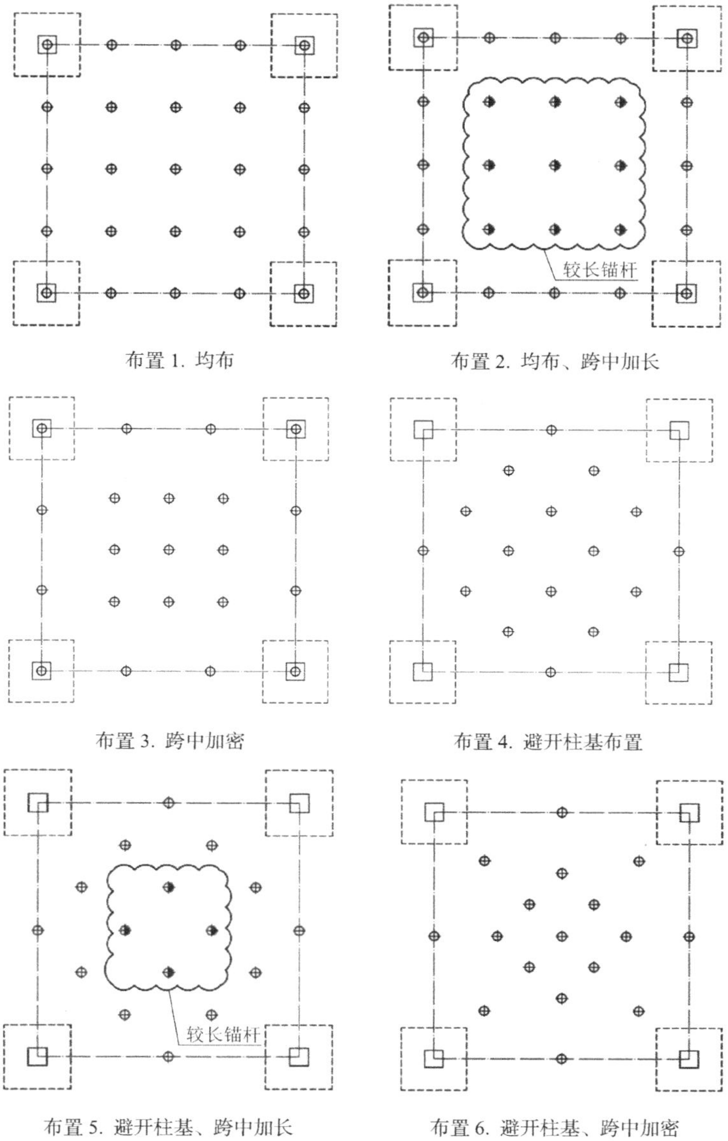

图 4.6.4-5　典型锚杆布置方式

（4）抗浮锚杆不宜设置在后浇带区域。

（5）岩层锚杆锚固体直径不宜小于 100mm，土层锚杆锚固体直径不宜小于 150mm，等直径锚杆及非扩体段的锚杆直径不宜大于 250mm。

（6）对于全长粘结型非预应力锚杆，土层锚杆的锚固段有效长度不应小于 6.0m；岩石锚杆的锚固段有效长度不应小于 3.0m。

（7）抗浮锚杆布置宜为菱形或矩形，平面中心间距，等直径锚杆不应小于锚固体直径的 8 倍，扩体锚杆同时不应小于扩体段直径的 4 倍，且均不应小于 1.5m。

（8）筋体保护层厚度不应小于 25mm，且不应小于钢筋直径，锚杆的锚具、垫板及端头筋体混凝土保护层厚度不应小于 50mm，筋体间净距不小于 10mm。

（9）水泥浆、水泥砂浆强度不应低于 30MPa，细石混凝土强度等级不应低于 C30，并宜根据工程需要加入外加剂。

（10）锚杆钢筋宜采用整根钢筋，如确需接长，应采用Ⅰ级机械连接套筒连接。钢绞线应为整根，不得连接。

（11）腐蚀环境中的永久性锚杆应采用Ⅰ级防腐保护构造设计；非腐蚀环境中的永久性锚杆及腐蚀环境中的临时性锚杆应采用Ⅱ级防腐保护构造设计。

（12）锚杆钢筋直锚入基础或底板内时，锚固长度不小于l_a；钢筋末端采用弯钩或机械锚固措施时，包括弯钩或锚固端头在内的锚固长度（投影长度）可取为基本锚固长度l_{ab}的 60%；采用锚固板锚固时，应满足抗冲切和局部承压要求。

（13）抗浮锚杆大面积施工前，应先进行基本试验，同类型抗浮锚杆基本试验数量不应少于 6 根；不同类型比较试验，每种类型不应少于 3 根。当通过基本试验确定锚杆抗拔承载力特征值时，单根锚杆抗拔承载力特征值R_{ta}可取试验极限承载力的 0.5 倍。基本试验的锚杆不应用于工程锚杆。

（14）抗浮锚杆构造可参照国家标准图集《建筑结构抗浮锚杆》22G815 执行。

（15）工程锚杆必须进行验收试验。验收试验的锚杆数量不应少于每种类型锚杆总数的 5%，且不应少于 6 根。验收试验的荷载加载量不应小于单根锚杆抗拔承载力特征值的 2 倍，锚杆筋体的承载力应能满足最大加载量要求。试验时，除测量锚头位移外，还应观测加载装置支座的沉降。

（16）锚杆试验所采用的加载反力装置宜选用支座横梁方式，支座边与锚杆中心的距离，土层锚杆不应小于 2.0m，岩石锚杆不应小于 0.75m。

● **说明**

反力装置的支座距离锚杆过近时，反力将作用于注浆锚固体上，拉力主要由筋体与注浆锚固体间的粘结力承担，无法测得注浆锚固体与地层间的粘结力，可能高估锚杆抗拔承载力、误导设计，参见图 4.6.4-6。

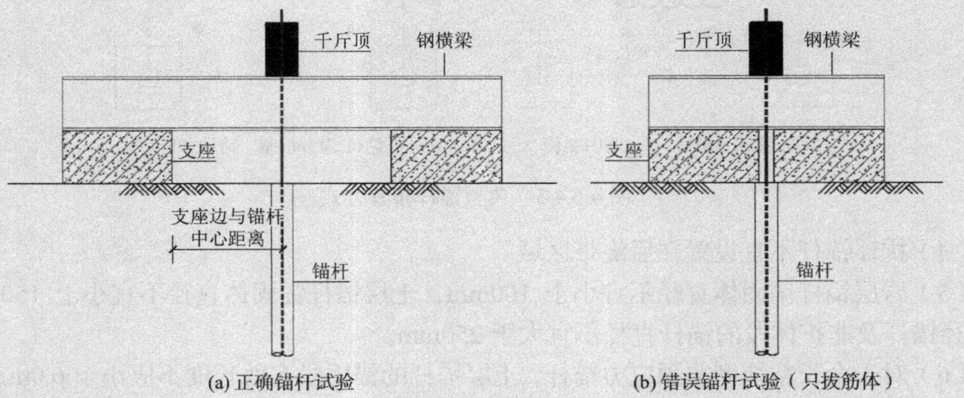

(a) 正确锚杆试验　(b) 错误锚杆试验（只拔筋体）

图 4.6.4-6　锚杆试验示意图

4.6.5 抗浮桩设计

（1）常用的抗浮桩类型为预制混凝土桩（方桩为主）、预应力混凝土管桩、灌注桩（可带扩底）等。

（2）抗浮桩应布置在柱及钢筋混凝土墙下。

（3）抗浮桩应符合现行行业标准《建筑桩基技术规范》JGJ 94 中的相关规定。设计除应进行抗拔承载力及裂缝控制计算外，还应结合抗拔试验的位移实测数据考虑抗浮桩在浮力作用下的向上位移对结构的不利影响，必要时可适当增加底板上部钢筋或根据实测位移进行底板配筋验算。

（4）抗浮桩应按照现行行业标准《建筑桩基技术规范》JGJ 94 的要求进行单桩竖向抗拔静载试验。用于试桩的抗浮桩配筋应能承担试桩所施加的最大荷载值。

（5）当对抗拔承载力要求较高时，宜采用桩侧后注浆技术。

（6）抗浮桩采用预制桩时，宜尽量避免桩身接头（采用单节）；当无法避免时，宜尽量减少接头数量并优先采用机械连接（啮合式、螺纹式等）。

（7）预应力混凝土管桩作为抗浮桩使用时，应采取下列措施：

① 应控制桩身混凝土拉应力不超过混凝土抗拉强度设计值；

② 截桩后应考虑预应力损失并在损失段外围包裹混凝土；

③ 应进行接头部位的强度验算；

④ 应在管孔顶部采用微膨胀混凝土填芯，并配置抗拔受力钢筋。填芯长度和受力钢筋数量应由计算确定，并应符合行业标准《预应力混凝土管桩技术标准》JGJ/T 406—2017 第 5.2.10 条的规定。

（8）抗浮桩构造应符合下列规定：

① 桩顶纵筋应全部锚入承台内，锚入承台的锚固长度不应小于l_a。钢筋末端采用弯钩或机械锚固措施时，包括弯钩或锚固端头在内的锚固长度（投影长度）可取为基本锚固长度l_{ab}的 60%；采用锚固板锚固时，应满足抗冲切和局部承压要求；

② 抗浮桩纵筋需沿桩全长设置，钢筋应尽量减少接头，纵筋接长应采用Ⅰ级机械连接或焊接。

（9）抗浮桩构造应符合国家标准图集《钢筋混凝土灌注桩》22G813、《先张法预应力混凝土管桩》23G409、《预制混凝土方桩》20G361 的规定。

4.7 挡土墙设计

本节挡土墙指地下室外墙、挡土高度较小的场地挡土墙。

4.7.1 地下室外墙

（1）地下室外墙按承载能力计算时，应不考虑墙体上部竖向荷载作用，按纯受弯构件计算，可采用塑性内力重分布方法进行分析；当验算正常使用极限状态的挠度、裂缝时，可考虑墙体上部竖向荷载的有利作用，按压弯构件计算。

（2）与地下室外墙重合的框架柱不应作为外墙的有效侧向支撑。当墙长L/墙高$h > 3$

时，地下室外墙宜按竖向“单向板”计算，即基础底板简化为刚接（固定），地下室各层楼面板简化为铰接（简支），计算跨度应取为地下室各层结构层高，见图 4.7.1-1。墙体单侧水平钢筋须满足纵向受力钢筋的最小配筋率要求。

（3）当墙体左右两侧平面外支撑条件满足要求，且当 0.5 ≤ 墙长L/墙高h ≤ 2 时，地下室外墙按“双向板”计算，即左右两侧支撑条件可根据实际情况采用“简支”或“固端”，见图 4.7.1-2。墙体水平钢筋可参照板配筋采用通长钢筋附加支座钢筋。

（4）当墙长L/墙高h < 0.5 时，地下室外墙应按水平“单向板”计算；当墙体高度较大时，可沿高度方向分段计算，底部墙体按三边支撑（底部固端，两边简支）计算，见图 4.7.1-3。

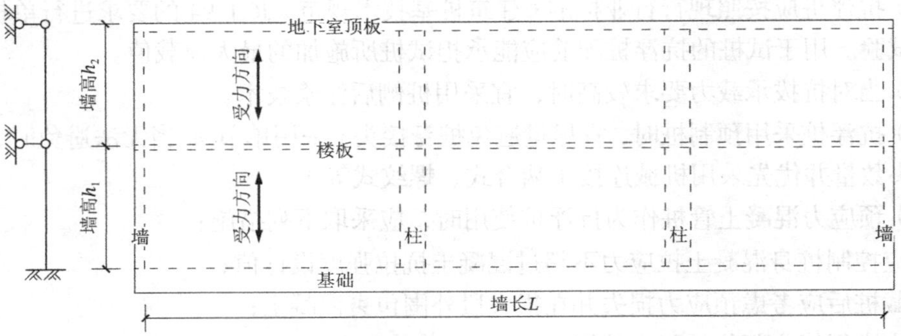

图 4.7.1-1　墙长L/墙高h > 3

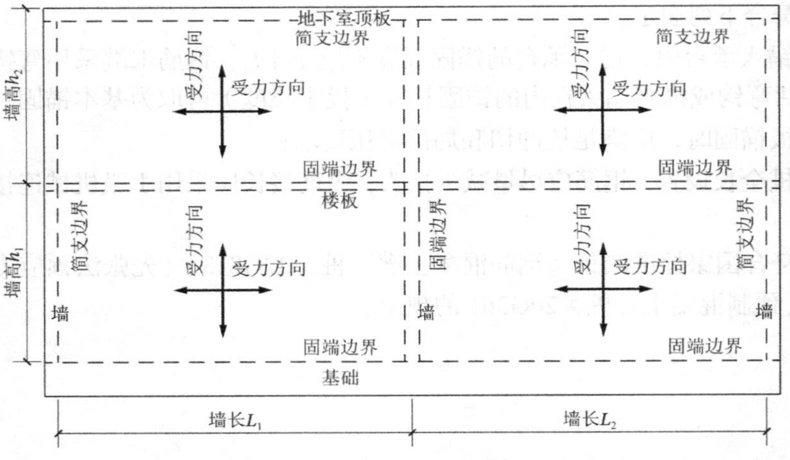

图 4.7.1-2　0.5 ≤ 墙长L/墙高h ≤ 2

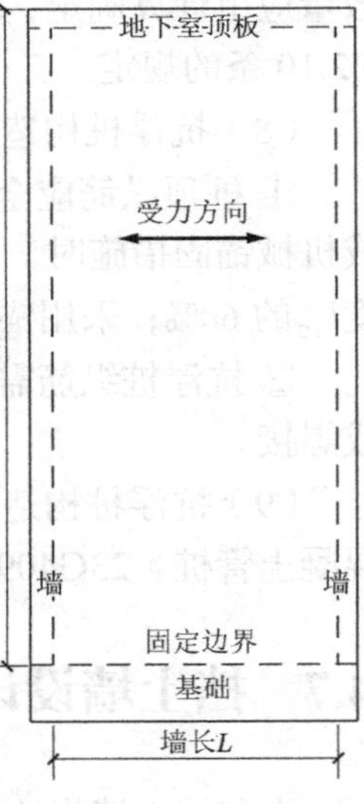

图 4.7.1-3　墙长L/墙高h < 0.5

（5）按板原则计算地下室外墙时，应满足国家标准《混凝土结构设计标准》GB/T 50010—2010（2024 年版）第 6.3.3 条墙体斜截面受剪承载力的要求。

● **说明**

第（1）款，地下室外墙迎土一侧表面裂缝计算宽度限值宜取 0.2mm（环境作用等级 C）。

当保护层设计厚度超过 30mm 时，可取 30mm 所对应的计算裂缝最大宽度。

勘察报告未提供地下室外墙水压分布时，可取历史最高水位与近 3～5 年的最高水位的平均值计算。

第（2）款，当地下室楼板（或顶板）局部开大洞不能对外墙形成有效侧向支撑时，支撑条件应调整为“无支座”（“顶端自由”）。

地下室楼板局部开大洞范围较大时，地下室外墙上可设置扶壁柱、梁，采用有限元分析计算。

坡道板、楼梯梯段板一般不作为地下室外墙的有效支撑。

第（3）款，当 2 < 墙长L/墙高h ≤ 3，一般按竖向“单向板”计算，也可结合邻跨外墙配筋情况，采用“双向板”计算。

支座钢筋长度自支座边伸入墙内的长度不应小于计算跨度的 1/4。

4.7.2 场地挡墙

（1）场地挡墙指建筑物地下室范围以外的景观挡墙。可参照国家标准图集《挡土墙（重力式、衡重式、悬臂式）》17J008、北京市政基础设施通用图集《现浇钢筋混凝土悬臂式挡土墙》14BSZ2 选用。

根据挡土墙高度选择挡土墙形式，见表 4.7.2-1。

挡土墙类型　　表 4.7.2-1

挡土墙类型	重力式						衡重式		钢筋混凝土悬臂式	
	仰斜式		直立式		俯斜式					
挡土墙名称	仰斜式路肩墙	仰斜式路堑墙	直立式路肩墙	直立式路堤墙	俯斜式路肩墙	俯斜式路堤墙	衡重式路肩墙	衡重式路堤墙	悬臂式路肩墙	悬臂式路堤墙
图示										
挡土墙高度	2～10m		2～8m		2～8m		4～12m		2～6m	
填料内摩擦角	30°、35°、40°									
基底摩擦系数	0.3、0.4、0.5									

高度大于 5m 的场地挡墙或因场地自然高差较大设置的挡墙（山地挡墙），应委托具有相应岩土资质的单位进行设计。

（2）场地挡墙设计应符合下列规定：

① 场地挡土墙每间隔 10～15m，应设置一道变形缝。当墙身高度不一、墙后荷载变化

较大或地基条件较差，应适当减小变形缝间距。地基条件变化处、墙高突变处、与其他建筑物连接处应设置变形缝；

② 墙背填料应根据附近土源，尽量选用抗剪强度高和透水性强的砾石或砂土；

③ 挡土墙上泄水孔孔径宜取 100mm，间距 2～3m，并按梅花形布置。泄水孔向外坡度为 5%，最低一排泄水孔应高出地面不小于 200mm。泄水孔应保持直通无阻。

● 说明

挡土墙计算时应注意核查地基承载力是否满足要求。

4.8 特殊地基

4.8.1 特殊地基分类

特殊地基主要指填土地基、湿陷性黄土、冻土区、膨胀土、山区、软弱土、液化土、溶洞区、地下采空区等。

应根据地勘报告确定特殊地基的危害类别，并结合现行标准要求及当地经验，有针对性地采用结构及综合防治措施，减少或消除特殊地基土对建筑物的不利影响，使其满足地基承载力及地基变形的要求。可参照现行国家及行业标准《湿陷性黄土地区建筑标准》GB 50025、《冻土地区建筑地基基础设计规范》JGJ 118、《膨胀土地区建筑技术规范》GB 50112、《建筑地基处理技术规范》JGJ 79 及《复合地基技术规范》GB/T 50783 相关规定执行。

4.8.2 常见特殊地基设计

（1）填土地基设计，应符合下列规定：

① 堆填年限长已完成自重固结的填土地基，可作为一般建筑的天然地基，但应采取增加基础和上部结构刚度的措施，提高和改善建筑物对地基土层的适应能力；其余填土地基应进行地基处理；

② 填土地基应进行地基承载力和变形验算；

③ 建造在填土地基上的建筑应进行沉降观测。

（2）湿陷性黄土地基设计，应符合下列规定：

① 应根据建筑物类型和场地湿陷类型、等级采取以地基处理为主的综合措施，包括地基处理、防水措施、结构措施等各项措施。

② 湿陷性黄土地基应进行地基承载力、变形验算、稳定验算。湿陷性黄土地基的处理范围、处理方法应符合现行国家标准《湿陷性黄土地区建筑标准》GB 50025 的规定。

（3）山区地基设计，当在坡地上建造单栋多、高层建筑物时，应就地势建造，通过场地的局部平整，使建筑物全部或分区坐落在同一标高、土层性质相近的场地（或台阶场地、稳定的土层）上；建筑物邻近坡顶一侧，宜设置永久性支挡结构。永久性支挡结构宜与主体结构有一定的安全间距。

（4）软弱下卧层及液化土设计，当地基主要受力层范围内有软弱下卧层时，应验算软弱下卧层的地基承载力以及地基变形，采取合适的结构措施，使其满足承载力及地基变形的要求。

● 说明

第（1）款，填土是指由人类活动在地表形成的任意堆积的土层，按照物质组成和堆填方式分为素填土、杂填土、冲填土，具有不均匀性、自重压密性、湿陷性、强度低压缩性大等特点。

第（2）款，湿陷性黄土是指按室内浸水（饱和）压缩试验，湿陷性系数$\delta_s \geq 0.015$的土，湿陷类型分为自重湿陷性黄土和非自重湿陷性黄土。湿陷性黄土地基受水浸湿后发生沉陷、变形，丧失承载能力。

防水措施及结构措施用于地基不处理或消除部分湿陷影响的建筑，弥补地基处理或不处理的不足。

第（3）款，建筑物应与永久性支挡结构有一定的安全间距，对于与场地地质稳定相关的永久性支挡结构（或场地边坡支护），应要求业主委托具有相关岩土工程资质的单位，结合场地及建筑物基础情况，进行专项设计。

第（4）款，结构措施主要有：减小基底附加荷载、增加结构整体刚度和基础刚度、合理设置沉降缝等；同时，应注意对相邻建筑的影响。

对于由火山岩覆盖淤泥、淤泥质土或其他高压缩性土层，以及岩溶、土洞等地质情况，应根据岩体的完整性、厚度等岩层情况，采用合理的基础方案。必要时应提请业主邀请相关专家，进行专项论证。

4.9 地基处理

4.9.1 基本设计要求

（1）地基处理指为提高地基承载力、减小地基变形而采取的人工处理地基的方法。当采用天然地基不能满足地基承载力、变形控制及稳定要求时，可采取地基处理措施，并应与采取桩基等方式进行经济性、合理性、适应性、施工能力及设备设施的综合比选，确定适宜的地基基础。

（2）地基处理应用于软弱地基或地面沉降的控制。

（3）选择地基处理方式时，应综合考虑上部结构、地基和基础的相互作用、对建筑体型、荷载情况、结构类型和基础形式、周围环境情况、材料供应情况、施工条件等因素，经技术经济指标分析后择优选用。

（4）复合地基的承载力特征值应经现场载荷试验确定。

（5）经处理后的地基，需由计算确定地基承载力特征值时，不应进行宽度修正，深度修正系数取 1.0。

（6）复合地基的承载力及变形应符合现行标准要求，当地方对地基处理设计有资质要求时，应遵循地方规定，设计单位应提供荷载及变形要求，地基处理设计由相应岩土资质的单位完成，并经全部施工图审查合格后方可用于施工。

● 说明

① 软弱地基是指淤泥、淤泥质土、冲填土、杂填土或其他高压缩性土层构成的地基，其特点是土层含有杂质或有机质，新进沉积，不具备承载力、压缩变形大。

② 对地基处理设计提出的要求，包括但不限于：

a. 荷载基本组合、标准组合、准永久组合等各种组合下的基底压力；

b. 根据建筑结构形式，提出基础总沉降量、整体倾斜、局部倾斜、沉降差等变形控制要求；

c. 地基处理后深宽修正前的地基承载力特征值。

4.9.2 地基处理设计

（1）地基处理方法包含换填法、强夯法、强夯置换法、砂石桩法、振冲法、水泥土搅拌法、高压喷射注浆法、预压法、夯实水泥土桩法、钢筋混凝土桩法、低强度混凝土桩法（含 CFG 桩）、灰土挤密桩法、土挤密桩法、柱锤冲扩桩法、组合桩等。

（2）工程中常用的地基处理方法的适用土层、范围、效果应按照《全国民用建筑工程设计技术措施：结构（地基与基础）（2009 年版）》表 8.2.1 执行。

（3）对于需要进行大面积回填的填方地基，应同时控制承载力及变形。应分层填筑、分层夯实、分层检验，并满足密实、均匀的回填质量要求。承载力应通过现场载荷试验确定，下卧层承载力应进行验算。

● 说明

① 工程中常用的地基处理方法：换填垫层、水泥粉煤灰碎石桩（CFG 桩）、强夯、挤密桩。

② 换填垫层法适宜处理各类浅层软弱地基，处理厚度宜为 0.5～3.0m，对于深厚软弱土层应采用其他地基处理方案。

③ 水泥粉煤灰碎石桩（CFG 桩）法适用于处理黏性土、粉土、砂土和已自重固结的素填土等地基，CFG 桩处理范围宜适当宽出基础边缘。CFG 桩复合地基设计属地基加固范畴，应由具有相关岩土资质的单位完成。结构设计人员应提出 CFG 桩设计所需的地基承载力要求和地基变形控制要求，作为复合地基设计的依据。北京地区可参照《北京市规划委员会关于加强建设工程中的地基处理工程设计质量管理的通知》（市规法［2016］1 号）执行。

④ 对于荷载分布不均匀、地基承载力要求和地基沉降控制要求差别较大的工程（如框架-核心筒结构等），当采用 CFG 桩复合地基时，宜根据工程的具体情况分区域提出不同的地基承载力要求和地基变形控制要求，以减小差异沉降。

5 混凝土结构

5.1 一般规定

5.1.1 分类及设计选用

混凝土结构根据抗侧力体系，分为框架结构、剪力墙结构、框架-剪力墙结构、板柱-剪力墙结构、筒体结构等体系，应根据建筑功能及使用要求、抗震设防烈度、房屋高度、场地类别、经济性等因素综合分析，选用适宜的结构体系。

5.1.2 抗震设计基本要求

（1）混凝土结构应采用双向抗侧力结构体系。

（2）混凝土结构应具有必要的承载力、刚度及较好的延性。

（3）混凝土结构应具有合理的传力途径，避免因部分结构或构件破坏造成整体结构丧失承载力。

（4）对薄弱部位应采取有效加强措施，以提高其承载能力和变形能力。

● **说明**

合理的抗震结构体系应具有最大可能数量的内部、外部赘余度，其中采用双重抗侧力体系是提高建筑抗震能力、防倒塌能力的有效手段，如在框架-剪力墙、框架-核心筒等结构体系中，设置延性较好的剪力墙、筒体等作为第一道防线，确保在地震作用下吸收大部分的能量，同时设置具有延性构造的框架成为第二道防线。

5.1.3 最大适用高度

混凝土结构房屋最大适用高度分为A级和B级，最大适用高度应根据结构体系、抗震设防类别及抗震设防烈度符合表5.1.3-1的原则要求。

混凝土结构房屋最大适用高度确定原则　　表5.1.3-1

抗震设防烈度	抗震设防类别	最大适用高度		
		$H \leqslant$ A级	A级 $< H \leqslant$ B级	$H >$ B级
7度及以下	甲类	提高一度确定	提高一度确定	不应采用
	乙、丙类	按本地区确定	按本地区确定	专门研究
8度	甲类	按9度确定	专门研究	不应采用

续表

抗震设防烈度	抗震设防类别	最大适用高度		
		$H \leqslant$ A 级	A 级 $< H \leqslant$ B 级	$H >$ B 级
8 度	乙、丙类	按 8 度确定	按 8 度确定	专门研究
9 度	甲类	专门研究	不应采用	不应采用
	乙、丙类	按 9 度确定	不应采用	不应采用

● 说明

①A 级、B 级混凝土房屋的高度分类标准详见行业标准《高层建筑混凝土结构技术规程》JGJ 3—2010 第 3.3.1 条。

②房屋高度H指室外地面至主要屋面板板顶的高度（不包括局部凸出屋顶部分），对于带坡屋面的结构，房屋高度应计算至坡屋面高度的 1/2 处。

③当建筑结构高度大于 A 级高度时，应进行超限高层建筑工程抗震设防专项审查，审查要点详见《超限高层建筑工程抗震设防专项审查技术要点》（建质〔2015〕67 号）。

5.1.4 高宽比

混凝土结构应根据结构体系及抗震设防烈度控制结构的最大高宽比，并应符合行业标准《高层建筑混凝土结构技术规程》JGJ 3—2010 的相关规定。

计算结构的高宽比时，建筑物宽度可按下列要求确定：

（1）应按所考虑方向的最小宽度；

（2）对于凸出建筑平面较小的局部结构（如楼梯间、电梯间等，如图 5.1.4-1 所示），可不包含在计算宽度内。

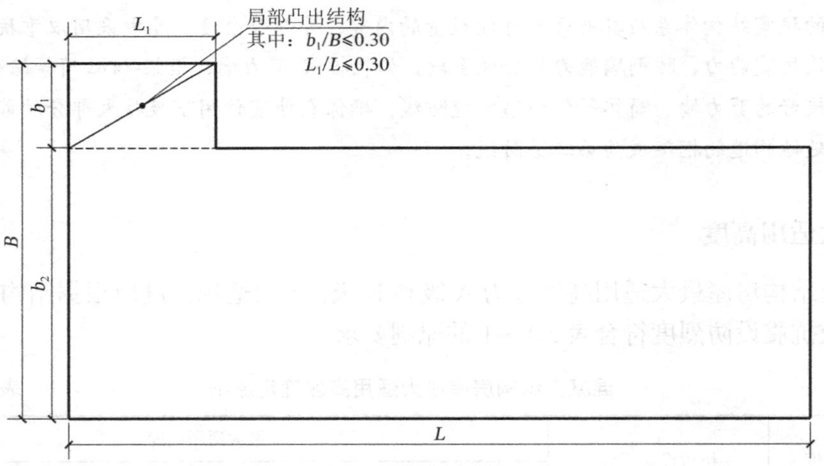

图 5.1.4-1 建筑物宽度（一）

（3）当不宜采用最小宽度进行高宽比计算时，结构工程师应根据项目的具体情况和采取的工程措施综合判定。可采用等效加权宽度的计算方法确定建筑物宽度，结构主体周边空调板、阳台板等构件不应计入等效加权宽度，如图 5.1.4-2 所示。

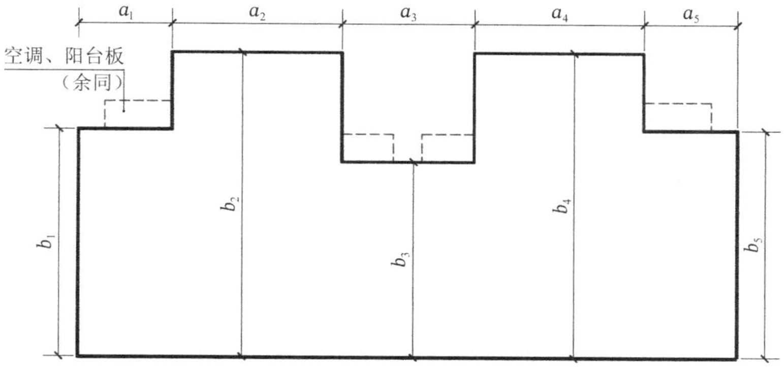

图 5.1.4-2　建筑物宽度（二）

$$\text{等效加权宽度}B=\frac{a_1\times b_1+a_2\times b_2+a_3\times b_3+a_4\times b_4+a_5\times b_5}{a_1+a_2+a_3+a_4+a_5} \tag{5.1.4-1}$$

● **说明**

建筑的高宽比，是对结构刚度、整体稳定、承载力和经济性的宏观控制，当结构的承载力、稳定性、抗倾覆等满足基本要求时，高宽比控制不是必需的。但是高宽比与经济性密切相关，合理的高宽比更经济，在方案设计阶段结构设计师应及时与建筑设计师沟通确定合理的建筑高宽比。

5.1.5 抗震等级及抗震措施

混凝土结构建筑应根据抗震设防类别、抗震设防烈度、场地类别、结构类型和房屋高度等采用不同的抗震等级，并应符合相应的抗震措施要求。

抗震措施与抗震设防类别、抗震设防烈度以及场地类别的关系见表 5.1.5-1。

混凝土结构的抗震措施确定原则　　　　**表 5.1.5-1**

抗震设防烈度	场地类别	Ⅰ类场地		Ⅱ类场地		Ⅲ、Ⅳ类场地	
	抗震设防类别	甲、乙类	丙类	甲、乙类	丙类	甲、乙类	丙类
6 度	内力调整	按 7 度	按 6 度	按 7 度	按 6 度	按 7 度	按 6 度
	抗震构造措施	按 6 度	按 6 度	按 7 度	按 6 度	按 7 度	按 6 度
7 度（0.10g）	内力调整	按 8 度	按 7 度	按 8 度	按 7 度	按 8 度	按 7 度
	抗震构造措施	按 7 度	按 6 度	按 8 度	按 7 度	按 8 度	按 7 度
7 度（0.15g）	内力调整	按 8 度	按 7 度	按 8 度	按 7 度	按 8 度	按 7 度
	抗震构造措施	按 7 度	按 6 度	按 8 度	按 7 度	高于 8 度	按 8 度
8 度（0.20g）	内力调整	按 9 度	按 8 度	按 9 度	按 8 度	按 9 度	按 8 度
	抗震构造措施	按 8 度	按 7 度	按 9 度	按 8 度	按 9 度	按 8 度
8 度（0.30g）	内力调整	按 9 度	按 8 度	按 9 度	按 8 度	按 9 度	按 8 度
	抗震构造措施	按 8 度	按 7 度	按 9 度	按 8 度	高于 9 度	按 9 度

续表

抗震设防烈度	场地类别	Ⅰ类场地		Ⅱ类场地		Ⅲ、Ⅳ类场地	
	抗震设防类别	甲、乙类	丙类	甲、乙类	丙类	甲、乙类	丙类
9度	内力调整	高于9度	按9度	高于9度	按9度	高于9度	按9度
	抗震构造措施	按9度	按8度	高于9度	按9度	高于9度	按9度

● **说明**

为便于设计时快速取用，表5.1.5-1将抗震措施（含内力调整和抗震构造措施）与抗震设防烈度、抗震设防类别及场地类别的关系列出。

表5.1.5-1中“高于8度”和“高于9度”是指结构在满足8度、9度抗震措施的基础上，对结构中的关键构件（部位）、重要构件（部位）采取具有针对性的加强措施。

5.1.6 嵌固端

（1）判断建筑上部结构的嵌固部位时，刚度比应优先采用等效剪切刚度比。

（2）无地下室的上部结构嵌固部位应为基础顶面。

（3）当地下一层顶板作为嵌固部位且满足各项要求，地下一层外墙紧邻下沉式广场（庭院）时，应根据外墙与下沉式广场（庭院）的紧邻长度选择相应的设计方法。当紧邻总长度大于建筑平面总周长的25%（图5.1.6-1）或单侧紧邻长度大于相应单边边长的50%（图5.1.6-2）时，整体结构应分别按嵌固在地下一层顶板和地下二层顶板（无地下二层时为基础）两种计算模型进行抗侧力构件承载力包络设计。

（4）当主楼首层与相关范围内地下一层侧向刚度之比满足嵌固部位要求，主楼首层底板顶与周边相连地下室顶板存在高差时，主楼首层底板仍可作为嵌固部位，当高差大于梁高时应将相关范围内地下一层按错层结构采取加强措施。

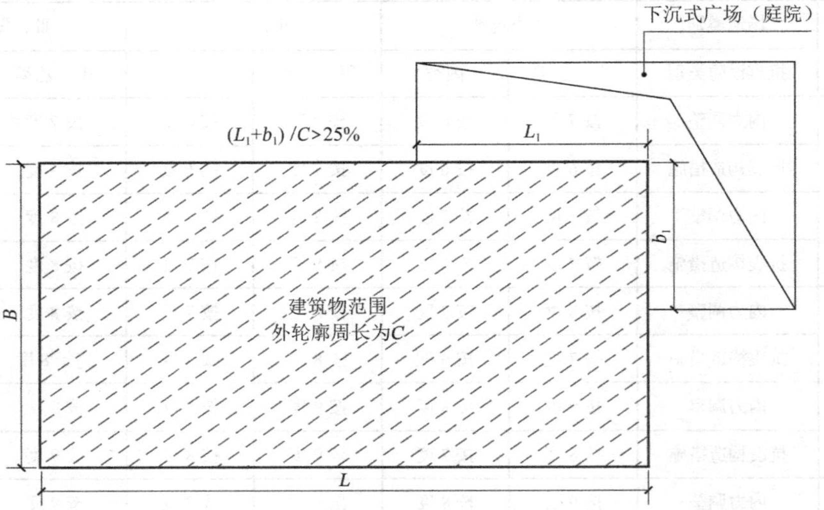

图5.1.6-1 建筑物与下沉广场紧邻示意图（一）

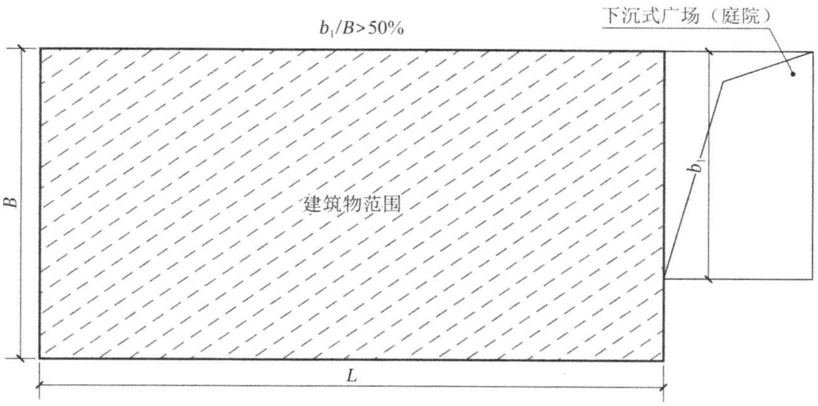

图 5.1.6-2　建筑物与下沉广场紧邻示意图（二）

● 说明

判断嵌固端时的刚度比计算方法，在行业标准《高层建筑混凝土结构技术规程》JGJ 3—2010 第 E.0.1 条中已明确采用等效剪切刚度比法，考虑部分结构体量较大且上下结构形式不一致等情况，可采用层剪力与层间位移之比（V/Δ）进行判断，但应对计算模型中部分假定进行相应处理。

当上部结构无地下室且基础埋深较深时，宜在首层地面部位设置拉梁，此时拉梁应参与整体计算分析，并且应按框架梁进行设计，但拉梁布置宜避免形成短柱问题。

5.1.7　地下部分抗震等级

当混凝土结构房屋的嵌固端位于地下室顶板时，对应部位地下一层及相关范围（外扩 1～2 跨）的抗震等级同首层，地下二层及以下结构抗震构造措施可逐层降低，最低不应低于车库自身抗震等级且不应低于四级。

当嵌固端位于地下室顶板以下时，上部结构抗震等级应延伸至嵌固端部位下一层地下室（含相关范围）。

● 说明

当地下室顶板作为结构的嵌固部位时，地震作用下的结构屈服先发生在地上楼层，并同时影响地下一层，且对地下二层及以下的影响将逐渐降低；而当嵌固端位于地下一层以下时，嵌固部位除应符合国家标准《建筑抗震设计标准》GB/T 50011—2010（2024 年版）中关于嵌固端的相关规定外，尚需考虑在实际抗震受力过程中，地下室顶板也具有一定的嵌固作用，因此地下一层的相应竖向构件承载力不应低于首层。

5.1.8　周期折减

结构设计时，应考虑填充墙对整体结构自振周期的影响；宜采取填充墙设置竖向缝、填充墙与主体弱连接等措施，减小填充墙对结构周期的影响。

结构计算的自振周期折减系数宜根据工程实际情况，并结合填充墙刚度对主体结构的影响，多遇地震下周期折减系数参考表 5.1.8-1 进行取值。

不同结构类型对于不同填充墙材料的周期折减系数参考值 **表 5.1.8-1**

结构类型	填充墙材料		
	实心砖墙	轻质砌块/轻质墙板	钢骨架墙
框架结构	0.60～0.70	0.70～0.80	0.80～0.90
框架-剪力墙结构	0.70～0.80	0.80～0.90	0.90～0.95
框架-核心筒结构	0.70～0.80	0.80～0.90	0.90～0.95
剪力墙结构	0.85～0.95	0.90～1.00	0.95～1.00

● **说明**

建筑物内填充墙，会增加结构的整体刚度和地震作用，因此在整体计算和构件设计时应考虑其不利影响，其中采用周期折减系数即是考虑填充墙的刚度对整个结构刚度的影响后，将结构自振周期进行相应折减的方法。

实心砖墙包含实心黏土砖、实心混凝土砖等，轻质砌块包含加气混凝土砌块、普通混凝土空心砌块、轻骨料混凝土空心砌块、黏土空心砌块等，轻质墙板指加气混凝土条形板、水泥泡沫夹芯板等，钢骨架墙指轻钢龙骨隔墙、薄壁型钢隔墙等。

上文中周期折减系数取值为不同填充墙材料的取值区间，实际项目尚应根据填充墙布置数量、填充墙与主体连接形式等综合考虑取值，一般原则为：填充墙数量多，与主体结构连接采用刚接时取小值；填充墙数量较少，与主体采用柔性连接时取大值。

5.1.9 梁板裂缝控制

梁板构件设计应考虑正常使用极限状态下的裂缝控制验算，人防、消防车荷载及偶然作用下可不考虑裂缝要求。

考虑塑性调幅的梁及按塑性计算的楼板，裂缝控制应满足现行国家、行业及地方标准的相关规定。

对于永久荷载占比较大，且环境类别为二 a 类及以上的结构构件，构件裂缝限值按标准要求控制。

外露构件的长悬挑构件最大裂缝宽度宜小于 0.2mm；允许出现裂缝的预应力混凝土构件，最大裂缝宽度宜小于 0.1mm。

● **说明**

裂缝控制的标准往往影响建筑结构的经济性，合理地控制标准，避免主体结构钢筋用量过度浪费。同时，对于裂缝控制目标要求高的部位，应取符合实际的内力条件进行计算。

塑性计算方法只能计算均布荷载下楼板，当板上有线荷载时现有程序仍采用弹性或有限元算法，因此楼板采用塑性计算方法时，应将板上线荷载及集中荷载转化为均布荷载后进行楼板计算，且应根据标准相关要求控制楼板裂缝宽度。

对外露的长悬挑构件，由于室外环境影响，当出现裂缝时悬臂构件上部受力钢筋容易腐蚀，在长期使用条件下有失去承载力的风险，因此宜对此部分长悬臂构件裂缝从严考虑。

5.1.10 施工阶段受力纵筋代换原则

施工阶段的受力纵筋代换应征得设计人员书面同意后方可实施。

当对不同强度等级或直径的受力纵筋作代换时，应按照钢筋受拉承载力设计值相等的原则进行换算，并应符合现行国家标准《建筑与市政工程抗震通用规范》GB 55002 和《混凝土结构通用规范》GB 55008 中构件承载能力、正常使用、配筋构造及耐久性等相关规定。

● **说明**

在施工阶段，对于施工单位提出的受力纵筋的等强代换，包括高强度钢筋代换、大小直径代换等，均不得简单地按照满足等强度代换作为判断唯一条件，还需要考虑代换后构造措施是否满足标准要求，应注意替代后的纵向钢筋的总承载力设计值不应高于替代前的纵向钢筋总承载力设计值，以免造成薄弱部位的转移，以及构件在相关部位发生混凝土的脆性破坏。

配筋构造包含：框架梁端配筋率是否存在超过2%的变化、梁端底面与顶面纵筋比值变化、柱纵筋配筋率变化、最小配筋率和钢筋间距等，并应注意由于钢筋的强度和直径改变对正常使用阶段的挠度和裂缝宽度的影响。

5.1.11 女儿墙设置

高层建筑的女儿墙不应采用砌体墙，多层建筑的女儿墙不宜采用砌体墙。当采用砌体女儿墙时，其设计应满足现行行业标准《非结构构件抗震设计规范》JGJ 339 的相关规定。

● **说明**

通常情况下女儿墙均设置在楼体边缘，为避免长时间使用后女儿墙出现局部或整体脱落的风险，参照行业标准《非结构构件抗震设计规范》JGJ 339—2015 第 4.4.2 条给出砌体女儿墙的具体使用规定。

5.2 框架结构

5.2.1 合理高度

高烈度区框架结构的合理高度宜适当降低，不同烈度下框架结构房屋的合理高度及层数如表 5.2.1-1 所示。

不同烈度下框架结构房屋的合理高度及层数　　表 5.2.1-1

抗震设防烈度	6 度		7 度		8 度		9 度	
房屋高度及层数	高度（m）	层数	高度（m）	层数	高度（m）	层数	高度（m）	层数
推荐取值	30	7	24	6	20	5	12	3

● **说明**

框架结构的合理高度是指在相应抗震设防烈度下较为经济、合理的房屋高度。

震害表明，框架结构在地震时，特别是在高烈度区的地震中破坏严重，因此实际工程中高层建筑应慎重选用框架结构。当房屋高度较高时，优先采用抗震性能相对较好的剪力墙结构或框架-剪力墙结构。

5.2.2 单跨框架结构

框架结构应设计成双向梁柱抗侧力体系，尽量避免采用单跨框架结构。

● 说明

单跨框架结构为框架结构中某个主轴方向全部或绝大部分为单跨框架的结构，单跨框架结构无多余赘余度，整体抗震性能较差，因此应避免采用。现行国家标准《建筑抗震设计标准》GB/T 50011 中明确规定：甲、乙类抗震设防的建筑及高度大于 24m 的丙类建筑不应采用单跨框架结构，高度不大于 24m 的丙类建筑不宜采用单跨框架结构。

一般情况下，不应采用单跨框架结构，但部分项目中会出现多层落地连廊为单跨框架结构的情况，此时可根据实际情况按以下要求进行加强处理：

① 丙类抗震设防时，应采取比规范更严格的设计措施，建筑物超过三层时应进行大震弹塑性变形验算，必要时可进行抗震性能化设计。

② 乙类抗震设防时，建筑物层数不应大于 2 层，应采取比规范更严格的设计措施，应进行抗震性能化设计和大震弹塑性变形验算。

③ 甲类抗震设防时，应避免采用；当无法避免时，应采用在单跨方向设置支撑、剪力墙等加强措施，并进行抗震性能化设计和大震弹塑性变形验算。

本条文及说明中的单跨框架指一般民用建筑中的单跨框架结构，在构筑物及工业建筑中的单跨框架结构，需满足相应规范及标准的要求。

5.2.3 框架梁纵向通长钢筋

框架梁沿梁全长顶面和底面应各配置至少两根通长纵向钢筋，当抗震等级为一、二级时，通长纵向钢筋直径不应小于 14mm，且顶面通长钢筋截面面积不应小于梁两端顶面纵向受力钢筋中较大截面面积的 1/4，底面通长钢筋截面面积分别不应小于梁全长底面纵向受力钢筋较大截面面积的 1/4；当抗震等级为三、四级时，钢筋直径不应小于 12mm。

● 说明

上文所表述的“通长”，表示梁在全长范围均应设置此部分钢筋，但可根据需要设置连接接头。

对于通长钢筋截面面积不小于梁两端顶面和底面纵向钢筋截面面积的 1/4 的问题，经常有设计师认为一端的上下铁应不小于所处位置上下铁纵向钢筋较大值的 1/4，此处表示应为梁上铁通长钢筋应不小于梁两端上铁较大值的 1/4，而下铁通长钢筋不小于底部全长钢筋的 1/4。

5.2.4 梁柱节点核心区

（1）框架梁应尽量与框架柱的中心重合设置，不宜采用大部分为偏心布置的框架梁。偏心梁设置应与计算假定相符，必要时采取加腋等构造措施。

（2）宜控制与柱相交梁的数量，以保证梁柱节点核心区混凝土浇筑的质量。

（3）对于圆柱，应控制梁截面宽度及偏心，以保证梁纵筋在柱内的直锚段长度。

（4）抗震等级为一、二、三级的框架梁内贯通中柱的纵向钢筋直径，对于框架结构，不应大于矩形截面柱在该方向截面尺寸的 1/20 或纵向钢筋所在位置圆形截面柱弦长的 1/20；对于其他类型的框架结构，不宜大于矩形截面柱在该方向截面尺寸的 1/20 或纵向钢筋所在位置圆形截面柱弦长的 1/20。

● **说明**

节点核心区的受剪承载力是保证结构实现“强节点，弱构件”基本设计概念的基础，因此，除在计算上保证节点区的承载力外，在构造上采取处理更是保证“强节点”的有力措施。

对于纵向钢筋所在位置圆形柱截面弦长，可按式(5.2.4-1)计算，示例图见图 5.2.4-1。

$$L = 2 \times \sqrt{r^2 - b^2} \tag{5.2.4-1}$$

式中：L——纵向钢筋所在位置圆形截面柱弦长；

r——圆形截面柱半径；

b——梁最外侧纵筋中心距柱圆心间的距离。

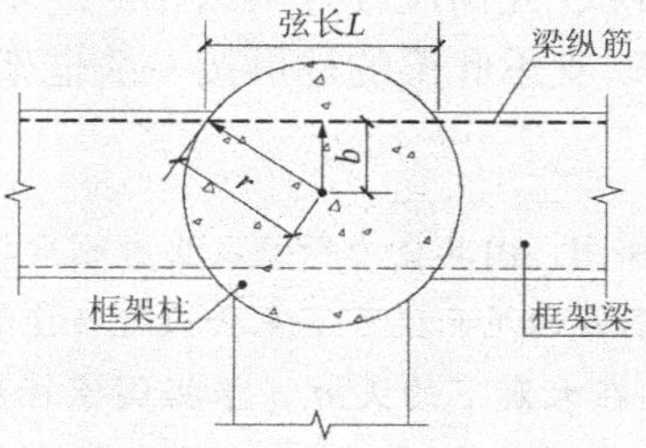

图 5.2.4-1　圆柱截面弦长示意

5.2.5　框架承重

楼电梯间及局部出屋面的电梯机房、楼梯间、水箱间等，应采用框架承重，不应采用砌体墙承重。

5.2.6　填充墙

框架结构的填充墙应优先采用轻质墙板、钢骨架墙等轻质填充墙，并采用柔性连接等措施以减小填充墙对主体结构的影响。

● **说明**

框架结构在地震作用时，一般呈现剪切变形。填充墙的刚度对框架结构影响较大，为减小填充墙对框架结构整体刚度的影响，应控制填充墙长度。

轻质墙板包括加气混凝土条板墙、GRC 墙板等，钢骨架墙包括轻钢龙骨隔墙、薄壁型钢骨架墙等。

5.2.7　楼梯设置

楼梯设置应尽量减小对结构抗震的不利影响。

地上楼梯应优先采用滑动支座楼梯，并应对楼梯间周边框架适当加强处理。

当因条件受限（多跑楼梯、剪刀梯）需采用普通楼梯时，应在主体结构计算中计入楼梯构件的地震作用及其效应的影响，并应对楼梯构件进行抗震承载力验算。

● 说明

框架结构楼梯采用的滑动支座做法，目前实际施工中并没有达到真正意义上的滑动支座，楼梯间周边框架柱宜适当加强。

由于楼梯梯柱截面较小，通常不满足框架柱最小截面要求，即在梯段方向应满足框架柱截面最小边长不应小于300mm。但因另一方向梯梁跨度较小，梁柱线刚度比接近，且由于建筑平面影响没有条件加宽，梯柱宽度可适当放宽，但不应小于200mm。综合考虑，当楼梯梯柱不能采用300mm×300mm的框架柱最小截面时，宜将截面控制为不小于200mm×450mm。

5.2.8 承托局部出屋面柱的梁

对于承托局部出屋面房间（机房、楼梯间）柱的屋面梁，应将上部柱传递给此梁的地震内力根据烈度高低、受力情况、几何尺寸等乘以相应的增大系数，并应满足相应抗震等级转换梁的抗震构造措施要求；支承此梁的柱可按一般框架柱考虑。

● 说明

突出屋面的局部机房或楼梯间，因其重力荷载及自身刚度均较小，对下部楼层产生的影响也较小，因此对承托局部出屋面柱的屋面梁可不完全执行转换梁的相关要求。但考虑竖向构件的不连续，为避免水平转换梁在大震下的失效，根据国家标准《建筑抗震设计标准》GB/T 50011—2010（2024年版）第3.4.4条2款的规定，对上部柱传递至屋面梁上的小震地震内力采用竖向抗侧力构件不连续时的增大系数法进行调整，并采用转换梁的相关抗震构造措施。

5.2.9 局部大跨度框架

当框架结构中存在局部大跨度框架构件时，大跨度框架梁及本层支承柱应按相关标准要求提高其抗震等级，支承柱在其他楼层可不提高。

● 说明

现行标准中并无“大跨度框架结构”这一结构类型，“大跨度框架”指的是构件而非体系。当某一框架梁的跨度达到18m及以上时，该梁及其相连的支承柱所构成的框架称为“大跨度框架”，“大跨度框架”及其支撑框架柱应按标准要求的“大跨度框架”确定抗震等级。尚应注意，此处大跨度框架抗震等级与地震烈度无关，各烈度下不小于18m跨度的框架抗震等级均应提高。

另外，国家标准《建筑抗震设计标准》GB/T 50011—2010（2024年版）第6.1.2条仅在框架结构中有“大跨度框架”概念，因此对于其他结构体系中存在18m及以上跨度的框架时，不强制要求提高其抗震等级。

5.2.10 连续次梁充分利用梁端受压钢筋强度时的锚固原则

连续次梁充分利用梁端受压钢筋的抗压强度时，此受压钢筋的锚固长度不应小于受拉钢筋锚固长度的70%。

● 说明

受力较大的连续次梁，当其进行双筋计算（考虑受压区钢筋）时，连续支座部位充分利用了下部受压钢筋的强度。此时钢筋锚固若仍采用图集示意的12d（d为钢筋直径）则无法满足其受力需要，因此在结构设计时该情况下的梁钢筋锚固应特殊示意。

5.3 剪力墙结构

5.3.1 基本布置原则

剪力墙结构应具有适宜的侧向刚度，其布置应简单、规则。剪力墙宜沿两个主轴方向或其他方向双向布置，两个方向的侧向刚度不宜相差过大。抗震设计时，高层建筑不应采用仅单向有墙的结构布置。

● 说明

剪力墙结构的承载力及刚度均由剪力墙提供，合理的墙体布置可提高结构的整体抗侧刚度和抗扭能力。剪力墙应布置在建筑物的主要水平荷载传输路径上，对于竖向荷载较大的部位宜布置剪力墙，剪力墙的间距应优先考虑到结构的整体刚度和变形协调性，布置密度应根据地震区划等因素确定，以确保结构的整体抗震性能。

随着一些高档住宅突出功能需求，外墙侧存在无有效墙肢的情况，如只能满足单方向的剪力墙弯曲变形的特征，此类建筑应进行专门研究论证，采取合理的抗震措施。

5.3.2 底部加强部位

剪力墙结构应根据相关标准在剪力墙底部设置底部加强部位。底部加强部位的高度应从地下室顶板算起，当结构计算嵌固端位于地下一层底板或以下时，底部加强部位应延伸到计算嵌固端。嵌固端部位下一层抗震墙墙肢端部边缘构件纵向钢筋的截面面积，不应少于上一层对应墙肢端部边缘构件纵向钢筋的截面面积。

● 说明

本条明确要求剪力墙结构应设置底部加强部位，具体设置高度范围可参见相关标准、规程。

将墙体底部可能出现塑性铰的高度范围作为底部加强部位，目的在于提高其受剪承载力，加强其抗震构造措施，使其具有大的弹塑性变形能力，从而提高整个结构的抗地震倒塌能力。另外应注意，当计算嵌固端位于地面以下时，加强部位需向下延伸，但加强部位的高度仍从地下室顶板算起。

对于嵌固端部位上下层边缘构件的纵向钢筋详细做法，具体可参见国家标准图集《建筑物抗震构造详图（多层和高层钢筋混凝土房屋）》20G329-1 第 3-21～3-22 页的相关内容。

5.3.3 短肢剪力墙与一字形剪力墙

剪力墙结构宜减少短肢剪力墙及一字形剪力墙的数量。对于平面角部、核心筒角部等部位应避免采用一字形短肢剪力墙；对于采用的短肢剪力墙及一字形剪力墙应采取加强措施，并应满足现行行业标准《高层建筑混凝土结构技术规程》JGJ 3 的相关规定。

● 说明

短肢剪力墙及一字形剪力墙（剪力墙两端无翼墙且与弱连梁或框架梁相连的墙肢）抗震能力及整体稳定性相对较差，因此高层建筑设计中，不应设计仅有短肢剪力墙或一字形剪力墙的高层建筑，应采用短肢剪力墙与一般剪力墙共同抵抗水平力的结构体系。楼栋平面角部及核心筒角部部位的扭转效应较大，角部剪力墙会产生较大的面外扭矩，影响整个结构的安全性，因此不宜在角部设置对整体稳定性及抗扭能力较差的短肢剪力墙及一字形剪力墙。

为提高短肢剪力墙及一字形剪力墙的抗震能力，结构设计时应根据相关标准、规程对短肢剪力墙及一字形剪力墙适当加强处理，包括控制其最小截面厚度和轴压比、进行相关内力调整等。

5.3.4 最小配筋率

剪力墙结构中的墙体以及其他结构类型中的剪力墙墙体，其最小配筋率应满足相应标准、规程的有关要求。部分常用结构类型的剪力墙墙体配筋率如表 5.3.4-1 所示。

常用结构类型剪力墙墙体配筋率　　表 5.3.4-1

结构类型	抗震等级							
	特一级		一、二、三级		四级		非抗震	
	底部加强部位	一般部位	底部加强部位	一般部位	底部加强部位	一般部位	底部加强部位	一般部位
一般剪力墙结构	0.40%	0.35%	0.25%		0.20%		0.20%	
框架-剪力墙结构、板柱-剪力墙结构	0.40%	0.35%	0.25%		—			
筒体结构核心筒剪力墙	0.40%	0.35%	0.30%	0.25%	—		—	
部分框支剪力墙结构	0.40%	0.35%	0.30%	0.25%	0.30%	0.25%	0.25%	0.20%
型钢混凝土剪力墙	0.40%	0.35%	0.25%		0.20%		0.20%	
钢板混凝土剪力墙	0.45%		0.4%		0.30%		0.30%	
带钢斜撑混凝土剪力墙	0.45%		0.4%		0.30%		0.30%	

● 说明

剪力墙的最小配筋率是保证墙体受弯承载力和受剪承载力的最基本条件。

在实际配筋中，尚应注意某些部位容易遗漏此最小配筋率要求，如：门窗洞边短墙肢暗柱内水平箍筋应同时满足墙体水平筋最小配筋率要求。另外应注意，墙体配筋时不应小于计算模型中特殊定义的竖向配筋率。

5.3.5 剪力墙连梁截面剪压比不满足时的处理

剪力墙连梁的截面剪压比不满足时，除采用标准规定的连梁刚度折减处理外，可根据结构类型、连梁厚度及跨高比等按下列方式进行处理：

（1）对于剪力墙结构，可采用减小连梁高度、设置双连梁等方法进行调整，也可采用反算连梁残余刚度折减系数的方法进行处理。

（2）对于框架-剪力墙结构、筒体结构等墙体厚度较大的情况，除上述方法外，也可在连梁内设置交叉斜筋、对角斜筋和对角暗撑，当条件允许时可采取在连梁内设置钢板及型钢等方法进行处理。

● **说明**

剪力墙连梁，特别是跨高比较小的连梁，其截面剪压比不满足较为普遍，设计时除按行业标准《高层建筑混凝土结构技术规程》JGJ 3—2010 第 7.2.26 条及条文说明给出了部分处理方法外，也可按上述方法进行调整。

对于反算连梁残余刚度折减系数的方法及其实际处理流程，可参见国家标准图集《建筑物抗震构造详图（多层和高层钢筋混凝土房屋）》20G329-1 中第 3-13～3-15 页。

5.3.6 剪力墙连梁基本构造

剪力墙连梁箍筋应根据抗震等级满足相应框架梁梁端加密区箍筋构造要求。

剪力墙连梁的纵向钢筋应控制最小及最大配筋率。

跨高比不大于 2.5 的连梁，其两侧腰筋及中间分布筋的总面积配筋率不应小于 0.3%。

● **说明**

连梁作为剪力墙结构中的耗能构件，应具有足够的延性，并且剪力墙连梁一般受剪力较大，容易发生斜截面抗剪脆性破坏，除应根据标准进行强剪弱弯的内力调整外，尚应在构造上满足要求，其中控制连梁的受弯钢筋最小最大配筋率是控制强剪弱弯的有力手段。

对跨高比不大于 2.5 的连梁腰筋的总面积配筋率的要求，由于实际设计中易忽略，在此重点列出。行业标准《高层建筑混凝土结构技术规程》JGJ 3—2010 中要求腰筋配筋率不小于 0.3% 是对防止连梁斜裂缝出现后发生脆性破坏的构造加强措施。实际设计中为保证墙梁钢筋的整体性，减少连接接头数量及用钢量，可以将墙体中分布筋在连梁中贯通设置，不满足连梁腰筋配筋率时采用增设附加钢筋的方式进行配置，具体如图 5.3.6-1 所示。

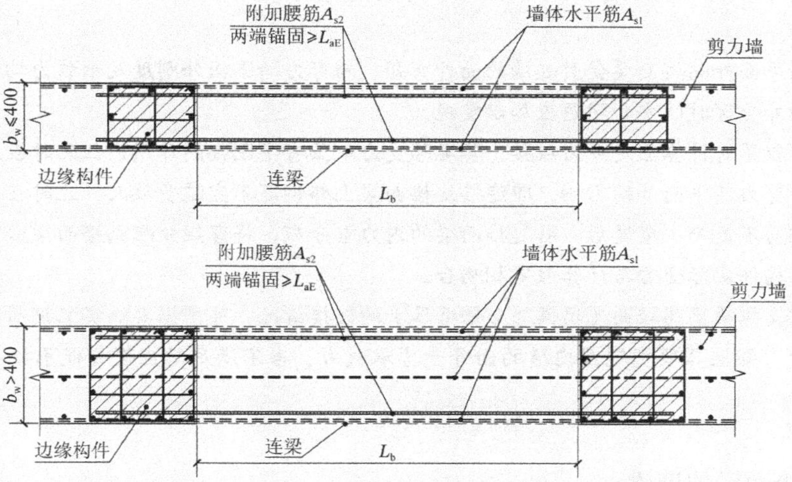

图 5.3.6-1　连梁附加腰筋配置示意图

图 5.3.6-1 中，A_{s1}与A_{s2}之和的总面积配筋率应≥0.3%；另外，当剪力墙配置多排水平筋时宜尽量将直径较大的钢筋放在墙体外侧。

5.3.7 跨高比不小于 5 的连梁

剪力墙平面内跨高比不小于 5 的连梁（LLk），抗震等级随相应部位墙体，纵向钢筋及箍筋应满足相同抗震等级框架梁的构造要求，梁侧面构造钢筋做法以及纵筋锚固做法应满足连梁的相关要求。

● 说明

根据标准要求，剪力墙平面内跨高比不小于 5 的连梁宜按框架梁进行设计。此部分连梁虽在剪力墙平面内，但由于刚度较小，不能协调两侧墙肢的变形而形成联肢墙，其受力偏向于框架梁的弯剪型受力，因此其钢筋构造应满足框架梁的相关要求。

另外，应注意此部分连梁所采用的混凝土等级在设计阶段计算模型、设计图纸以及现场施工阶段均应保持一致。

5.3.8 楼面梁与剪力墙平面外连接

（1）楼面梁与剪力墙平面外的连接，应根据墙体的厚度及被支承梁的纵筋锚固情况确定采用的连接形式（刚接、铰接），墙厚≤400mm 时宜采用铰接连接。

（2）楼面梁与剪力墙平面外连接为刚接时，可采用沿楼面梁轴线方向与梁相连的剪力墙处设置扶壁柱或墙内暗柱等加强措施，并应满足现行标准的相关要求。

（3）楼面梁与剪力墙平面外连接为铰接时，实际配筋及构造应与计算假定相匹配，在楼面梁与剪力墙相交处的梁上部钢筋不应过于放大，以避免引起剪力墙平面外的弯矩，梁铰接部位上部钢筋不应小于梁底纵筋截面面积的 1/4，楼面梁所在剪力墙的相应部位宜设置暗柱。

● 说明

剪力墙平面外的楼面梁会引起墙的面外弯矩，而剪力墙平面外刚度及承载力均较差，因此剪力墙平面外受弯时的安全问题应加以重视。

在墙厚较薄时计算假定多为铰接，其实际受力中虽有半刚接的作用，但此时应采取措施减小楼面梁对剪力墙平面外的影响，即连接处楼面梁上部钢筋不宜过多放大，此时在荷载作用下由于上部钢筋不足产生裂缝后，引起楼面梁的内力重分布，将弯矩分配到楼面梁由下铁钢筋承担，此时各构件实际受力与计算假定相吻合。

对于被支撑梁梁高较高（梁高≥2 倍墙厚）的铰接情况，可根据梁端实配钢筋反算梁端弯矩，再用此弯矩验算梁宽范围内墙的面外受弯承载力，当不满足时应设置能承担相应弯矩的暗柱。

5.3.9 支承楼面梁的连梁

承受较大荷载或重要性较大的楼面梁不宜直接置于连梁上；当不可避免时应采取有效

措施保证连梁地震时的受剪承载力，被支承梁在连梁处宜按铰接设计，并配置相应的底部钢筋。

● **说明**

剪力墙的连梁作为剪力墙结构或框-剪结构中的首要耗能构件，在地震中优先发生破坏，因此不宜将楼面梁直接支撑于连梁上，一般采取布置斜梁或过渡梁的方式，用以避免梁直接支撑于连梁上。

当不可避免时，应在连梁内设置窄翼缘型钢、钢板、交叉斜筋，保证连梁在地震时的受剪承载力。也可采用增设特殊吊筋（可参见国家标准图集《建筑物抗震构造详图（多层和高层钢筋混凝土房屋）》20G329-1 第 4-5 页）等加强措施，保证支撑连梁在大震下不丧失对楼面梁的竖向承载力，从而避免引起连续倒塌。

5.3.10 剪力墙墙肢按框架柱设计时纵筋布置原则

当剪力墙墙肢的截面高度与厚度之比不大于 4 时，宜按框架柱进行截面设计，并应满足框架柱的纵筋布置原则，如图 5.3.10-1 所示。

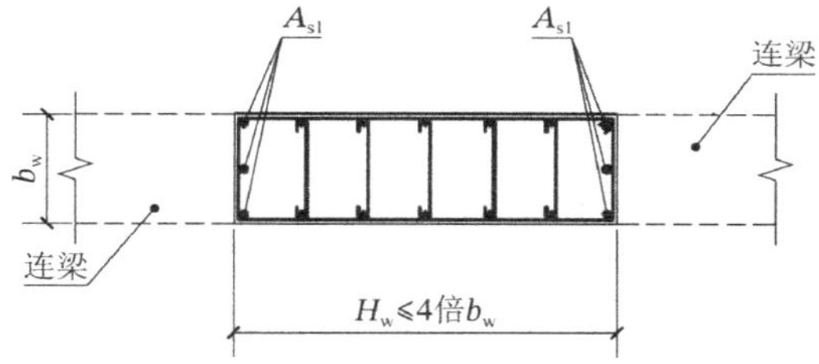

A_{s1}：端部纵筋，按计算结果配置，同时满足相应边缘构件的构造要求。
其余纵筋：满足相应边缘构件的构造要求。

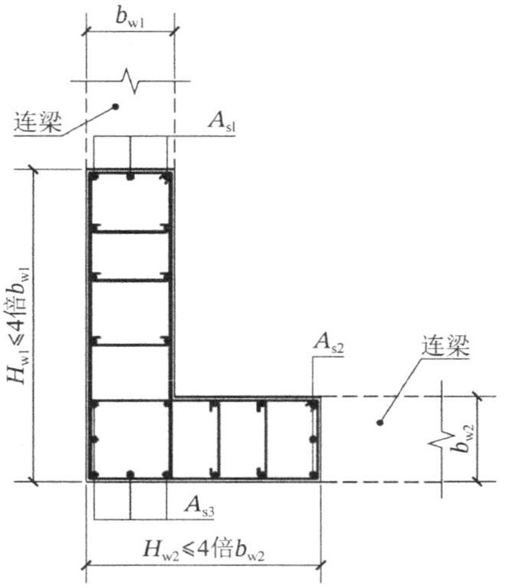

A_{s1}：端部纵筋，按H_{w1}方向计算结果配置，同时满足相应边缘构件的构造要求。
A_{s2}：端部纵筋，按H_{w2}方向计算结果配置，同时满足相应边缘构件的构造要求。
A_{s3}：端部纵筋，分别按各墙肢方向计算结果配置，同时满足相应边缘构件的构造要求。
其余纵筋：满足相应边缘构件的构造要求。

图 5.3.10-1　按框架柱设计的墙肢纵筋布置示意图

5.3.11 边缘构件纵筋配置原则

剪力墙边缘构件纵筋的配筋率、配筋量均需满足现行标准的相关规定，其纵向配筋根数不应少于标准要求。当配置的纵向钢筋根数多于规定时，多出部分的纵筋直径可以比规定值减小一个等级进行配置。

5.4 框架-剪力墙结构

5.4.1 剪力墙布置原则

（1）框架-剪力墙结构沿两主轴方向均应布置剪力墙，剪力墙的布置宜使两个主轴方向刚度接近。

（2）剪力墙可采用单片墙、联肢墙或较小井筒分开布置，也可在框架结构的若干跨内嵌入布置，形成带边框的剪力墙，当采用单片墙时墙体两端应带有翼墙（L形/T形）或端柱。

（3）纵向、横向剪力墙宜组成L形、T形和［形等形式。

（4）剪力墙宜优先布置于楼、电梯间部位，减小墙肢对建筑使用功能的影响，并应结合建筑功能，均匀布置在建筑物周边、平面形状变化大及恒荷载较大的部位。当平面形状凹凸较大时，宜在凸出部分的端部附近设置剪力墙，提高薄弱处的抗侧能力，加强整体抗扭刚度。

（5）对于长矩形平面或平面有部分较长的建筑，横向剪力墙的间距不宜过大，并宜满足行业标准《高层建筑混凝土结构技术规程》JGJ 3—2010 的相关规定；纵向剪力墙不宜集中布置在建筑的两尽端。

（6）剪力墙宜贯通建筑物的全高，避免上下刚度突变；剪力墙开洞时，洞口宜上下对齐。

（7）单片剪力墙底部承担的水平剪力不应超过结构底部总水平剪力的30%。

5.4.2 设计方法

框架-剪力墙结构（框-剪结构）应根据在规定水平力下的底层框架承受的倾覆力矩与结构总地震倾覆力矩的比值，确定相应的设计方法，具体可参照表5.4.2-1执行。

规定水平力下底层框架承担倾覆力矩占比不同时的结构设计方法　　表5.4.2-1

框架倾覆力矩比值μ	最大适用高度	位移角限值	框架抗震等级	剪力墙抗震等级	柱轴压比	是否进行0.2 V_0调整	是否进行体系包络设计
$\mu \leqslant 10\%$	按框-剪结构执行	按剪力墙结构执行	按框-剪结构	按剪力墙结构	按框-剪结构	是	是
$10\% < \mu \leqslant 50\%$	按框-剪结构执行	按框-剪结构执行	按框-剪结构	按框-剪结构	按框-剪结构	是	否
$50\% < \mu \leqslant 80\%$	略大于纯框架结构	按框-剪结构执行	按纯框架结构	按框-剪结构	按纯框架结构	是	否
$\mu > 80\%$	按纯框架结构执行	内插法	按纯框架结构	按框-剪结构	按纯框架结构	是	是

● **说明**

对于表 5.4.2-1 中$\mu>80\%$的少墙框架，其位移角限值采用内插法可参见国家标准《建筑抗震设计标准》GB/T 50011—2010（2024 年版）中第 6.1.3 条条文说明。

5.4.3 边框柱

（1）边框柱的抗震等级应随相应部位剪力墙，并应满足相应抗震等级框架柱和剪力墙边缘构件的构造要求。

（2）带边框端柱的剪力墙应避免建模误差，建模计算分析时宜优先采用将边框端柱按垂直于墙体的翼墙考虑，具体详见图 5.4.3-1。

（3）当剪力墙边框端柱考虑地震作用组合产生小偏心受拉时，柱内纵筋总截面面积应比计算值增加 25%。

（4）带边框端柱的剪力墙，其端部的计算受力钢筋应布置在边框端柱截面范围内。

（5）位于剪力墙底部加强部位的边框柱箍筋宜沿全高加密；当带边框剪力墙上的洞口紧邻边框柱时，边框柱的箍筋宜沿全高加密。

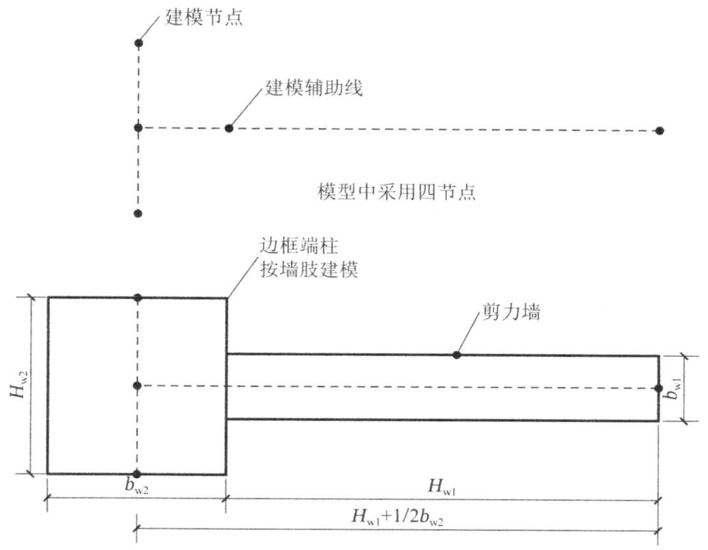

图 5.4.3-1 边框端柱建模示意

5.4.4 边框梁及暗梁

带边框的剪力墙应根据墙体所在部位的墙梁布置及建筑条件设置边框梁或暗梁，具体设置原则可按图 5.4.4-1 及下列规定执行：

（1）框架平面内的剪力墙应设置边框梁或暗梁，非框架平面内的部位宜设置边框梁或暗梁。

（2）宜优先保留与剪力墙重合的框架梁作为边框梁，该边框梁的抗震等级、混凝土强度等均应同墙体。

（3）也可采用宽度与墙厚相同的暗梁，暗梁截面高度可取墙厚的 2 倍或与该榀框架梁截面等高，暗梁配筋可按相应抗震等级的框架梁最小配筋要求进行配置，并满足其他构造要求。

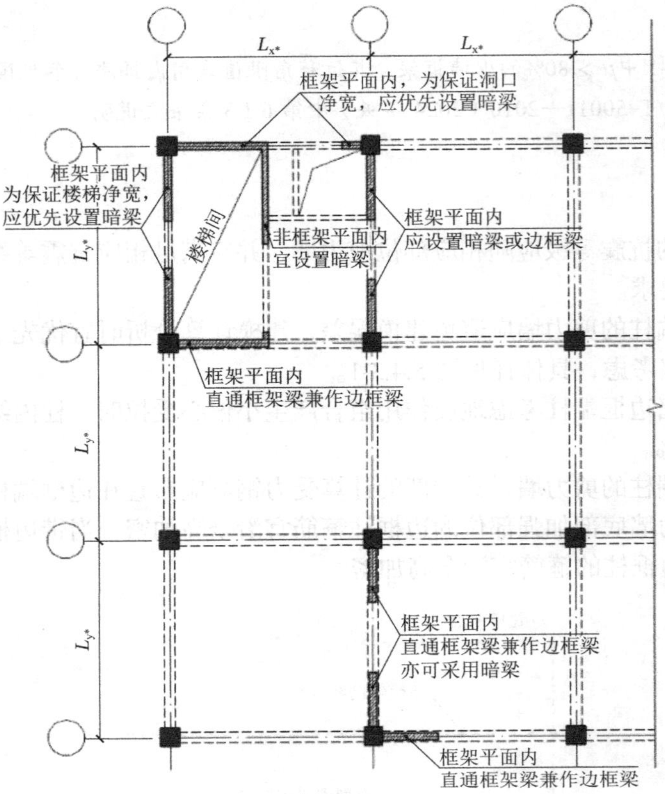

图 5.4.4-1　边框梁、暗梁平面布置示意图

5.5 板柱-剪力墙结构

5.5.1 基本适用范围

地震重点监视防御区不宜采用板柱-剪力墙结构，9 度设防烈度时不应采用板柱-剪力墙结构，其他烈度区可采用板柱-剪力墙结构但宜控制适用高度。

● 说明

板柱-剪力墙结构是指由无梁楼盖和柱组成的板柱框架与剪力墙共同承担竖向和水平力的结构，其中剪力墙是主要的抗侧力构件，板柱主要承担竖向荷载。

由于板柱-剪力墙结构在实际地上结构抗震设计项目中运用较少，且并无大、强震下的实际经验，因此在高烈度区以及地震重点监视防御区采用板柱-剪力墙结构应慎重，其他区域采用时也应采取有效的结构措施。

5.5.2 多道防线设计

板柱-剪力墙结构应采用多道防线的原则进行设计：

（1）抗风设计时，高层板柱-剪力墙结构中的剪力墙或筒体应承担不小于 80%相应方向该层承担的风荷载作用下的剪力。

（2）抗震设计时，板柱-剪力墙结构高度大于 12m 时，剪力墙或筒体应 100%承担相应方向本层地震作用引起的剪力，高度不大于 12m 时，剪力墙或筒体宜 100%承担相应方向本层地震作用引起的剪力。各层板柱和框架部分应能承担不少于相应方向本层地震剪力的 20%。

5.5.3 结构布置原则

（1）沿两个主轴方向均应设置剪力墙或布置筒体，以形成双向抗侧力体系，并应避免结构刚度偏心，其中剪力墙及筒体应分别满足板柱-剪力墙结构以及相关章节的规定。

（2）宜在对应剪力墙或筒体布置的各楼层处设置暗梁。

（3）抗震设计时，建筑周边应设置边框架梁。

（4）对于楼、电梯等较大开洞部位，洞口周边宜设置框架梁或边梁。

（5）板柱节点可根据承载力和变形等要求采用无柱帽（柱托）板或有柱帽（柱托）板形式，其中 8 度时宜采用有托板或柱帽的板柱节点；无梁板的厚度、柱帽（柱托）的长度和厚度应满足相关标准的计算和构造要求。

（6）板柱-剪力墙结构的地下室顶板，宜采用梁板结构。

● 说明

在实际中，无论首层与地下一层刚度比是否满足结构嵌固端的要求，地下室顶板均有一定的嵌固作用，为保证地下室顶板具有足够的刚度，防止地下室柱顶部位先于首层柱底发生屈服，因此建议板柱-剪力墙地下室顶板优先采用梁板结构。

5.5.4 基本设计要求

板柱-剪力墙结构的抗震除应符合现行国家标准《建筑与市政工程抗震通用规范》GB 55002 的相关规定外，尚应符合下列要求：

（1）抗震墙的最小厚度、分布钢筋的最小配筋率应符合框架-剪力墙或筒体剪力墙的相关规定。

（2）板柱节点应进行受冲切承载力的抗震验算，且应计入不平衡弯矩引起的冲切，具体可根据现行国家标准《混凝土结构设计标准》GB/T 50010（2024 年版）的相关规定进行验算。

（3）当楼板在柱周边的临界截面抗冲切不满足时，应配置抗冲切钢筋和抗剪栓钉，当地震作用引起柱上板带支座弯矩反号时还应对反向做复核。

（4）板柱节点沿两个主轴方向均应布置通过柱截面的板底钢筋，且钢筋的总截面面积应符合下式规定：

$$N_G \leqslant f_y A_s + f_{py} A_p \tag{5.5.4-1}$$

式中：N_G——该层楼面重力荷载代表值作用下的柱轴向压力设计值，8 度时尚宜计入竖向地震作用；

A_s——贯通柱截面的板底纵向普通钢筋截面面积；对一端在柱截面对边按受拉弯折锚固的普通钢筋，截面面积按一半计算；

A_p——贯通柱截面连续预应力筋截面面积；对一端在柱截面对边锚固的预应力筋，截面面积按一半计算；

f_y——通过柱截面的板底连续普通钢筋的抗拉强度设计值；

f_{py}——通过柱截面的板底预应力筋抗拉强度设计值，对无粘结预应力筋应按相关标准采用无粘结预应力筋的应力设计值。

（5）抗震设计时，应在柱上板带中设构造暗梁，暗梁宽度可取柱宽及柱两侧各不大于1.5倍板厚之和。暗梁支座上部钢筋面积应不小于柱上板带钢筋面积的50%，暗梁下部钢筋不宜少于上部钢筋的1/2。对于暗梁箍筋的布置，当计算不需要时，直径不应小于8mm，间距不宜大于3/4板厚，肢距不宜大于2倍板厚；当计算需要时应按计算确定，且直径不应小于10mm，间距不宜大于1/2板厚，肢距不宜大于1.5倍板厚，箍筋在暗梁两端应加密。

● **说明**

① 对于柱周边的临界截面抗冲切验算部位，当地震作用引起支座弯矩反号时的抗冲切验算，与一般工况下有所区别，具体如图5.5.4-1所示。

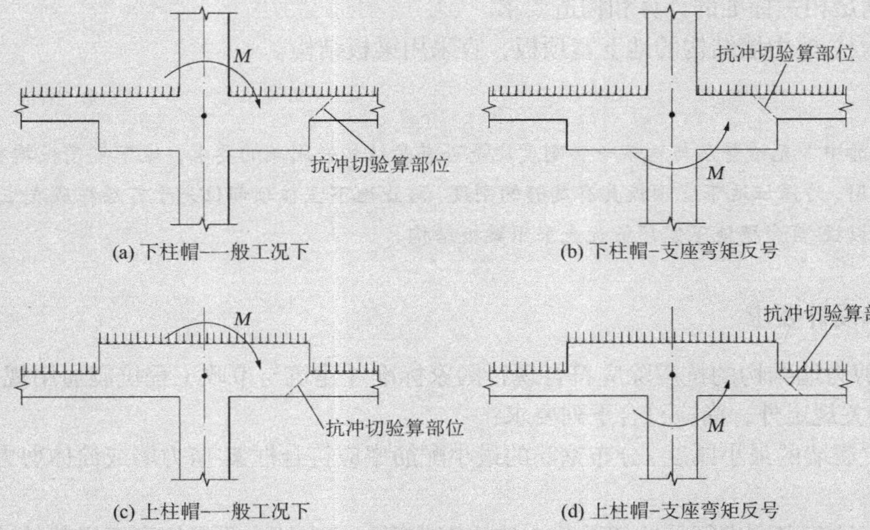

图5.5.4-1　冲切截面验算示意图

② 为了防止强震作用下楼板脱落，穿过柱截面的板底两个方向钢筋的受拉承载力应满足该层楼板重力荷载代表值作用下的柱轴压力设计，此要求在楼板上重力荷载代表值不大的情况下易实现，但在地下室结构中由于上部覆土荷载较大，穿过钢筋较多时难实现。为了观察实际项目中的落实情况，现按常规覆土荷载进行初步验算，如下：

采用相同板厚（400mm）、相同钢筋强度等级（HRB400）、不同柱网、不同覆土厚度对板柱节点进行复核，经计算得出板底单向通过柱截面的钢筋，具体详见表5.5.4-1。

不同柱网及覆土厚度下单向通过板底柱截面的钢筋量　　表5.5.4-1

单向钢筋放置量：钢筋直径d（mm）/钢筋根数n				
板上覆土厚度（m）	柱距（m）			
	7.5	8.1	8.7	9
0.9	25/6	28/6	32/6	32/6

续表

单向钢筋放置量：钢筋直径d（mm）/钢筋根数n				
板上覆土厚度（m）	柱距（m）			
	7.5	8.1	8.7	9
1.2	28/6	32/6	32/6	32/7
1.5	32/6	32/6	32/7	32/8
1.8	32/6	32/7	32/8	32/9
2.1	32/7	32/8	32/9	32/10

由表 5.5.4-1 可知，当覆土较厚时，钢筋量大，一般纯地下室的柱截面边长通常为 500～700mm，钢筋穿过柱比较难实现，因此对覆土较厚（＞1.5m），同时柱距较大（≥8.7m）的地下室顶板不宜采用板柱-剪力墙结构。

5.5.5 地下室板柱结构技术要点

（1）主楼的地下室顶板及相关范围宜采用现浇梁板结构。

（2）地下室板柱结构双向均应采用跨度较为均匀的柱网。

（3）板柱节点应设柱帽（托板），且板柱节点应进行抗冲切验算，并应考虑不平衡弯矩的影响。

（4）柱上板带及跨中板带的受力钢筋应按单向结构承担全部竖向荷载的等代框架法进行复核。

（5）柱上板带应设置构造暗梁，暗梁宽度及配筋应满足现行相关标准中计算及构造要求。

（6）施工阶段，应做好支护措施。施工时严禁超载作业，顶板覆土回填时，应对施工荷载进行控制并应分步均匀对称回填。

5.6 部分框支剪力墙结构

5.6.1 基本设计要求

（1）部分框支剪力墙结构中应设置上下贯通的落地剪力墙或筒体，且落地剪力墙应沿两个主轴方向布置，以形成双向抗侧力体系，条件允许时宜将纵横向剪力墙组合布置为落地筒。

（2）框支框架承担的地震倾覆力矩应小于结构总倾覆力矩的 50%。

（3）当转换层设置在一、二层时，转换层上部与下部结构的等效剪切刚度比应符合标准的相关规定；当转换层设置在第二层以上时，转换层与其相邻上层的侧向刚度比及转换层下部与上部结构的等效侧向刚度比应符合相关规定。

● **说明**

对于转换层与其相邻上层的侧向刚度比，以及转换层下部结构与上部结构的等效侧向刚度比，具体计算方法及限值详见行业标准《高层建筑混凝土结构技术规程》JGJ 3—2010 附录 E。

5.6.2 结构布置原则

（1）平面布置应尽可能使结构的质量中心与结构刚度中心接近，从而减小扭转的不利影响。

（2）落地剪力墙和筒体底部墙体应加厚。

（3）落地剪力墙和筒体的洞口宜布置在墙体的中部。

（4）框支梁上一层剪力墙不宜设置边门洞，且不宜在框支中柱上方设置门洞。

（5）抗震设计时，落地剪力墙的间距及框支柱与相邻落地剪力墙的距离应满足标准的相关规定。

5.6.3 结构计算原则

（1）结构计算分析时，应根据预估施工情况真实模拟施工步骤及加载次序，并在设计文件中明确相关要求。

（2）整体计算分析时，框支梁及其上部剪力墙应采用墙元（壳元）模型进行模拟计算，框支柱可按线单元模拟，框支转换层楼板应按弹性楼板进行计算，考虑楼板的刚度及变形对整体结构的影响。

（3）转换层框支梁、柱及上部相邻墙体宜按应力分析的结果校核配筋设计。

（4）框支梁宜按不考虑上部墙体共同作用的情况，进行竖向荷载下的承载力复核。

● **说明**

对于部分框支剪力墙结构的计算分析通常分为两步进行：

① 结构的整体分析

在计算整体结构的内力和变形位移等，以及非转换部位构件的配筋时，可根据实际情况在不改变结构的整体变形和受力特点的情况下，对于受力复杂的框支转换构件、转换层楼板等进行一定的简化处理。通常情况下，框支梁及其上部剪力墙应采用墙元（壳元）模型进行模拟计算，框支柱仍可按线单元模拟；对于框支转换层楼板，在进行整体周期、位移计算时，可采用刚性板进行计算分析，而在进行构件内力及配筋时，建议采用弹性膜（真实地计算楼板平面内刚度，楼板平面外刚度为零）进行计算。

② 转换构件的细部分析

框支梁及框支柱受力复杂，并且与框支梁直接相邻的上部剪力墙不仅作为传力构件传力给框支梁，同时还与框支梁整体变形协调共同工作，因此有必要对此部分构件进行详细的应力分析并确定其实际受力配筋。

细部分析时，采用有限元计算方法，其中将整体计算的局部结构相邻构件的内力作为外荷载，而计算部位除框支构件本身外尚应包含上部剪力墙，上部剪力墙范围一般可取框支梁以上2～4层墙体，宜优先取较多楼层。计算分析时应将转换梁、柱及上部剪力墙进行单元网格划分，一般将框支梁、柱及上一层的构件按较小单元网格进行划分，往上的构件划分的网格尺寸可适当加大。计算分析完成后，综合考虑各构件的应力分布确定框支梁、柱及上部剪力墙的配筋。

5.6.4 内力调整

部分框支剪力墙结构的各类构件，除应满足剪力墙结构、框架结构、框架-剪力墙结构的相关抗震措施外，尚应进行内力调整，具体调整部位及调整内容详见表 5.6.4-1。

部分框支剪力墙结构中各类构件的内力调整 表 5.6.4-1

分项	对应构件	调整内容	
全局调整	转换层、薄弱层整层	剪力调整	对竖向抗侧力构件连续性不满足相应标准的楼层，应将其对应于地震作用的剪力标准值乘以相应的增大系数
		薄弱层剪重比调整	结构各层的水平地震作用剪力标准值除应满足相应地震烈度的剪重比外，对应竖向不规则结构的薄弱层，尚应乘以 1.15 的增大系数
构件调整	框支梁	水平地震作用	特一、一、二级的框支梁的水平地震作用计算内力乘以 1.9、1.6、1.3 的调整系数
	框支柱	水平地震剪力标准值	框支柱不多于 10 根时，框支层为 1～2 层时，每根框支柱所受剪力应 ≥ 基底剪力的 2%；当底部框支层为 3 层及 3 层以上时，每根柱所受的剪力应 ≥ 基底剪力的 3%。每层框支柱的数目多于 10 根，且底部框支层为 1～2 层时，每层框支柱所受剪力之和 ≥ 基底剪力的 20%；框支层为 3 层及 3 层以上时，每层框支柱所受剪力之和应 ≥ 基底剪力的 30%
		轴力标准值	转换柱由地震作用产生的轴力应分别乘以 1.8（特一级）、1.5（一级）、1.2（二级）的调整系数（此增大系数在计算轴压比时可不考虑）
		弯矩组合值	与框支梁相连的转换柱上端及底层柱下端的弯矩组合值应乘以 1.8（特一级）、1.5（一级）、1.3（二级）的调整系数，其他层框支柱的弯矩设计值应满足现行标准中相应“强柱弱梁”的内力调整
		剪力组合值	柱端截面的剪力设计值应满足现行标准中相应“强剪弱弯”的内力调整，框支柱剪力调整系数为：1.68（特一级）、1.4（一级）、1.2（二级）
	落地剪力墙底部加强部位	弯矩组合值	底部加强部位的落地剪力墙，其地震作用组合下的弯矩值应分别乘以 1.8（特一级）、1.5（一级）、1.3（二级）、1.1（三级）的调整系数
		剪力设计值	底部加强部位的落地剪力墙，其剪力设计值应分别乘以 1.9（特一级）、1.6（一级）、1.4（二级）、1.2（三级）的调整系数

注：当框支柱为角柱时，其经上述调整后的弯矩、剪力设计值尚应乘以不小于 1.1 的增大系数。

● **说明**

由于部分调整系数在国家标准《建筑抗震设计标准》GB/T 50011—2010（2024 年版）与行业标准《高层建筑混凝土结构技术规程》JGJ 3—2010 中的取值略有差异，上述表 5.6.4-1 中调整系数按两本标准较大值示出，实际项目中设计人应结合实际项目情况，采取正确、合理地调整系数。

对于框支柱剪力组合值调整系数，同一般框架柱柱端剪力调整，在进行“强剪弱弯”调整前，应进行柱端弯矩的相应调整，如与框支梁相连的特一级框支柱上端剪力调整，其弯矩调整系数为 1.8，剪力调整系数为抗震一级系数 1.4 的 1.2 倍，因此其实际内力调整系数为 $1.8 \times 1.4 \times 1.2 = 3.024$，而其他部位特一级框支柱的剪力调整，因其弯矩和剪力调整均是抗震一级系数 1.4 的 1.2 倍，因此其实际内力调整系数为 $1.4 \times 1.2 \times 1.4 \times 1.2 = 2.8224$，实际项目设计时在模型中点取相应构件进行复核确认此部分调整系数。

5.6.5 剪力墙设计要求

（1）部分框支剪力墙结构的落地剪力墙墙肢不宜出现偏心受拉。

（2）部分框支剪力墙结构的底部加强部位高度应从地下室顶板算起，宜取至转换层以上两层且不小于房屋总高度的 1/10。

（3）底部加强部位的剪力墙，墙体两端宜设置翼墙或端柱，抗震设计时尚应根据剪力墙结构的相关规定设置约束边缘构件。

（4）特一级的落地剪力墙底部加强部位边缘构件宜配置型钢，且型钢宜向上、下各延伸一层。

5.6.6 框支转换构件的构造要求

部分框支剪力墙结构的框支转换构件，除了应满足剪力墙结构、框架结构、框架-剪力墙结构的相关抗震构造措施外，尚应满足下列规定：

（1）特一级框支柱宜采用型钢混凝土柱或钢管混凝土柱。

（2）框支柱纵向钢筋应伸入上部墙体内不少于一层，其余柱筋应锚入梁内或板内。

（3）框支梁与框支柱截面中线宜重合，上部剪力墙宜与框支梁中心线重合。

（4）框支梁上、下部纵向通长钢筋的最小配筋率，非抗震设计时均不应小于 0.3%；抗震设计时，特一、一和二级分别不应小于 0.60%、0.50%和 0.40%。

（5）框支梁在距离柱边 1.5 倍梁截面高度范围内的梁箍筋应加密，加密区箍筋直径不应小于 10mm、间距不应大于 100mm，加密区箍筋的最小面积配筋率应符合现行标准的相关规定。

（6）偏心受拉的框支梁在支座上部纵向钢筋应不少于 50%沿梁全长贯通，下部纵向钢筋应全部直通至柱内，沿梁腹板高度应配置间距不大于 200mm、直径不小于 16mm 的腰筋。

（7）框支梁上、下纵向钢筋和腰筋（按受拉钢筋）应在节点区可靠锚固，并符合现行标准及国家标准图集的规定。

● **说明**

① 对框支柱的纵向钢筋伸入上部墙体内不少于一层的锚固做法详见现行国家标准图集《建筑物抗震构造详图（多层和高层钢筋混凝土房屋）》20G329-1 第 1-3～1-5 页。

② 对于框支梁上下纵向钢筋的配筋率，此处调整为通长钢筋，原因在于框支梁不同于托柱转换梁，框支梁截面一般为偏心受拉构件，在上部竖向荷载作用下已存在较大的受拉区域，甚至出现全截面受拉，因此对框支梁跨中上部钢筋应做一定加强处理。

5.6.7 框支转换层楼板

（1）框支柱周围的楼板不应错层设置，落地剪力墙和筒体外围楼板不宜开洞。

（2）框支转换层楼板厚度不宜小于 180mm，应双层双向配筋，且每层每方向的配筋率不宜小于 0.25%，楼板钢筋应锚固在边梁或墙体内。

（3）楼板边缘和较大洞口周边应设置边梁，其宽度不宜小于板厚的 2 倍，全截面纵向钢筋配筋率不应小于 1.0%。

（4）框支转换层楼板应根据现行标准的相关规定进行受剪截面及承载力验算；当框支转换层楼板平面狭长或不规则，以及各剪力墙间距或内力相差较大时，可采用简化方法验算楼板平面内受弯承载力。

（5）与转换层相邻楼层的楼板厚度不宜小于 150mm，并应采用双层双向配筋，且每层每方向的配筋率不宜小于 0.25%。

● **说明**

应注意，转换层楼板，除应满足普通方法计算竖向荷载下的板配筋并满足标准要求的抗剪配筋外，尚应采用有限元方式分析校核楼板在竖向荷载及风、地震等水平荷载作用下的板配筋。

5.6.8　基础形式

部分框支剪力墙结构的落地剪力墙基础应采用具有良好整体性和抗转动能力的筏板基础或桩筏基础。

5.7　筒体结构

5.7.1　基本设计规定

（1）本节的筒体结构，指混凝土框架-核心筒结构和筒中筒结构。

（2）筒体结构中的剪力墙和框架构造措施应符合本措施第 3.2～3.4 节相应要求及现行行业标准《高层建筑混凝土结构技术规程》JGJ 3 的有关规定。

（3）其他特殊的筒体结构参照本章节执行。

5.7.2　高度适用原则

筒体结构通常适用于 60m 以上的高层建筑，其中筒中筒结构适用高度不宜低于 80m。60m 及以下的框架-核心筒结构可参照框架-剪力墙结构体系进行设计。

5.7.3　框架-核心筒结构的二道防线设计

框架-核心筒结构外框部分应具有适当的刚度、足够的承载力和抵抗变形的能力。

● **说明**

框架-核心筒结构应形成外围框架与核心筒协同工作的双重抗侧力结构体系。在强震作用下，核心筒可能损伤严重，在经内力重分布后，外框架会承担较大的地震作用，因此需对其外围框架部分地震剪力的占比按照行业标准《高层建筑混凝土结构技术规程》JGJ 3—2010 中第 9.1.11 条进行框架部分剪力调整，具体详见表 5.7.3-1。

框架-核心筒结构中外围框架的剪力调整　　表 5.7.3-1

外围框架部分的楼层剪力占比	外墙框架部分剪力调整	其他补充措施
$V_{f.max}/V_0 < 10\%$	$V_f' \geqslant 0.15V_0$	核心筒墙体的地震剪力标准值 × 1.1，且 $\leqslant V_0$；墙体抗震构造措施提高一级（特一级可不再提高）
$10\% \leqslant V_{f.max}/V_0 < 20\%$	$V_f' \geqslant \min\begin{cases}0.20V_0\\1.5V_{f.max}\end{cases}$	—
$V_{f.max}/V_0 \geqslant 20\%$	不调整	

表 5.7.3-1 中：V_0为调整前的结构底部总地震剪力标准值；$V_{f.max}$为调整前，各层框架部分承担的地震剪力标准值中的最大值，有加强层时，不包括加强层及其上、下层的框架剪力；V_f'

为经调整后各层框架部分应承担的地震剪力标准值。

当建筑物属于超高的框架-剪力墙结构时，同时应满足《超限高层建筑工程抗震设防专项审查技术要点》（建质〔2015〕67号）的相关要求，即：框架部分计算分配的楼层地震剪力，除底部个别楼层、加强层及其相邻上下层外，多数不低于基底剪力的8%且最大值不宜低于10%，最小值不宜低于5%。

5.7.4 高宽比

筒中筒结构的高宽比不宜小于3。

框架-核心筒结构中核心筒的宽度不宜小于筒体总高的1/12，筒中筒结构中内筒宽度宜取筒体高度的1/15～1/12。

5.7.5 核心筒或内筒布置原则

（1）筒体内墙肢均匀对称布置，墙肢的平面形状选择宜简单，墙肢截面高度与厚度之比不大于4时应按框架柱进行设计，截面形状复杂的墙肢可按应力分析的结果复核配筋设计。

（2）筒体墙肢平面布置时，应将墙厚较厚的剪力墙布置在核心筒周边，筒内结合楼电梯间适当布置墙厚较薄的剪力墙。

（3）核心筒宜按建筑物全高设置，当筒体沿高度有变化时，应自下而上刚度均匀变化。

（4）当框架-核心筒结构的内筒偏置、长宽比大于2时，宜采用框架-双筒结构。

（5）核心筒角部附近不宜设置洞口，当不可避免时，筒角内壁至洞口的距离不应小于500mm和开洞墙肢厚度的较大值，且不宜在筒体角部两侧同时开洞。

（6）核心筒或内筒的外墙不宜在水平方向连续开洞，洞间墙肢的截面高度不宜小于1.2m。

5.7.6 框架-核心筒结构内柱

当内筒外墙与外框柱距离过大时，框架-核心筒结构可采用设置内柱的方案，但内柱不宜与核心筒外墙距离过近，内柱与核心筒外墙的框架梁跨高比宜大于4。

● **说明**

控制内柱与核心筒外墙距离不宜过近，一方面是为了保证内柱与核心筒外墙的框架梁跨高比不宜过小，因跨高比小时易形成连梁，从而更加增大核心筒的刚度，外侧抗扭刚度相对减弱，整体更容易扭转，对整体抗震不利；另一方面在于内柱过近时，由于竖向荷载的分配造成核心筒竖向压力过小，在强震下墙体可能因偏心距产生较大的拉应力，不利于筒体剪力墙受力。

由于核心筒周边一般为内环形走道，设备管线较多，为了控制核心筒与外框柱间楼面梁在走道区的梁下净高，在不设内柱时可优先采用变截面梁，设计时应保持计算模型与实际需求一致，采用分段建立梁高截面的计算模型。

5.7.7 楼盖设计

（1）筒体结构的楼盖宜采用梁板体系，楼板应采用现浇钢筋混凝土板。

（2）筒体结构的楼盖外角宜设置双层双向钢筋，单层单方向配筋率不宜小于0.3%，钢筋的直径不应小于8mm，间距不应大于150mm，配筋范围不宜小于外框架（或外筒）至内筒外墙中距的1/3和3m。

（3）核心筒及内筒四周外侧周边不宜设置周边洞口，当设置洞口时，开洞宽度不宜超过筒体相应方向宽度的50%；当开洞宽度超过筒体相应方向宽度的30%时，应在洞边增加垂直于筒体剪力墙的梁，并应对剩余楼板采取截面加厚、双层双向配筋、增大配筋率等措施，并对此部分楼板进行楼板应力分析。

（4）当框架-双筒结构的双筒间楼板开洞时，其有效楼板宽度不宜小于楼板典型宽度的50%，洞口附近楼板应加厚，并采用双层双向配筋，每层单向配筋率不应小于0.25%；双筒间楼板宜进行楼板应力分析。

5.8 预应力混凝土结构

5.8.1 常见分类

预应力混凝土结构按照预应力筋与混凝土之间的粘结状态可以分为有粘结预应力、无粘结预应力和缓粘结预应力三种结构类型。应根据施工工艺、受力特点、抗震适用性等，充分考虑选择合理的预应力技术。

● **说明**

上述分类原则主要基于预应力筋与混凝土之间是否存在粘结力、粘结程度和时间等差异。三种预应力结构类型的优缺点详见表5.8.1-1。

不同预应力结构类型的优缺点　　　　表5.8.1-1

对比项	有粘结预应力	无粘结预应力	缓粘结预应力
粘结状态	预应力筋与混凝土始终粘结	预应力筋与混凝土无粘结或粘结很弱	施工初期预应力筋可滑动，后期逐渐粘结
施工工序	需要预留管道、灌浆等工序	不需要预留管道，施工简便	施工初期类似无粘结，后期类似有粘结
预应力损失	相对较大	较小	初始阶段损失小，后期损失可控
裂缝控制	能有效控制裂缝宽度	裂缝控制能力相对较差	裂缝控制能力介于两者之间
抗震性能	较好	较差	较好
适用场合	大跨度桥梁、屋盖等	仅对控制裂缝、挠度、温度应力等做相应要求的构件	大跨度结构，对裂缝有一定要求的场合

5.8.2 混凝土结构中预应力相关抗震要求

（1）有抗震要求的后张预应力框架、门架、转换层的转换大梁，宜采用有粘结预应力筋。

（2）无粘结预应力筋不得用于承重结构的预应力受拉构件和抗震等级为一级的框架，抗震等级为二、三级的框架梁宜优先采用有粘结或缓粘结预应力梁。

（3）无粘结预应力筋在抗震等级为二、三、四级的框架梁中应用条件为：框架梁端部截面及悬臂梁根部截面由普通钢筋承担的弯矩设计值，不应少于组合弯矩设计值的65%，或仅用于满足构件的挠度和裂缝要求。

（4）框架柱中配置预应力筋时，对抗震等级为一级的框架柱，应采用有粘结预应力筋；对抗震等级为二、三级的框架柱，宜采用有粘结预应力筋。

5.8.3 混凝土强度等级

预应力混凝土楼板结构的混凝土强度等级不应低于C30，其他预应力混凝土构件的混凝土强度等级不应低于C40。

5.8.4 预应力梁的纵筋配筋率

预应力梁的配筋应满足预应力筋强度比λ（预应力度）的控制要求及预应力框架梁梁端的配筋率要求。当梁支座负筋因计入预应力筋，出现配筋率超过最大允许配筋率时，可将梁端预应力筋锚固位置调整至板内锚固。

5.8.5 预应力梁常用跨高比

预应力梁一般适用于30m跨度以内，对于常规预应力混凝土梁，推荐的跨高比通常为15～25，不同类型梁的经验跨高比取值见表5.8.5-1。

预应力梁跨高比取值 表5.8.5-1

梁类型	简支梁	连续梁	井字梁	悬臂梁
跨高比	12～20	15～25	20～25	6～8
梁类型	框架梁	框架扁梁	简支扁梁	连续扁梁
跨高比	15～22	18～25	15～25	20～30

● **说明**

在实际设计中，通常会根据国家及地方标准，以及具体项目的要求，并结合工程师的经验和专业判断来确定最合适的跨高比。

在特殊情况下，如大跨度梁或需要承担较大荷载的梁，可突破表内跨高比范围，但需进行详细的结构分析和设计确认。

5.8.6 预应力楼板常用跨厚比

预应力楼板一般适用于12m跨度以内的楼板，不同类型板的经验跨厚比取值见表5.8.6-1。

预应力楼板跨厚比 表5.8.6-1

支承情况	周边支承		悬臂板	柱支承	
	单向板	双向板		有托板	无托板
简支	35～40	40～45	10～15	45～50	40～45
连续	40～45	45～50			

● 说明

对于预应力混凝土板，合理的跨厚比值需要根据具体项目和设计条件有所调整，例如需综合考虑板的荷载情况、支座条件以及设计的使用寿命等因素。预应力板最小厚度，周边支承和柱支承厚度分别不应小于 150mm 和 200mm。

5.8.7 现浇预应力混凝土结构的构造要求

梁板中无粘结预应力筋的混凝土保护层最小厚度需考虑耐火极限，锚固区的耐火极限不应低于构件本身的耐火极限。当耐火极限较高时应采取锚固区增加防护厚度或采用防火涂料等防火技术措施。

后张预应力筋的锚具不宜设置在梁柱节点核心区及梁端箍筋加密区。

当梁跨度大于等于 25m 时，宜采用两端张拉。

● 说明

框架梁梁端可采用水平加腋，避免锚具设置在梁柱核心区及梁加密区。

5.8.8 预应力构件在施工阶段的反拱

有覆土和悬挑的预应力构件，应注意在施工阶段的反拱问题，必要时应设置施工阶段的临时配重。

5.9 超长混凝土结构

5.9.1 基本设计规定

（1）钢筋混凝土结构宜满足现行标准设置伸缩缝间距的相关要求，当超过相关标准要求限值的 1.5 倍时，应进行专项论证。

（2）地下室部分不宜设伸缩缝，应采取其他减小混凝土收缩应力的措施。

（3）对于超长混凝土结构，需要重点考虑混凝土的塑性收缩和温度收缩产生的结构开裂，应从设计、施工至使用阶段，根据建筑结构体系、形状、外部约束、计算温差等具体情况，并结合工程经验采取控制混凝土裂缝的措施。

5.9.2 控制温度应力的措施

（1）应合理设置伸缩缝，减小结构长度，降低温度应力。

（2）不宜采用早强水泥，混凝土各外加剂的采用应有利于提高混凝土的抗裂性能。

（3）应合理设置后浇带，可缓解早期混凝土收缩和施工阶段温度收缩。后浇带宜在两侧混凝土浇筑完毕 45d 后进行浇筑，后浇带混凝土应采用高一等级无收缩混凝土。

（4）应合理设置诱导缝，诱导缝处应采取抗渗加强措施。

（5）梁板中宜设置温度应力钢筋及预应力筋，避免使用阶段的温度变化引起收缩开裂。

（6）应采取有效措施严格控制混凝土的入模浇筑温度，合拢温度宜控制在 10～25℃。

5.9.3 其他措施

当有可靠依据和技术保证且经专项论证后，可采用膨胀剂、抗裂纤维等材料提高混凝土的抗裂性能，并设置膨胀加强带或结合跳仓法进行施工，材料性能及技术方案应符合现行相关标准的规定。

5.9.4 对易产生温度应力集中部位的处理

楼板平面尺寸突变（细腰）、竖向刚度明显较大部位周边易产生温度应力集中，应进行专门分析，并采用双层双向补强钢筋，钢筋锚固应延伸至相邻一跨。

5.9.5 温度作用要求

温度作用计算应参照本措施第 2.7 节规定执行，并符合相关标准的规定。

6 多高层钢结构

6.1 一般规定

6.1.1 基本原则

（1）钢结构设计除应满足构件强度、稳定、变形和防护等要求外，还应对材料的选用、采购和加工制作等予以关注。

（2）应在方案阶段与建筑专业密切沟通（如是否布置支撑、布置数量、位置等），选择合理的结构体系，以确保结构方案满足建筑功能和形式的要求的同时，实现结构合理、安全可靠、经济节约。

6.1.2 常用结构体系的最大适用高度及高宽比

多高层钢结构房屋，宜根据房屋的高度、建筑体型和抗震设防烈度等因素，并综合考虑实际需求，经方案比选后采用合适的结构体系。钢结构常用体系包括：框架体系、框架-中心支撑体系、框架-偏心支撑体系、钢框架-核心筒体系、带伸臂桁架的钢框架-核心筒体系以及筒体体系。各类钢结构体系的最大适用高度应符合国家标准《建筑抗震设计标准》GB/T 50011—2010（2024 年版）第 8.1.1 条的规定；高宽比限值不宜超过国家标准《建筑抗震设计标准》GB/T 50011—2010（2024 年版）第 8.1.2 条的规定。

6.1.3 多高层钢结构的抗震等级

丙类建筑的抗震等级应按国家标准《建筑抗震设计标准》GB/T 50011—2010（2024 年版）第 8.1.3 条以及行业标准《高层民用建筑钢结构技术规程》JGJ 99—2015 第 3.7.2 条确定。当建筑场地为Ⅲ、Ⅳ类时，对于设计基本地震加速度为 0.15g和 0.30g的地区，宜分别按抗震设防烈度 8 度（0.2g）和 9 度时各类建筑的要求采取抗震构造措施。

6.1.4 位移限值要求

多高层钢结构应具有足够的刚度，在多遇地震下，层间位移角不应大于 1/250；在罕遇地震下，层间位移角不应大于 1/50。

6.1.5 高层钢结构的顶点加速度限值要求

高层钢结构应进行 10 年一遇风荷载下顶点加速度验算，顺风向与横风向顶点最大加速度，应满足下列关系式的要求：

居住类建筑（住宅、公寓等）：α_w（或α_{tr}）$\leqslant 0.20m/s^2$；

公共建筑（办公、旅馆等）：α_w（或α_{tr}）$\leqslant 0.28m/s^2$。

式中：α_w——横风向顶点加速度（m/s^2）；

α_{tr}——顺风向顶点加速度（m/s^2）。

● 说明

高层钢结构侧移计算结果满足标准要求，风振舒适度并不一定能满足要求。因此，对于高层钢结构，不能用侧移控制代替风振加速度控制。

本条源自行业标准《高层民用建筑钢结构技术规程》JGJ 99—2015 第 3.7.2 条。计算公式详见国家标准《建筑结构荷载规范》GB 50009—2012。

6.1.6 超长钢结构温度伸缩缝的布置原则

（1）钢结构温度区段长度值如表 6.1.6-1 所示。钢结构建筑的最大伸缩缝区段长度可达 150m，高层钢结构不宜设置温度伸缩缝。当高层建筑与裙房相连导致结构超长从而需设缝时，宜将缝设在高低层连接处，其缝宽应满足防震缝的要求。

（2）当采用混凝土楼面时，由于温度区段长度较长，应采取可靠措施防止混凝土楼面开裂。

（3）当多层钢结构外墙采用柱外方式砌筑砌体墙时，宜每隔 60～90m 在墙上设一道上下贯通的伸缩缝。

温度区段长度值（m）　　表 6.1.6-1

房屋类别	纵向温度区段（垂直屋架或构架跨度方向）	横向温度区段（沿屋架或构架跨度方向）	
		柱顶为刚接	柱顶为铰接
供暖房屋和非供暖地区的房屋	220	120	150
热车间和供暖地区的非供暖房屋	180	100	125
露天结构	120	—	—
围护构件为金属压型钢板的房屋	250	150	

● 说明

表 6.1.6-1 源自国家标准《钢结构设计标准》GB 50017—2017 第 3.3.5 条。温度区段长度值在多层钢结构房屋的设计中，主要受到围护体系和室内供暖条件的影响。如果底层是开敞的，层高属于普通范围，并且框架柱的截面较大，同时季节性或日间的温差较大，那么温度应力会相对较大。然而，如果房屋拥有良好的围护体系，并且配备了取暖和空调设施，那么温度区段长度可以相应增加。这是因为有效的围护体系能够减少外部温度变化对结构内部的影响，而室内的取暖和空调系统可以调节室内温度，减少温度波动，从而降低温度应力。

6.1.7 钢材选用原则

（1）钢材的选用应综合考虑结构的重要性和荷载特征（如疲劳荷载、动荷载）、结构形式和连接方法、受力状态和工作环境（如低温环境）、钢材品种和厚度等因素，合理选用钢材牌号、质量等级及其性能要求，并应在设计文件中完整地注明对钢材的技术要求（如所采用钢材的牌号、等级和对Z向性能的附加要求等）。

（2）多、高层钢结构建筑承重构件及抗侧力构件的钢材宜采用 Q355、Q355GJ、Q235、Q390、Q420（排序代表选择优先级）。刚度控制条件下，宜优先采用低强度牌号，强度控制条件下，宜优先采用高强度牌号。安全等级为一级和抗震设防类别为甲类的承重钢结构的钢材，质量等级宜不低于 C 级。

（3）根据国家标准《钢结构设计标准》GB 50017—2017 第 18.2.3 条规定，处于严重腐蚀的使用环境且仅靠涂装难以有效保护的主要承重钢结构构件，宜采用耐候钢或外包混凝土。

（4）当处于外露情况和低温环境时，应采用符合耐大气腐蚀和避免低温冷脆要求的钢材，钢材性能尚应符合现行国家标准的相关规定。

（5）当有抗震设防要求时，钢结构构件的钢材应符合下列规定：

① 钢材的屈服强度波动范围不应大于 120N/mm^2，钢材实测屈强比不应大于 0.85；

② 钢材应有明显的屈服台阶，且伸长率不应小于 20%；

③ 钢材应有良好的焊接性和合格的冲击韧性。

采用焊接连接的钢结构，当板厚等于或大于 40mm，并承受垂直于板厚方向的拉力作用时，应符合现行国家标准《厚度方向性能钢板》GB/T 5313 规定的受拉试件板厚方向的截面收缩率的要求，且不得小于该标准 Z15 级规定的容许值。

● **说明**

① 多、高层钢结构建筑承重构件及抗侧力构件的钢材常规采用 Q235/Q355/Q390，Q390GJ 和 Q420GJ 的设计强度等参数信息在现行国家标准《钢结构设计规范》GB 50017 中未涉及，屈服强度及极限强度应在国家标准《建筑结构用钢板》GB/T 19879—2023 中查阅。

② 行业标准《高层民用建筑钢结构技术规程》JGJ 99—2015 第 6.1.2 条对于高层钢结构的材料选用有更高的要求，如承重构件所用钢材的质量等级不宜低于 B 级；抗震等级为二级及以上的高层民用建筑钢结构，其框架梁、柱和抗侧力支撑等主要抗侧力构件钢材的质量等级不宜低于 C 级等。

③ 第（4）款，低温钢材牌号可参照国家标准《钢结构设计标准》GB 50017—2017 第 4.3.3 条文说明中表 3、表 4 进行选用（如北京地区露天环境无需验算疲劳的情况下，选用 B 级钢即可）。

④ 应注意低温且需验算疲劳时钢材的等级选用，确保钢材的冲击韧性和抗脆断性能。

⑤ Q355 的钢号修正系数为 Q345 的 0.985 倍，也即影响钢号修正系数ε_k，对于稳定限值、长细比有一定影响。

6.2 钢框架及钢框架-支撑结构

（1）抗震设计时，多层钢框架结构宜采用双向刚接的框架体系。支撑框架在两个方向的布置宜对称，同一方向两相邻支撑框架间的楼盖长宽比不宜大于 3。

（2）甲、乙类建筑和丙类高层建筑不应采用单跨框架，丙类多层建筑不宜采用单跨框架。

（3）房屋高度不超过 50m 的高层民用建筑可采用框架、框架-中心支撑或其他体系等结构；超过 50m 的高层民用建筑，8、9 度时宜采用框架-偏心支撑、框架-延性墙板或屈曲约束支撑等结构。

（4）进行抗震设计的框架-支撑结构，支撑宜沿建筑高度竖向连续布置，支撑形式沿建筑竖向宜一致，且应延伸至计算嵌固端。当支撑不延伸至嵌固端以下时，嵌固端下部应设置剪力墙。

（5）钢框架柱应至少延伸至计算嵌固端以下一层，并宜在该层采用钢骨混凝土柱，该层以下可采用钢筋混凝土柱。

（6）框架梁应采用工字形截面，必要时也可采用箱型钢梁或桁架。

（7）在满足整体刚度和建筑净高的前提下，H 型钢梁的截面宜由比选确定。通常情况下，截面抵抗矩与截面面积比值较大的截面具有较好的经济性。宜优先选用轧制钢，次选焊接钢。

（8）框架柱在两个互相垂直的方向均与梁刚接时，宜采用箱形截面；当采用工字形截面时，应在工字钢弱轴方向设置工字形连接节点板；采用箱形截面时应在梁翼缘连接处设置内隔板。当柱仅在一个方向与梁刚接时，宜采用工字形截面，并应将柱腹板置于刚接框架平面内。

（9）抗震等级为一、二、三级的支撑宜采用 H 型钢，两端与框架可采用刚接构造，梁柱与支撑连接处应设置加劲肋。

（10）进行抗震设计的框架，应遵循“强柱弱梁，强节点弱构件”的原则。抗震等级一、二级刚接连接时梁端宜采用增加盖板、加宽梁端翼缘或者“犬骨式”节点等方式将塑性铰区外移。

（11）支撑结构可采用中心支撑（包括交叉支撑、人字形支撑、V 形支撑和单斜杆支撑等），不应采用 K 形支撑；当采用框架-偏心支撑体系时，支撑斜杆一端与梁连接，其“耗能梁段”宜设计成剪切屈服型。

（12）中心支撑的斜杆与框架横梁之间的夹角宜保持在 35°～60°，其与梁柱的连接应刚接，内力分析时可假定为铰接。

（13）次梁与主梁的连接应简化，优先采用铰接方式，并与楼板形成简支组合梁，以增强承载力和减少挠度。若主梁外侧有悬臂梁，悬臂梁与主梁的连接及该位置内延次梁与主梁的连接都应为刚接。

（14）外伸式牛腿节点常用于有多处斜交梁、箱形梁或为钢管柱节点位置等施工困难部位。

（15）当圆钢管柱直径不大于 600mm 时，钢结构梁柱节点宜采用外环板；当直径大于 600mm 时，圆钢管柱节点内在梁翼缘位置处应设置内隔板；而当节点连接钢梁数量较多时，可采用外环板。

（16）钢框架结构在抗震设计时宜设置隅撑。隅撑设置宜符合下列规定：

① 当框架梁上无楼板时，上下翼缘均宜设置隅撑；

② 当因建筑功能限制无法设置隅撑时，可于梁下翼缘设置加劲肋，或调整截面为箱形

截面；

③ 当以上方法均受条件限制无法设置或调整时，可根据国家标准《钢结构设计标准》GB 50017—2017 第 10.4.3 条计算正则化长细比，当满足标准要求时可不设置隅撑。

（17）无地下室钢框架结构，当首层地面设置拉梁时，首层计算高度应取至拉梁顶；首层地面未设置拉梁时，首层计算高度可取至基础顶面。钢结构柱脚与基础的连接应采用外露式、靴梁式、外包式、埋入式、插入式等，如图 6.2-1 所示。

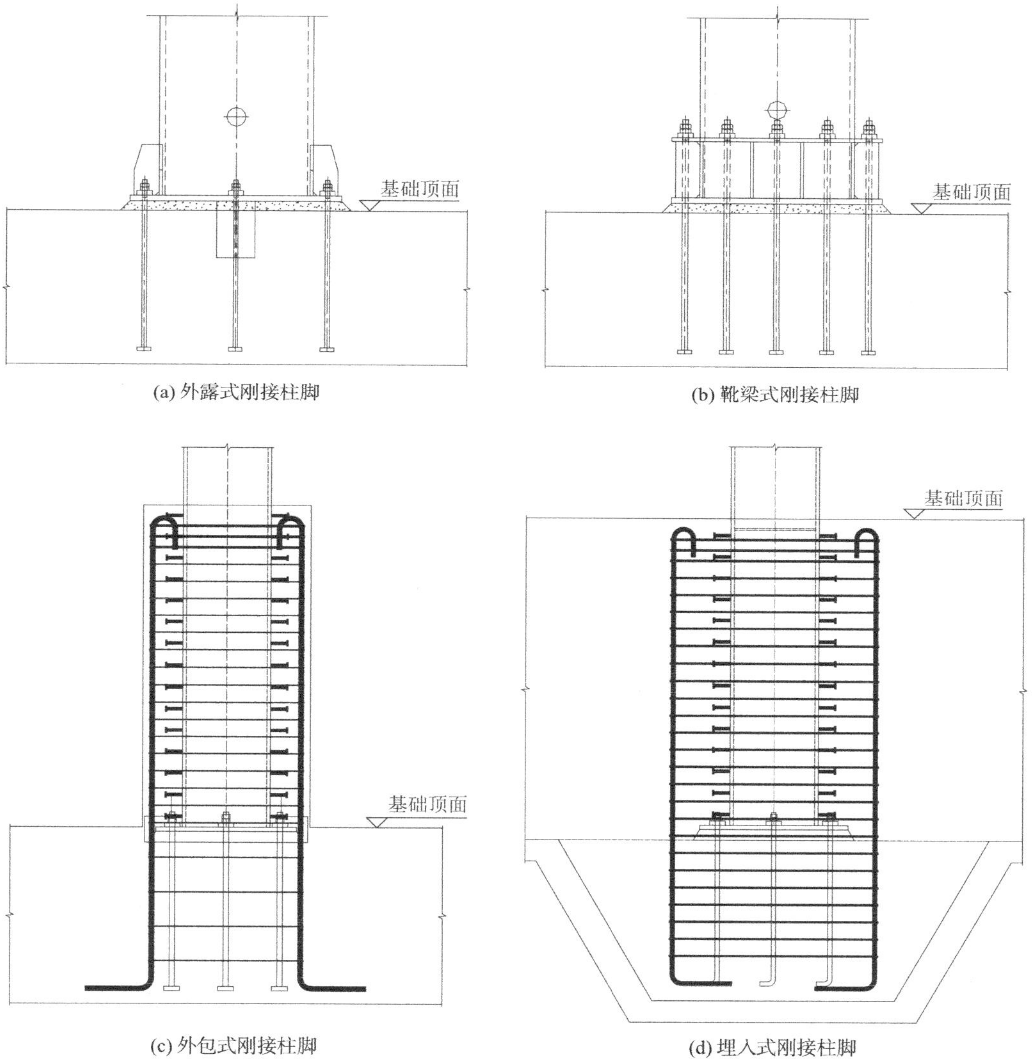

(a) 外露式刚接柱脚　　(b) 靴梁式刚接柱脚

(c) 外包式刚接柱脚　　(d) 埋入式刚接柱脚

图 6.2-1　刚接柱脚基础顶面

（18）无地下室钢框架结构，当首层设置拉梁时，基础顶至拉梁顶范围内竖向构件应按柱脚设计，外包式柱脚埋深应为（2.5～3.0）*h*（*h*为钢柱截面高度），且此高度范围内时，均按钢柱脚设计，并符合现行国家及行业标准《建筑抗震设计标准》GB/T 50011、《钢结构设计标准》GB 50017、《高层民用建筑钢结构技术规程》JGJ 99 的相关规定。当柱脚两侧存在高差时，H_1范围可按型钢混凝土柱设计，H_2范围按钢柱脚设计，如图 6.2-2 所示。

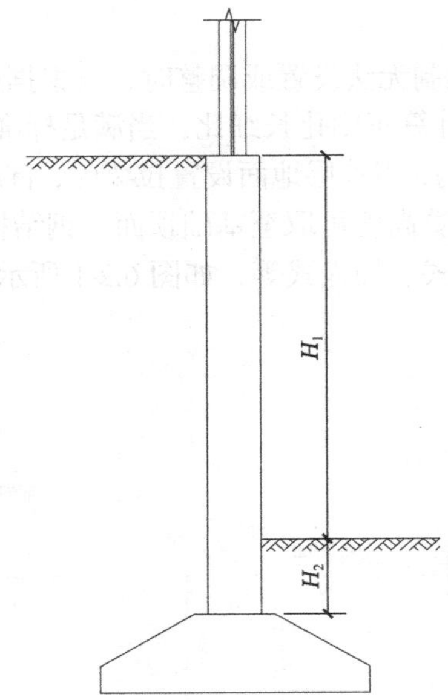

图 6.2-2　钢结构柱脚两侧存在高差示意

● **说明**

第（1）款，钢框架计算方向的刚度较大时，个别梁端节点可采用铰接。

第（12）款，梁柱连接节点设计时，是否做加强型连接与是否做外伸式牛腿无关；采用加强型连接方式的根本目的是避免塑性铰出现在节点处，使塑性铰外移。

国家标准图集《多、高层民用建筑钢结构节点构造详图》16G519 中，存在两种梁柱节点连接方式，如图 6.2-3 所示。

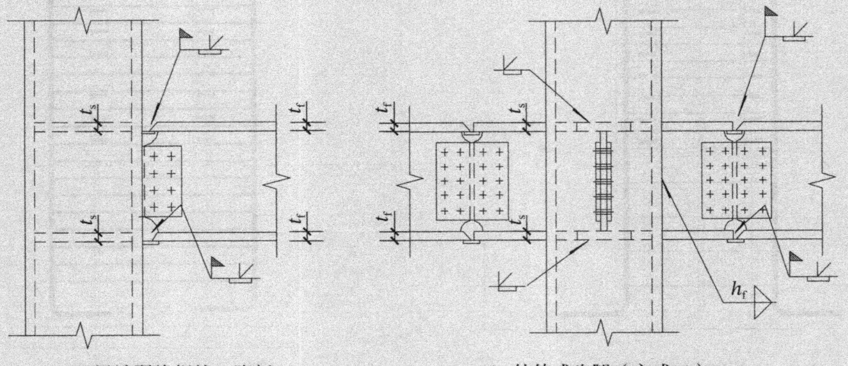

(a) 梁端翼缘焊接、腹板栓接（方式一）

(b) 外伸式牛腿（方式二）

图 6.2-3　梁柱节点连接方式

而是否采用外伸式牛腿（方式二）进行连接与钢结构加工、现场安装难度有关，如有多处斜交梁、箱形梁或为钢管柱节点位置等施工困难部位，可采用外伸式牛腿（方式二）进行加工设计；常规设计时，可采用梁端翼缘焊接、腹板栓接（方式一）进行连接。

第（14）款，外环板能提供明确的传力路径，改善节点受力性能，防止局部应力集中，增强节点和构件在水平方向的刚度，提高结构的抗震性能。其更适用于在需要传递较大弯矩和剪力的工况。而内隔板通常提高柱截面的稳定性和承载能力。

第（15）款，连续的组合梁虽可减小梁的跨中弯矩和挠度，但与主梁的连接按受弯节点要求而采用栓焊法或在钢梁上下翼缘设置钢盖板法相连时，将增加较多的焊接工作量。

第（16）款，隅撑的主要作用是提供侧向支撑，保证梁的下翼缘在受压时具有足够的局部稳定性，特别是在抗震设计中，隅撑可以确保梁端在塑性铰区域的稳定性。在管井、洞口处受影响部分，可采用加劲肋等其他有效措施。

6.3 筒体结构

本节中所述筒体结构特指钢结构外框架-钢支撑内筒结构。对于《高层民用建筑钢结构技术规程》JGJ 99—2015 规定的其余筒中筒、桁架筒和束筒结构等结构形式，由于受到我国目前超高层建筑的限制，本节不做表述。

外框架采用型钢混凝土柱、钢管混凝土柱时，设计要求详见本技术措施第 8.3 节相关内容。

钢结构外框架-钢支撑内筒结构应满足以下要求：

（1）钢支撑内筒为带支撑框架组成的内筒结构，其中内筒是主要抗侧力结构。钢框架-钢支撑内筒体系为双重抗侧力结构的结构体系，特殊情况下，可以调整为外侧框架仅承担竖向力，水平力全部由内筒承担。

（2）内筒的梁、柱节点可以采用刚接连接或铰接连接，如为刚接并在框架柱之间设置支撑则形成支撑框架，如为铰接则可以形成相应的支撑排架。

（3）作为内筒的框架柱不需要满足强柱弱梁的要求，所以对于框筒结构柱要求符合《高层民用建筑钢结构技术规程》JGJ 99—2015 中轴压比要求。

（4）在钢框架-钢支撑内筒结构加强层需要设置伸臂桁架或腰桁架时，由于侧向刚度的提高，设置伸臂桁架的楼层及其上下层的核心筒与柱的剪力、弯矩都增大，构件截面设计及构造上需加强。伸臂桁架的上下弦杆必须在筒体范围内拉通，同时在弦杆间的筒体内设置充分的斜撑或抗剪墙以利于上下弦杆轴力在筒体内的自平衡。设置伸臂桁架的数量和位置既要考虑其总体抗侧效率，同时也要兼顾与其相连构件及节点的承受能力。

（5）应避免因部分结构、构件或节点的破坏而导致整个结构丧失承受荷载的能力；对薄弱部位应采取有效的加强措施，增强其抗震能力；钢支撑内筒宜在结构的两个主轴方向同时设置，上下连续布置，避免导致扭转效应。

6.4 楼（屋）盖

6.4.1 设计原则

（1）钢结构楼（屋）盖设计时，楼面框架梁可采用钢梁或组合梁；次梁与框架梁连接宜采用铰接，次梁宜采用组合梁。

（2）楼板宜采用钢筋桁架楼承板或压型钢板等免支模楼盖形式。

（3）楼（屋）盖的设计应考虑施工阶段钢梁的稳定性要求，尤其是采用组合梁、上下翼缘不等宽梁等形式。

（4）当屋盖采用轻型屋面时，应设置水平支撑。

（5）对于楼板开大洞口等形成的平面薄弱连接部位或狭长楼面、转换层楼板等平面受力较大的部位，宜设置水平支撑。

● **说明**

组合楼板和非组合楼板的区别主要在于组合楼板的压型钢板（底模）在正常使用阶段参与结构受力，非组合楼板仅在施工阶段作为模板使用，不参与结构受力。

组合梁是钢材和混凝土经栓钉或剪力连接件进行连接，从而形成可整体受力的梁构件。栓钉或剪力连接件用以抵抗钢梁和混凝土板之间的相对滑移，使得钢材和混凝土的弯曲变形协调，在弯矩作用下形成具有公共中和轴的组合截面。这种有效的连接使得组合梁在受力时能够充分发挥各自材料的优势，提高结构的整体性能；钢梁计算时，则不考虑混凝土楼板的协同受力。

6.4.2 楼面板与楼面钢梁连接要求

楼面板应与楼面钢梁可靠连接，以保持钢梁的稳定和楼面的整体性。连接件宜采用圆柱头栓钉剪力连接件，栓钉直径为 13～25mm。

以压型钢板做底模的组合梁，栓钉杆直径不宜大于 19mm。

6.4.3 楼板大开洞时结构措施

当楼板开洞较多，对楼板平面内刚度削弱较大时，应采用设水平支撑等加强措施。当采用组合梁设计时，应考虑混凝土翼缘折减。

当建筑物中设有较大天井（中庭）时，可在天井上下两端的楼层标高处设置水平桁架将楼层开口处连接，或采取其他有效增强刚度的水平连接措施。

6.4.4 楼（屋）盖梁布置原则

楼（屋）盖梁布置应符合下列规定：

（1）布置应有利于结构的整体性和柱的稳定性。

① 内筒和外筒或外框架柱应经钢梁直接对应连接，以共同工作和传递水平力；

② 框架柱侧向（两向）宜均有梁与其连接，以减小柱的长细比，提高柱的承载力和侧向稳定性。

（2）布置应有利于简化次梁梁端的连接构造。

6.5 钢结构防火与防腐

6.5.1 防腐设计

1）本节适用于一般使用环境下的建筑，不适用于工业厂区等特殊环境内（如炼油、化工、冶金等）建筑，特殊用途建筑的防腐设计应符合相关专业标准规定。

2）钢结构涂层配套体系应综合考虑结构重要性、结构所处腐蚀环境、结构形式、防腐设计寿命、底涂层材料与基材的适应性、涂料各层间的相容性、施工条件及维护管理条件等因素确定。

3）钢结构涂层配套体系应符合现行国家标准《色漆和清漆 防护涂料体系对钢结构的防腐蚀保护》GB/T 30790 的相关规定。

4）建筑钢结构防腐蚀设计、施工、验收和维护应符合现行行业标准《建筑钢结构防腐蚀技术规程》JGJ/T 251 及国家现行有关标准的规定。

5）钢材表面的除锈等级应符合现行国家标准《涂覆涂料前钢材表面处理 表面清洁度的目视评定 第 1 部分：未涂覆过的钢材表面和全面清除原有涂层后的钢材表面的锈蚀等级和处理等级》GB/T 8923.1 的规定。

6）钢结构涂料涂装防腐设计流程为：涂装工艺设计（含钢材表面处理工艺）→涂层配套体系设计（包括腐蚀环境分析、防腐寿命确定、材料选用、工况条件、经济成本）→外观色彩设计。

7）钢结构除了应重视前期防腐设计外，还应高度关注后期防腐蚀维护。设计文件中应注明防腐设计使用年限，并要求业主每隔 5 年对所有钢结构外观进行一次常规全面检查，发现局部锈蚀应及时修补。

8）同一项目采用的涂层材料宜为同一厂商生产，以确保各涂层间相容，保证整体质量控制；如非同一厂商生产，应有可靠的第三方相容性检测报告。防火涂料不应替代防腐涂层。

9）不同金属材料（如：铝或铝合金与钢材）接触的部位，应采取隔离措施。

10）钢材涂装前表面处理应符合下列规定：

（1）不应使用表面原始锈蚀等级低于 B 级的钢材。

（2）钢结构除锈与涂装应在制作质量检验合格后进行。钢构件在进行涂装前，必须将构件表面的毛刺、焊渣、飞溅物、积尘、铁锈、氧化皮、油污及附着物彻底清除干净，后采用机械喷砂、抛丸等方法彻底除锈。

（3）钢结构涂装前的最低除锈等级可按采用的底漆品种从表 6.5.1-1 中选用。

各种底漆或防锈漆要求的最低除锈等级　　表 6.5.1-1

涂料品种	最低除锈等级
油性酚醛、醇酸等底漆或防锈漆、环氧沥青、聚氨酯沥青底漆	St2
环氧或乙烯基酯玻璃鳞片底漆	Sa2
聚氨酯、环氧、醇酸、丙烯酸环氧、丙烯酸聚氨酯等底漆	Sa2 或 St3
富锌、有机硅、乙烯磷化等底漆	Sa2.5
喷锌、镀锌及其合金、无机富锌、喷铝及其合金	Sa3

注：喷射或抛射除锈后的表面粗糙度宜为 40～75μm，且不应大于涂层厚度的 1/3。

（4）现场拼装焊接的部位，应先清除焊渣，再进行表面手工机械除锈处理（如电动、风动除锈），除锈等级应达到 St3 级。

（5）经除锈后的钢材表面在检查合格后，应在 4h 内进行底漆涂装。

11）涂层配套体系设计

（1）钢结构建筑应根据其重要性、使用功能等与业主共同确定防腐设计使用寿命。防腐设计使用寿命分类见表 6.5.1-2。

防腐设计使用寿命　　表 6.5.1-2

等级	防腐设计寿命/年
短期	2～5
中期	5～15
长期	＞15

（2）建筑钢结构可根据所处环境及已选定的防腐设计寿命按表选用涂装防腐设计配套。常用防腐涂层配套见附录 C 第 C.0.1 条。

① 底漆

底漆厚度宜取 50～75μm。锌粉含量、锌粉的纯度（金属锌含量）及附着力对底漆防腐性能的影响较大，富锌底漆性能应符合现行行业标准《富锌底漆》HG/T 3668 的相关规定。

② 中间漆

中间漆的主要功能为增加漆膜厚度，以增强漆层防腐性能。

③ 面漆

面漆的厚度宜取 50～100μm，并分两遍涂刷施工。

（3）防腐涂料各层及防火涂料间应有良好的兼容性。

（4）防腐涂料与基材应有良好的粘结性，防腐涂料应有良好的耐久性并符合卫生环保要求。

（5）防腐涂层的含锌量、体积固体含量、环保（无毒）性、柔韧性、耐磨性、耐冲击性、涂层与钢铁基层的附着力（≥5MPa）应有第三方检测报告。

（6）防腐涂装配套的防腐性能应通过第三方认证的循环腐蚀试验测试：交替循环测定耐湿热、耐盐雾、温度变化和耐候性、抗老化和抗疲劳性能测试。

12）其他防腐方式：

（1）建筑中的小尺寸钢构件防腐宜采用热浸锌处理。封闭截面热浸锌时，应采取开孔防爆措施。

（2）严重腐蚀环境中或需要特别加强防护的钢构件，可采用金属热喷锌（铝或锌-铝复合层）加封闭涂层，以达到双重保护的作用。

13）大跨空间钢结构防腐设计应符合下列要求：

（1）防腐设计寿命不应低于 15 年。

（2）管类构件均宜两端封闭，避免内壁锈蚀。当采用螺栓球节点时，安装完成后对拉杆套筒缝隙和多余的螺栓孔应及时用腻子封闭。

（3）钢绞线用钢丝镀层重量应符合现行国家标准《锌-5%铝-混合稀土合金镀层钢丝、钢绞线》GB/T 20492 的相关规定。索头、索夹表面应采用热喷锌，喷锌层厚度应不小于 120μm；对于室外环境或游泳馆等，除索道槽处之外，尚应在喷锌层外再做防腐涂装以加强防腐。

（4）冷弯薄壁型钢檩条等构件应采用热浸镀锌薄板直接加工成型，檩条镀锌量可按 275g/m^2（双面）取值。

（5）冷弯薄壁型钢檩条等构件应采用热浸镀锌薄板直接加工成型，檩条镀锌量可按

275g/m²（双面）取值。

14）多高层钢结构防腐设计寿命不应低于 15 年。

15）对用水房间（如厨房、卫生间等）的钢构件应采取加强的防腐保护措施，如在涂料外附加钢丝网抹灰保护等。

● **说明**

第 6）款，腐蚀环境分析指建筑所在地的大气环境分析；工况条件指结构构件所处工作环境，例如游泳馆、卫生间、淋浴房等。

第 7）款，当发生火灾、撞击等特殊事故后，应及时对钢结构的防腐涂层等进行检查、评定和维护。

第 13）款，热浸锌后不得考虑冷弯效应而提高设计强度。

6.5.2　防火设计

（1）建筑钢结构防火设计应符合现行国家标准《建筑设计防火规范》GB 50016（2018 年版）、《建筑钢结构防火技术规范》GB 51249、《建筑高度大于 250 米民用建筑防火设计加强性技术要求（试行）》（公消〔2018〕57 号）的规定及消防主管部门的相关要求。

（2）当钢结构构件防火设计需要通过试验验证时，耐火试验应符合现行国家标准《建筑构件耐火试验方法》GB/T 9978 的规定。

（3）防火涂料产品及其应用应符合现行国家及团体标准《钢结构防火涂料》GB 14907、《钢结构防火涂料应用技术规程》T/CECS 24 的规定。

（4）防火板材和柔性毡状隔热材料等应符合现行国家、行业和团体标准《绝热用硅酸铝棉及其制品》GB/T 16400、《绝热用岩棉、矿渣棉及其制品》GB/T 11835、《建筑用岩棉绝热制品》GB/T 19686、《膨胀蛭石防火板》JC/T 2341、《建筑用陶瓷纤维防火板》JG/T 564、《纸面石膏板》GB/T 9775、《硅酸钙绝热制品》GB/T 10699、《玻镁平板》GB/T 33544 等的相关规定。

（5）钢结构常用防火方法有喷涂（抹涂）防火涂料、包覆防火板、包覆柔性毡状隔热材料和外包混凝土、金属网抹砂浆或砌筑砌体等，详见表 6.5.2-1。

钢结构防火方法　　　　表 6.5.2-1

防火方法分类	做法及原理	保护材料	适用范围
喷涂法	用喷涂机将防火涂料直接喷涂到构件的表面	各种防火涂料	任何钢结构
包封法	用耐火材料把构件包裹起来	防火板材、混凝土、砖、砂浆（挂钢丝网、耐火纤维网）、防火卷材	钢柱、钢梁
屏蔽法	把钢构件包裹在耐火材料组成的墙体或吊顶内	防火板材（注意接缝处理，防止蹿火）	钢屋盖

（6）钢结构防火设计包括：确定建筑的耐火等级及其构件的耐火极限；确定典型构件的荷载条件；根据防护条件选择防火保护措施（包括防火涂料、防火板材、水泥砂浆或混凝土等类型）；明确所选防火材料性能指标：非膨胀型防火涂料可用等效热阻（R_i）或等效热传导系数（λ_i）表征其性能，膨胀型防火涂料采用等效热阻（R_i）表征其性能，非轻质防

火涂料或材料需要注明质量密度（ρ）、比热容（c）、导热系数（λ）等；对非膨胀型防火涂料应注明其设计膜厚（d_i）；还应注明防火保护措施的施工误差和构造要求等。

（7）施工采用的防火涂料类型应与设计一致；当施工采用的防火涂料产品参数与设计不一致时，应通过计算复核确定实际使用的涂层厚度。当实际使用的非膨胀防火涂料涂层或防火板的等效热传导系数与设计要求不一致时，可根据下式计算：

$$d_{i2} = d_{i1}\frac{\lambda_{i2}}{\lambda_{i1}} \tag{6.5.2-1}$$

式中：d_{i1}——钢结构防火设计技术文件规定的防火保护层的厚度（mm）；

d_{i2}——防火保护层实际使用厚度（mm）；

λ_{i1}——钢结构防火设计技术文件规定的非膨胀型防火涂料、防火板的等效热传导系数［W/（m·℃）］；

λ_{i2}——施工采用的非膨胀型防火涂料、防火板的等效热传导系数［W/（m·℃）］。

（8）防火涂料的性能及质量要求应符合现行国家标准《钢结构防火涂料》GB 14907 和现行团体标准《钢结构防火涂料应用技术规程》T/CECS 24 的规定。所采用的钢结构防火涂料应具备国家规定的消防产品认证和相应耐火等级的检测报告。

（9）防火涂料的涂层厚度应该按设计确定，非膨胀型不得小于 15mm，膨胀型不得小于 1.5mm。

（10）设计应根据现行国家标准《建筑钢结构防火技术规范》GB 51249 和现行团体标准《钢结构防火涂料应用技术规程》T/CECS 24 的要求确定防火涂料涂层的加网措施。加网材料应选用镀锌钢丝网或耐碱玻璃纤维网，实际构件防火涂料涂层的加网措施应与相应防火涂料型式检验报告一致。

（11）当大跨空间钢结构防火设计获得消防审查或验收部门的认可时，可基于消防性能化分析的结论，采用非标准火灾升温曲线作为确定结构构件升温的环境条件。

（12）体育场、露天剧场等室外观众看台上方的罩棚钢结构可不进行防火设计。

（13）多高层钢结构的压型钢板组合楼盖，应对压型钢板进行防火保护；当未对其进行防火保护时，应按非组合楼板设计。

（14）钢结构住宅当要求梁柱不外露时，宜优先选择包封法进行防火保护。

（15）当选用防火涂料为防火保护措施时，为保证防火设计合理，钢结构构件的板件壁厚不宜过小。对于冷弯薄壁型钢结构构件，宜优先选用包封法进行防火设计。

（16）常用防火涂料的类别及适用范围详见附录 C 中 C.0.2 条。

（17）防火涂料底漆、中间漆、面漆厚度设置宜分别满足各自厚度要求，且需满足总厚度要求，不宜不设置面漆。

（18）设计耐火极限不大于 2h 的构件，可以采用环氧类膨胀型钢结构防火涂料。

● 说明

必要时可通过消防性能化分析确定钢结构构件的防火设计。

第（8）款，防火涂料类型参见附录 C 中 C.0.2 条，防火涂料产品参数一般指等效热阻或等效热传导系数等。

第（13）款，本条源自现行行业标准《体育建筑设计规范》JGJ 31。

第（16）款，钢结构构件的板件壁厚过小时，将造成截面系数偏大，构件升温过快，对防火设计不利，且会导致防火涂层过厚或设计热阻/导热系数不合理。

第（18）款，对于防火涂料有相关表述的常用结构标准有：

①《钢结构防腐蚀涂装技术规程》CECS 343—2013 第 4.1.8 条及其条文说明；

②《建筑钢结构防火技术规范》GB 51249—2017 第 4.1.1 条、4.1.2 条文说明；

③《工业建筑涂装设计规范》GB/T 51082—2015 第 4.4.1 条、4.4.2 条及其条文说明；

④《钢结构防护涂装通用技术条件》GB/T 28699—2012 附表 A.8；

⑤《钢结构工程施工质量验收标准》GB 50205—2020 第 13.2.3 条。

以上标准条文中，依据《工业建筑涂装设计规范》GB/T 51082—2015 第 4.4.1 条，如果耐火涂层能够满足耐久性要求，可不设防腐蚀面层涂层。

依据《钢结构防火涂料应用技术规程》T/CECS 24—2020 第 4.5.3 条，室外钢结构防火涂料宜在防火涂层表面施加防火涂料面漆。

条文互有矛盾，但现阶段暂无充分研究成果证明防火涂料耐久性，因此在实际工程中，应涂刷面漆。

第（18）款，针对本问题，以下标准条文有相关规定：

①《建筑钢结构防火技术规范》GB 51249—2017 第 4.1.3 条；

②《钢结构防火涂料应用技术规程》T/CECS 24—2020 第 3.2 节。

根据以上条文，设计耐火极限大于 1.5h 的构件，可采用环氧类膨胀型钢结构防火涂料。

对于膨胀型防火涂料，因涂层厚度与膨胀层厚度和等效热传导系数均为非线性关系，即等效热传导系数不是常数，因此不宜采用等效热传导系数计算涂层厚度，应根据厂家提供的涂层厚度与等效热阻的对应关系确定。

7 大跨钢结构

7.1 结构选型

7.1.1 结构体系分类

（1）根据主要受力特点，大跨空间钢结构可分为整体受弯为主的结构、整体受压为主的结构与以受拉为主的结构，主要形式见表 7.1.1-1。

大跨钢结构按受力特点分类　　表 7.1.1-1

序号	体系分类	常见形式
1	整体受弯为主的结构	平面桁架、立体桁架、空腹桁架、张弦结构、网架、组合网架以及与钢索组合形成的各种预应力钢结构
2	整体受压为主的结构	实腹钢拱、格构式拱架、网壳、组合网壳以及与钢索组合形成的各种预应力钢结构
3	以受拉为主的结构	悬索结构、索穹顶、弦支穹顶等

（2）根据结构刚度差异，可分为刚性结构、柔性结构及组合结构体系，主要形式见表 7.1.1-2。

大跨钢结构按刚度差异分类　　表 7.1.1-2

序号	体系分类	常见形式
1	刚性结构体系	网架、网壳、立体桁架、格构式拱架结构等
2	柔性结构体系	悬索结构、索穹顶、张弦结构、弦支穹顶等
3	组合结构体系	组合网架结构、张拉网架结构、张拉网壳结构等

（3）根据主要传力特征，可分为单向传力结构体系，包括立体桁架、立体拱架、单索、索桁架、平面张弦结构等；空间传力结构体系，包括网架、网壳、索网、空间张弦结构、索穹顶、弦支穹顶等。

7.1.2 不同体系适用范围

大跨钢结构常用体系见表 7.1.2-1。

大跨钢结构常用体系　　　　**表 7.1.2-1**

序号	结构形式	主要特点	适用建筑的特征	经济合理跨度范围	典型形式示意
1	单层网壳	刚度大，外观轻薄美观，应进行稳定性计算	具有曲面造型的建筑	30～80m，球面网壳 80m，圆柱面网壳 30m，双曲抛物面网壳 60m，椭圆抛物面网壳 50m	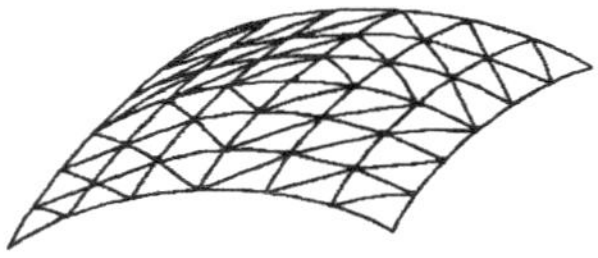
2	双层网壳	刚度大，跨越能力强，厚度小于跨度的 1/50 时应进行稳定计算	具有曲面造型的大跨度建筑	150m 以内	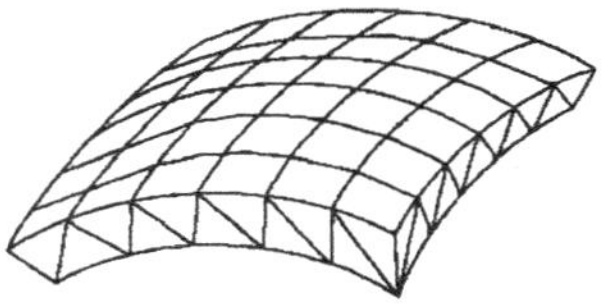
3	网架	刚度大，构件易于标准化，便于运输安装，用钢量省，适用于复杂形态的找形	造型复杂，自由曲面	24～100m	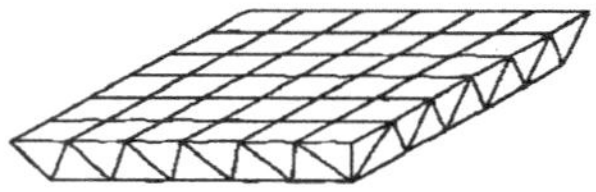
4	平面桁架	平面传力，需根据情况布置水平、纵向及垂直支撑系统，保证面外稳定性	建筑平面规则，长宽比较大	20m 以上	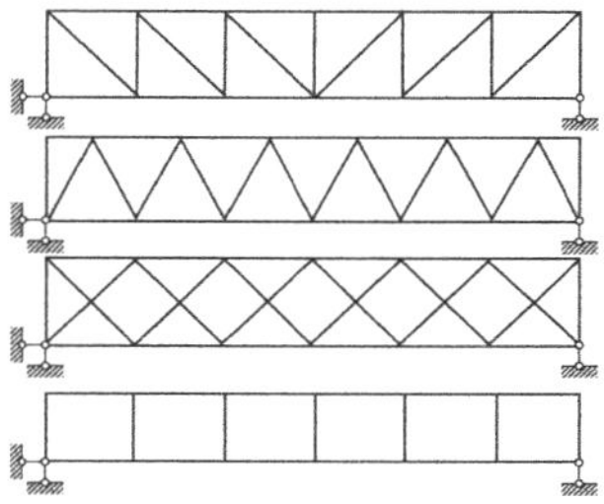
5	立体桁架	断面可为三角形、也可采用矩形或梯形，采用矩形或梯形时横截面宜设置斜撑	建筑平面规则，长宽比较大，可与马道结合	18～60m	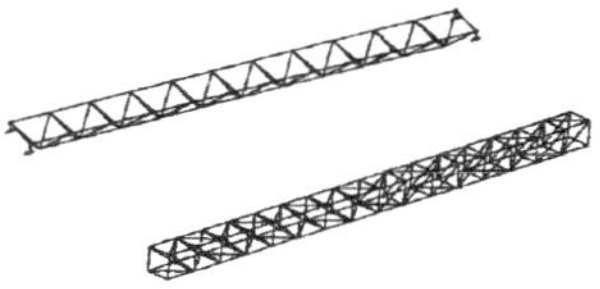
6	拱架（实腹拱、桁架拱）	拱式屋盖受力合理，比梁式和框架式屋盖结构经济指标好（跨度超过 80m 时尤为显著），水平推力采用拉杆或拱脚支座解决	高度相对较大的建筑物	27～80m	
7	张弦结构（张弦梁、张弦桁架）	受力明确，自重轻、材料强度利用率高，可进行内力、变形控制，自平衡体系，应进行稳定性计算，风吸较大时拉索可能会松弛	适用于矩形、圆形、椭圆形及多边形平面	平面张弦结构 24～120m；空间张弦结构 40～120m	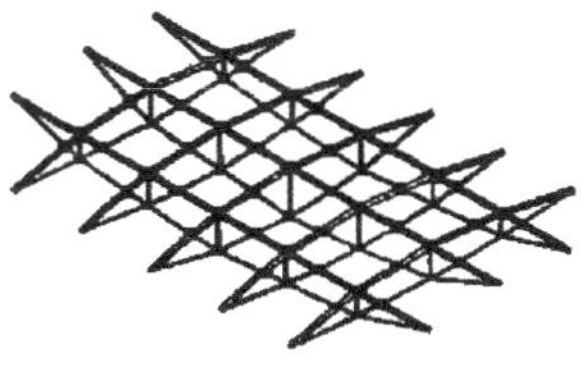
8	弦支穹顶	结构刚度大、稳定性高、自重轻、效能高，自平衡体系，施工过程简化，对支座环梁要求降低，应进行稳定性计算，风吸较大时拉索可能会松弛	适用椭圆形平面，椭圆形平面的长宽比不宜大于 1.5	40～120m	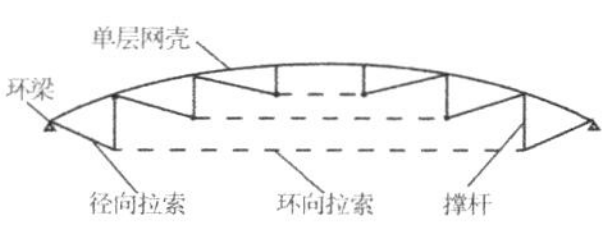

续表

序号	结构形式	主要特点	适用建筑的特征	经济合理跨度范围	典型形式示意
9	索网	几何非线性强、变形大，需要使索网具有必要的矢跨比，应进行稳定性计算，风吸较大时拉索可能会松弛	曲面大多是双曲抛物面，适用于各种形状的建筑平面	40～120m	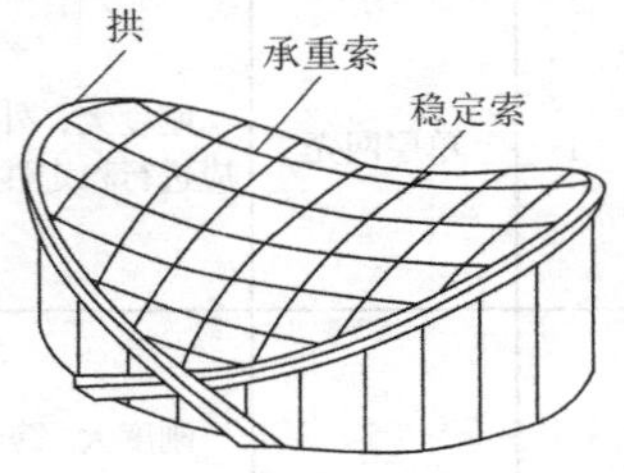
10	索穹顶	几何非线性强、材料强度利用率高、自重轻、适用跨度大，外环梁受压，轴压力大	在大跨度体育馆等公共建筑中采用较多，多与膜材屋面结合，用钢量极低；适用于圆形和长短轴比较接近的椭圆形平面	60～200m	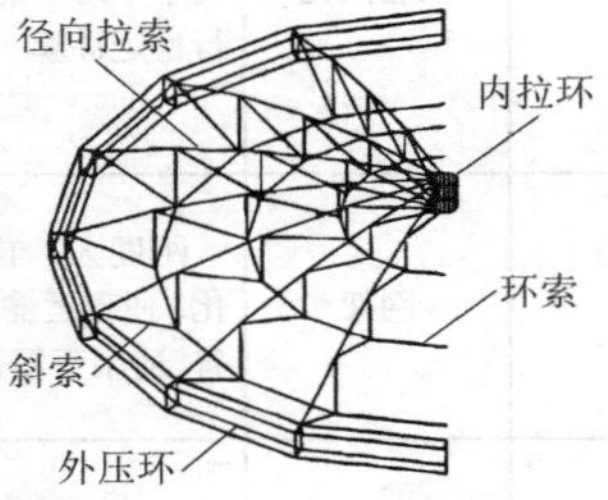
11	树状结构	由下至上按照主干、粗枝、中枝和端枝等多级分杈组成结构体系，多根杆件以不同的角度汇交于一点，组成树形的空间三维体系。具有合理的传力路径，承载力较高，支撑覆盖范围广，可以用较小的杆件形成较大的支撑空间	在大型会展、航站楼等公共建筑中采用较多	20m 以上	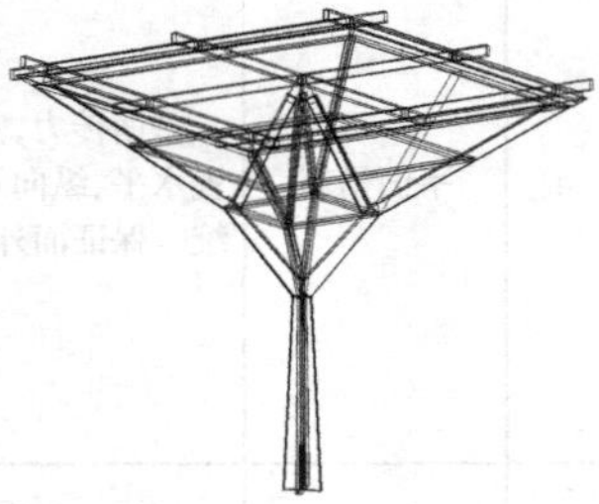

● 说明

根据《超限高层建筑工程抗震设防专项审查技术要点》（建质［2015］67号），空间网格结构或索结构的跨度大于120m或悬挑长度大于40m，整体张拉式膜结构跨度大于60m，屋盖结构单元的长度大于300m，屋盖结构形式为常用空间结构形式的多重组合、杂交组合以及屋盖形体特别复杂的大型公共建筑均属于超限工程，设计中应尽量避免，如不能避免，应进行专项论证。

7.1.3 选型要点

（1）结构选型应遵循满足建筑造型及功能，安全经济，便于加工制作及安装的原则。

（2）结构体系应完整，传力路径应明确、直接，构造措施应按照规定设置到位。

（3）重要结构宜进行多方案比选。

7.2 材料选用

（1）大跨空间结构材料选取应综合考虑受力、造价、供货等因素，宜优先采用Q355钢，可采用Q235、Q390、Q420、Q460牌号钢，当有可靠依据时可选用更高级别钢材。

（2）对于强度控制的构件优先选用高强度材料，对于稳定控制的构件可采用低强度材料。

（3）钢材质量等级可分为 A 级、B 级、C 级、D 级、E 级，选用时应综合考虑荷载特征、应力状态、连接方法、钢材厚度及工作环境，且不应低于 B 级。

（4）杆件可采用普通型钢或薄壁型钢，钢管可采用无缝钢管、直缝高频焊管。

（5）拉索索体宜采用钢丝束、钢绞线、钢丝绳或钢拉杆。

● **说明**

第（2）款，由于钢号修正系数的影响，对不同控制条件的构件应选用适宜的钢号。

7.3　计算分析

7.3.1　分析要点

（1）对于空间结构，应选用适宜的分析软件，如 MIDAS、SAP 2000、3D3S、PKPM 等。结构计算模型的假定（连接节点、支座条件等）应与设计图纸一致。计算软件应准确反映构件受力和结构传力特征。

（2）计算模型应结合结构主要受力特性，合理考虑屋盖结构与下部支承结构的协同作用。屋盖结构与下部支承结构的主要连接部位的约束条件及构造应与计算模型相符。整体结构计算分析时，应考虑下部支承结构与屋盖结构阻尼比差异的影响。当各支承结构单元动力特性不同且彼此连接薄弱时，应采用整体模型与独立单元模型进行静荷载、地震作用、风荷载和温度作用下各部位相互影响的计算分析的比较，并合理取值。当钢结构屋盖的下部支承结构为钢结构或屋盖直接支承在地面时，阻尼比可取 0.02；当下部支承结构为混凝土结构时，阻尼比可取 0.025～0.035。

（3）空间结构计算时自重应考虑节点附加重量，自重增大系数宜按如下取值：螺栓球节点 1.3，焊接球节点 1.2，相贯节点 1.0。恒荷载重量应按建筑实际构造计算，活荷载和雪荷载两者应取大值。对于屋面形状复杂的、屋盖结构有大悬挑、周围地形和环境较复杂的建筑，应通过风洞试验确定作用于屋盖结构的风荷载体型参数与风振系数。对于大跨结构，应考虑活荷载的不利布置，并结合屋盖形式及建筑做法充分考虑积雪、积水、积冰荷载。当屋盖坡度较大时，尚宜考虑积雪融化可能产生的滑落冲击荷载。天沟和内排水屋盖应考虑排水不畅引起的附加荷载。大跨结构应考虑温度作用，根据当地气候条件确定适宜的合拢温度及温度作用，并应分别考虑施工、合拢和使用阶段的不利温差。

（4）对于重要、复杂的空间结构，应考虑个别关键构件失效导致屋盖整体连续倒塌的可能，必要时应进行抗连续倒塌验算。

（5）对网架结构和双层网壳结构进行计算分析时，可假定节点为铰接，杆件仅承受轴向力；对平面和立体管桁架进行计算分析时，当桁架节间长度与截面高度（或直径）之比不小于 12（主管）和 24（支管）时，可假定节点为铰接；对单层网壳计算分析时，应假定节点为刚接，杆件按梁单元考虑，除承受轴向力外，还承受弯矩、扭矩、剪力等。平面桁架严禁采用螺栓球节点。

（6）大跨空间结构作为楼盖或上人屋面结构时，应进行舒适度验算。

● 说明

第（1）款，对于网架、立体桁架、张弦结构，其在竖向荷载作用下，仅向下部支承结构传递竖向作用力，不传递水平作用力。对于网壳、悬索、索穹顶，其在竖向荷载作用下，除了向下部结构传递竖向作用力外，还将产生巨大的水平作用力，因此对网壳、悬索、索穹顶必须设置边缘构件（或有很大水平约束刚度的下部支承结构）以平衡这巨大水平作用力。因此这两大类结构计算模型的支座约束条件，也应必须与支座反力情况相一致。

第（2）款，对于网架、立体桁架、张弦结构，可将上部结构单独计算，并将支座约束条件假定为简支，这样对上部结构可偏安全。

第（5）款，本条源自行业标准《空间网格结构技术规程》JGJ 7—2010。

7.3.2 控制指标

（1）挠度应按现行标准要求进行控制。大跨网架结构、立体桁架应进行预起拱，起拱值不大于跨度的 1/300。

（2）空间结构体系宜具有内力重分布机制，且不宜采用满应力设计。应力比应控制在合理范围，关键构件不宜大于 0.7，重要构件不宜大于 0.8，一般构件不宜大于 0.9。

● 说明

第（1）款，对于大悬挑一般不用考虑预起拱，因为对于大悬挑，从排水出发，其前端已是上翘的，不用考虑起拱。网壳的刚度很大，位移完全可以满足规程要求，同时本身已是曲面，不用考虑起拱。对于张弦结构，本身上弦为拱形，下弦为悬索，其挠度对结构外观没有影响，但从对上弦构件弯矩的控制，是必须要施加预应力的，在加预应力时，结构开始上拱。悬索结构挠度对于结构外观同样没有影响，但悬索结构必须施加预应力，建立结构刚度，同时防止风吸力时副索与稳定索发生应力松弛。

第（2）款，关键构件是指在地震作用下该构件的失效可能引起结构的连续破坏或危及生命安全的严重破坏。对于空间传力体系，关键杆件指临支座杆件，即临支座 2 个区（网）格内的弦、腹杆；临支座 1/10 跨度范围内的弦、腹杆，两者取较小的范围。对于单向传力体系，关键杆件指与支座直接相邻节间的弦杆和腹杆。关键节点为与关键杆件连接的节点。

7.3.3 整体稳定与局部稳定

（1）单层网壳及厚度小于跨度 1/50 的双层网壳应进行整体稳定性计算。网壳稳定容许承载力（荷载取标准值）应等于网壳稳定极限承载力除以安全系数K，如下式：

$$K=\frac{\text{稳定极限承载力}}{\text{稳定容许承载力}} \tag{7.3.3-1}$$

① 当按弹塑性全过程分析时，安全系数K可取为 2.0；

② 当按弹性全过程分析，且为单层球面网壳、柱面网壳和椭圆抛物面网壳时，安全系数K可取为 4.2。

（2）立体桁架、立体拱架、平面张弦结构等结构的上弦位置应特别注意结构的面外稳定，垂直主结构方向应增设必要的支撑构件。当立体桁架采用下弦节点支承时，应在支座间设置纵向桁架或采取其他可靠措施，防止立体桁架在支座处发生平面外扭转。

（3）树状结构形式复杂，可通过整体模型模拟真实边界条件进行屈曲分析，利用欧拉公式反推计算长度系数，而后按单根杆件进行稳定计算。对于变截面或异形截面柱，可利用抗侧刚度等效确定等效惯性矩。

树状结构稳定计算可参考下列流程：

① 整体模型进行屈曲分析，模拟真实边界条件；

② 确定等效惯性矩的等效条件，参见图 7.3.3-1，可采用抗侧刚度等效反算等效惯性矩I_{33}；

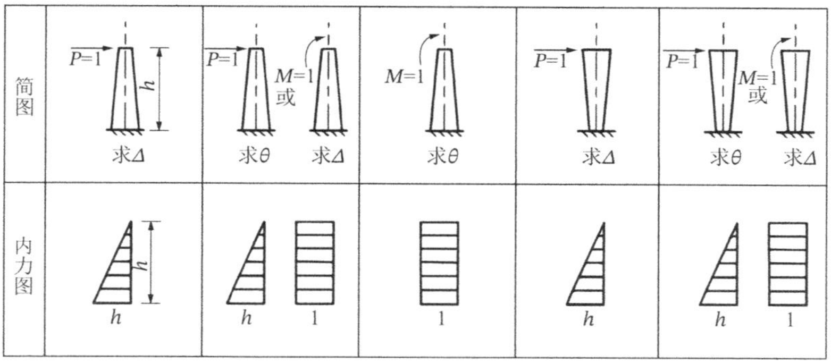

图 7.3.3-1　确定等效惯性矩的等效条件

③ 利用欧拉公式反算确定计算长度系数：

$$\mu = \sqrt{\frac{\pi^2 EI_{33}}{kNL^2}} \tag{7.3.3-2}$$

式中：μ——计算长度系数；

E——弹性模量；

I_{33}——等效惯性矩；

k——一阶屈曲系数；

N——轴力；

L——构件长度。

④ 计算长细比，可根据国家标准《钢结构设计标准》GB 50017—2017 确定稳定系数，进行构件验算，并应对变截面构件宜按柱头、柱中、柱脚三个截面分别验算。

（4）一般受压杆件长细比不宜大于 180，关键受压杆件长细比不大于 150（120），对于下弦支承的网架结构其支座边的受拉下弦杆宜按压杆考虑；一般压弯杆件长细比不宜大于 150，关键压弯杆件长细比不大于 150（120）；一般受拉杆件长细比不宜大于 250，关键受拉杆件长细比不大于 200；一般拉弯杆件长细比不宜大于 250，关键拉弯杆件长细比不大于 200。

（5）空间结构板件的高厚比及宽厚比应满足现行国家标准《钢结构设计标准》GB 50017 的相关规定，且不宜超过其第 3.5.1 条有关 S4 级的相关限值。

（6）受压圆管截面的径厚比（外径与壁厚的比值）不应超过 $100\sqrt{235/f_y}$。

● **说明**

第（4）款，括号内数值适用于抗震设防烈度 8、9 度。国家及行业标准《建筑抗震设计标准》GB/T 50011—2010（2024 年版）、《空间网格结构技术规程》JGJ 7—2010、《钢结构设计标准》GB 50017—2017 对此部分均有规定且存在一定的差异，考虑到我国均处于抗震区，可执行国家标准《建筑抗震设计标准》GB/T 50011—2010（2024 年版）相关限值要求。

第（5）款，空间结构的受力特点和屈曲模式不同于多高层框架，对大跨空间结构板件的宽厚比、高厚比，《建筑抗震设计标准》GB/T 50011—2010（2024 年版）及《空间网格结构技术规程》JGJ 7—2010 均无明确规定，参照《钢结构设计标准》GB 50017—2017 中 S4 级限值。

第（6）款，轧制钢管截面壁厚有一定限制，当采用直缝焊管时，应注意径厚比的双向控制。

7.3.4 支座及柱脚设计

（1）支座设计应保证其性能和计算模型中的假定一致，支座构造应满足计算模型中所有力的有效传递和变形特征，常见计算假定及对应支座构造见表 7.3.4-1。

常见计算假定及对应支座构造 **表 7.3.4-1**

序号	节点形式	计算假定	典型支座构造	传力	适用条件
1	平板压力支座	铰接	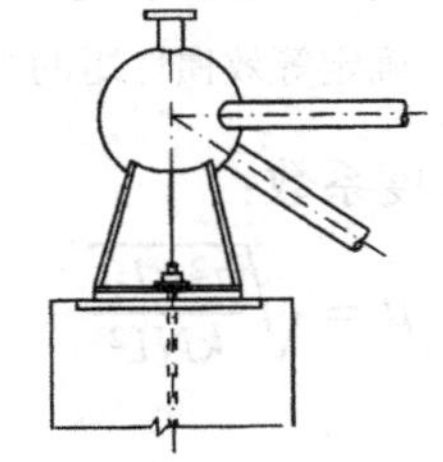	压力	中小跨度的空间网格结构
2	单向弧面压力支座	单向铰接	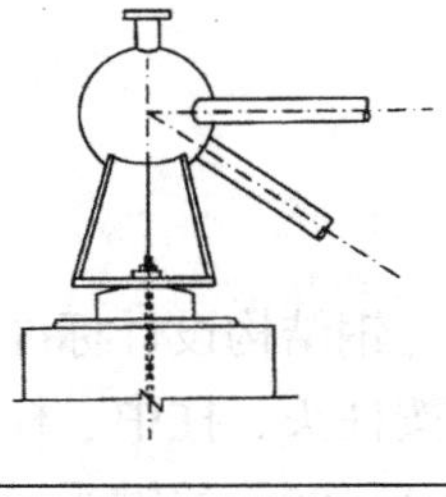	压力	单向转动的中、大跨度空间网格结构
3	双面弧形压力支座	双向铰接	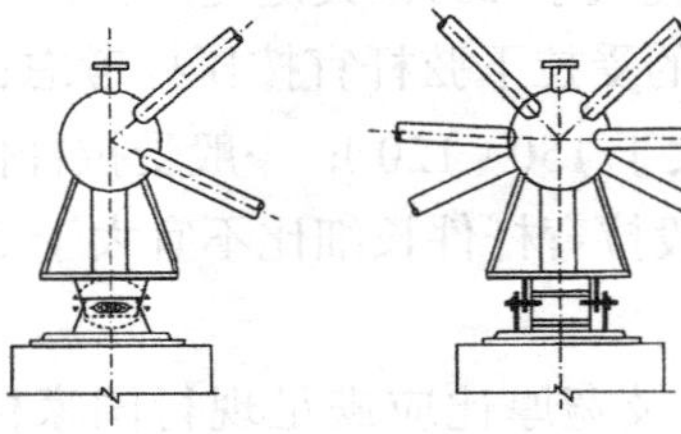 (a) 侧视图 (b) 正视图	压力	温度应力变化较大且下部支承结构刚度较大的大跨度空间网格结构

续表

序号	节点形式	计算假定	典型支座构造	传力	适用条件
4	球铰压力支座	球铰	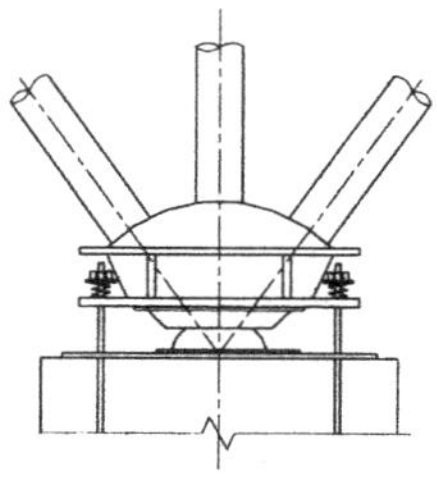	压力、剪力	有抗震要求，多点支承的大跨度空间网格结构
5	平板拉力支座	铰接	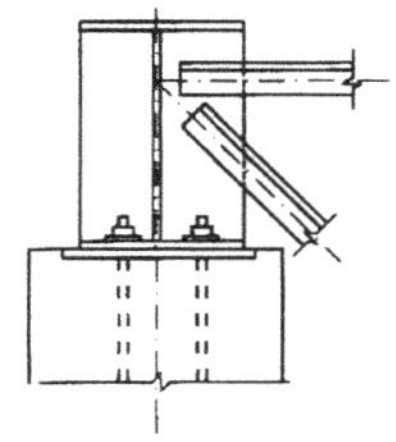	压力、拉力	较小跨度的空间网格结构
6	单向弧面拉力支座	单向铰接	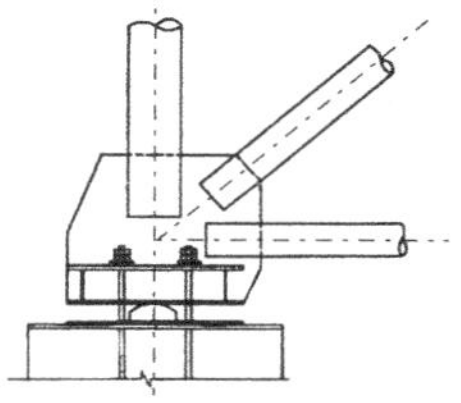	压力、拉力	单向转动的中、大跨度空间网格结构
7	球铰拉力支座	球铰	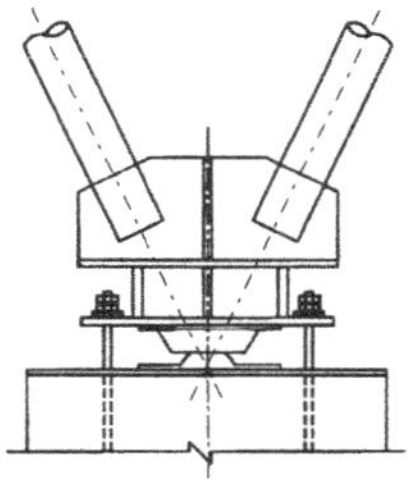	压力、拉力、剪力	多点支承的大跨度网格结构
8	滑动铰座	滑动铰支座	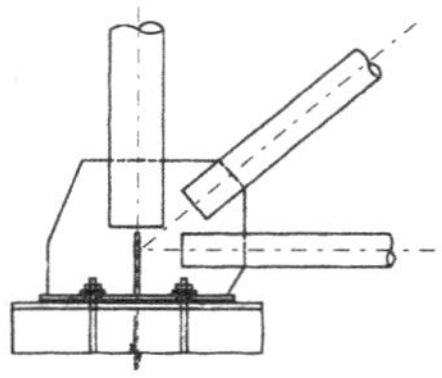	压力	中小跨度网格结构
9	球铰支座	球铰	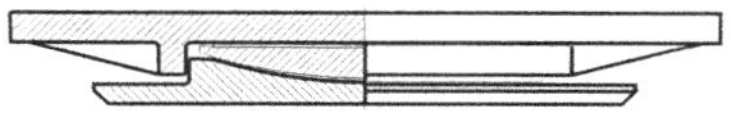	水平力、竖向力	大跨空间结构，多向转动要求

续表

序号	节点形式	计算假定	典型支座构造	传力	适用条件
10	橡胶板式支座	滑动铰支座	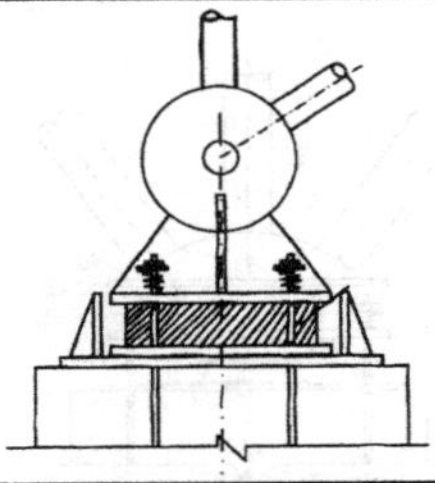	竖向力	反力大、有抗震要求、温度影响、水平位移较大与有转动要求的中、大跨度网格结构
11	弹性球形支座	水平有一定刚度的球铰	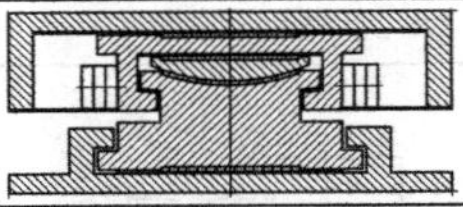	水平力、竖向力	对变形及受力有特殊要求的空间结构
12	刚接支座	刚接	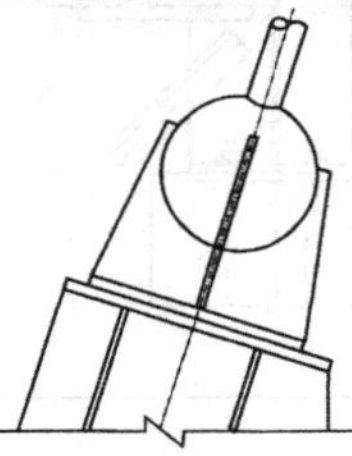	轴力、弯矩、扭矩、剪力	中小跨度网壳结构

（2）网架支座应符合支座简支要求，网壳支座应符合支座固定约束要求。

（3）滑动支座应设置限位措施。

● **说明**

第（2）款，支座设定应结合结构的稳定性、反力大小综合考虑。

第（3）款，滑动支座的滑移量应根据计算确定，目前成品支座多自带限位措施。

7.3.5 节点设计

（1）节点设计应保证其性能和计算模型中的假定一致，节点构造应满足计算模型中所有力的有效传递和变形特征，常见计算假定及对应节点构造见表7.3.5-1。

常见计算假定及对应节点构造　　表7.3.5-1

序号	计算假定	传力	节点实现方式
1	单向铰接	面内轴力	销轴
2	铰接、刚接	轴力、弯矩、剪力	焊接球
3	铰接	轴力	螺栓球
4	刚接	轴力、弯矩、剪力	毂节点
5	铰接	轴力	鼓节点
6	刚接或铰接	—	圆管或方管相贯焊
7	刚接	轴力、弯矩、剪力	铸钢节点

（2）节点可进行计算分析，当常规手段无法计算时，应采用有限元模型进行节点受力分析。如铸钢节点、大跨转换结构的支承节点、树状结构的主干底部及分杈节点、复杂的

大型柱脚节点、复杂的空间圆管焊接节点、复杂的预应力钢结构节点及各种受力大、形式复杂的重要节点及新型节点。

（3）对于特别重要的节点，应采用足尺模型进行试验，验证其安全性。

7.3.6 屋面围护结构

（1）大跨空间结构应选用与之匹配的屋面材料及形式。

（2）当采用轻型屋面且檩条跨度较小时，可采用C形檩条；当檩条跨度较大时，可采用高频焊H型钢、矩管等。对于屋面存在曲度和坡度，应进行双向受弯的计算，并采取有效措施保证上下翼缘的稳定性。

● **说明**

第（1）款，大跨屋面宜选用轻型屋面。

第（2）款，屋面檩条形式应根据受力情况选取。大跨结构往往为轻屋面，且存在风压及风吸的工况，檩条上下翼缘均存在受压失稳的可能性，应采取必要的措施保证其稳定性。

7.3.7 防腐与防火

大跨空间钢结构防腐与防火要求及做法应参照本措施第6.5节规定执行，并符合相关标准的规定。

8 混合结构

8.1 一般规定

8.1.1 适用范围

本章适用于由外围钢框架或型钢混凝土、钢管混凝土框架与钢筋混凝土核心筒所组成的框架-核心筒结构，以及由外围钢框筒或型钢混凝土、钢管混凝土框筒与钢筋混凝土核心筒所组成的筒中筒结构。

● 说明

① 本章采用《高层建筑混凝土结构技术规程》JGJ 3—2010 对混合结构的规定，对于框架-核心筒与筒中筒结构的外框架或外框筒采用规定的构件形成的结构体系，在最大适用高度上较之《高层建筑混凝土结构技术规程》JGJ 3—2010 的 A 级高度可有所提高。

②《组合结构设计规范》JGJ 138—2016 中关于组合结构的定义较为宽泛，其中钢-混凝土组合结构中的框架结构、框架-剪力墙结构、剪力墙结构、部分框支剪力墙结构的最大适用高度与《高层建筑混凝土结构技术规程》JGJ 3—2010 基本一致。框架-核心筒结构与筒中筒结构与《高层建筑混凝土结构技术规程》JGJ 3—2010 混合结构保持一致。

③ 框架-核心筒结构中外框架可以是型钢混凝土梁与型钢（钢管）混凝土柱组成的框架，或钢梁与型钢（钢管）混凝土柱组成的框架，也可以是钢框架。筒中筒结构中外筒可以是型钢混凝土的框筒、桁架筒或交叉网格筒，也可以是钢的外筒、桁架筒或交叉网格筒。当为减小柱尺寸或为增加延性在柱内放置构造型钢，而框架梁仍为钢筋混凝土梁或体系中局部使用型钢梁柱或型钢混凝土梁柱时，不应视为混合结构。框架-核心筒、筒中筒结构的内筒应为钢筋混凝土核心筒，在钢筋混凝土核心筒某些部位，亦可根据工程实际需要配置型钢或钢板，形成型钢混凝土剪力墙或钢板混凝土剪力墙。

④ 一般情况下，高度不超过 60m 的框架-核心筒结构，以及高度不超过 80m、高宽比小于 3 的筒中筒结构宜按框架-剪力墙结构设计。

8.1.2 抗震等级

混合结构房屋应根据设防类别、烈度、结构类型和房屋高度采用不同的抗震等级，并应满足相应的计算和构造要求。丙类建筑混合结构的抗震等级应根据国家标准《建筑与市政工程抗震通用规范》GB 55002—2021 表 5.4.1 确定。

8.1.3 计算原则

1）混合结构阻尼比取值应符合下列规定：

（1）多遇地震作用下的结构阻尼比可取为 0.04，房屋高度超过 200m 时，阻尼比可取为 0.03；

（2）风荷载作用下进行楼层位移验算和构件设计时，阻尼比可取为 0.02～0.04；

（3）结构舒适度验算时的阻尼比可取为 0.01～0.02。

2）弹性分析时，应考虑钢梁与现浇混凝土楼板的共同作用，梁的刚度可取钢梁刚度的 1.5～2.0 倍，但应保证钢梁与楼板有可靠连接。弹塑性分析时，可不考虑楼板与梁的共同作用。加强层不宜考虑楼板与钢梁的共同作用。

3）计算时应合理考虑型钢与混凝土刚度作用，并应符合下列规定：

（1）无端柱型钢混凝土剪力墙可近似按相同截面的混凝土剪力墙计算其轴向、抗弯和抗剪刚度，可不计端部型钢对截面刚度的提高作用；

（2）有端柱型钢混凝土剪力墙可按 H 形混凝土截面计算其轴向和抗弯刚度，端柱内型钢可折算为等效混凝土面积计入 H 形截面的翼缘面积，墙的抗剪刚度可不计入型钢作用；

（3）钢板混凝土剪力墙可将钢板折算为等效混凝土面积计算其轴向、抗弯和抗剪刚度。

4）框架-核心筒、筒中筒混合结构，应合理考虑施工对于结构整体受力影响，并应符合下列规定：

（1）施工阶段应计算竖向构件压缩变形的差异，根据分析结果预调构件的加工长度和安装标高，并应采取必要的措施控制由差异变形产生的结构附加内力。计算竖向变形差异时宜考虑混凝土收缩、徐变、沉降及施工调整等因素的影响；

（2）当混凝土筒体先于外围框架结构施工时，应要求施工单位根据施工方案分析施工阶段混凝土筒体在风荷载及其他荷载作用下的受力状态，并验算浇筑混凝土前外围结构在施工荷载及可能的风荷载作用下的承载力、稳定及变形。根据分析结果确定钢结构安装与浇筑楼层混凝土的间隔层数；

（3）混合结构施工方法及顺序对主体结构的内力和变形产生较大影响或设计文件有特殊要求时，应进行施工工况验算，包括对施工阶段结构的强度、刚度和稳定性验算，验算结果应得到设计单位确认；

（4）施工模拟计算分析，应包含以下因素：

① 施工过程中，结构刚度的变化引起的变形差异，如核心筒、框架柱徐变等引起的差异变形与内力重分布；

② 施工阶段延迟安装的构件，如防屈曲支撑构件、钢板剪力墙、外伸臂桁架、连体结构等安装引起的结构内力变化；

③ 施工加载顺序；

④ 施工过程中节点支座约束条件变化。

5）高层混合结构应设计为双重抗侧力体系。框架和剪力墙、核心筒间剪力分担率应满足行业标准《高层建筑混凝土结构技术规程》JGJ 3—2010 第 8.1.4 条、第 9.1.11 条的规定。超高的框架-核心筒结构，混凝土内筒和外框架刚度比宜恰当合理。除底部个别楼层、加强层及其相邻上下层外，多数框架部分计算分配的楼层地震剪力不宜低于基底剪力的 8%，且最大值不宜低于 10%，最小值不宜低于 5%。

● 说明

根据大量超高层建筑在风荷载作用下结构阻尼比实测值统计结果，高度大于 250m 的建筑结构阻尼比在 0.5%～1%之间，且有随着结构高度增加阻尼比逐步下降的趋势。阻尼比取值时，应结合不同工况类型以及结构高度情况选取符合实际的阻尼比。

8.1.4 风振及舒适度

（1）高度大于 150m 的混合结构高层建筑应满足风振舒适度要求。应验算 10 年一遇的风荷载标准值作用下，结构顶点的顺风向和横风向振动最大加速度。

（2）正常使用极限状态设计时，对于振动舒适度有要求的钢-混凝土组合楼盖结构，应进行竖向动力响应验算，动力响应限值应采用基于人体振感舒适度的控制指标。型钢混凝土梁、钢-混凝土组合梁、组合楼板使用阶段的挠度应分别按荷载标准组合和准永久组合并考虑长期作用的影响进行计算。

8.1.5 防火要求

（1）混合结构中钢构件的耐火极限应符合现行国家标准《建筑设计防火规范》GB 50016 的相关规定。

（2）钢管混凝土柱及组合楼板应根据国家标准《钢管混凝土结构技术规范》GB 50936—2014 和《建筑钢结构防火技术规范》GB 51249—2017 等标准的相关规定进行防火设计，并应符合下列规定：

① 钢管混凝土柱可根据其荷载比、火灾下的承载力系数等参数不采取防火保护措施或采取防火涂料、水泥砂浆保护层等防火保护措施；

② 一般情况下楼板的耐火极限应为 1.5h，当建筑高度超过 100m 时耐火极限应为 2.0h。

（3）型钢混凝土构件有防火要求时，对于混凝土强度等级为 C60～C80 的型钢混凝土构件应采取防止火灾高温下混凝土爆裂的措施，可选取下列任一措施：

① 采用保护层厚度为 15mm 的钢丝网，钢丝直径应不小于 2mm、网孔应不大于 50mm × 50mm，且构件的纵筋保护层厚度应大于 40mm；

② 采用已通过试验检验的防高温爆裂混凝土；

③ 构件表面设置厚度为 20mm 的非膨胀型防火涂料，或厚度为 30mm 的防火板，或其他已通过试验检验的、可以避免混凝土高温爆裂的防火保护层；

④ 在混凝土中加入掺量不少于 $2kg/m^3$ 的短切聚丙烯纤维。

● 说明

当有防火要求时，混凝土强度等级为 C60～C80 的型钢混凝土构件箍筋应采用 135°弯钩。考虑到高强度等级型钢混凝土构件一般为抗震框架柱，行业标准《组合结构设计规范》JGJ 138—2016 对此已有此要求，因此并未单独列出此项要求。当在混凝土中添加聚丙烯纤维时，应注意对高强混凝土的强度产生的影响，应通过可靠的试验保证高强混凝土的强度满足要求。

8.2 结构布置

8.2.1 竖向布置

（1）结构的侧向刚度和承载力沿竖向宜均匀变化、无突变，构件截面宜由下至上逐渐减小。

（2）混合结构的外围框架柱沿高度宜采用同类结构构件；当采用不同类型结构构件时，应设置过渡层，且每层单柱的抗弯刚度变化不宜超过 30%。

（3）对于刚度变化较大的楼层，应采取可靠的过渡加强措施。

（4）当钢框架采用支撑时，宜采用偏心支撑和耗能支撑，支撑宜双向连续布置；框架支撑宜延伸至基础。

（5）混合结构体系的高层建筑，7 度抗震设防且房屋高度不大于 130m 时，宜在楼面钢梁或型钢混凝土梁与钢筋混凝土墙交接处及墙筒体四角内置钢骨；7 度抗震设防且房屋高度大于 130m 及 8、9 度抗震设防时，应在楼面钢梁或型钢混凝土梁与钢筋混凝土墙交接处及墙筒体四角内置钢骨。

（6）宜保证筒体角部的完整性，核心筒四角不宜开洞，当不可避免时，筒角内壁至洞口的距离不应小于 500mm 和开洞墙的截面厚度。墙体的设备套管及其他洞口在水平方向的长度合计值不宜大于墙肢长度的 1/4。约束边缘构件不宜留设洞口，当不可避免时，可预留直径不大于 300mm 的设备套管；洞口位置宜设置在墙体中部，距墙端应大于洞口长边尺寸，设备套管边缘至墙边、门窗洞边的净距应不小于 1 倍墙厚及 600mm；多个设备套管在水平方向净距应大于管径的 2 倍。

● 说明

第（5）款，楼面钢梁与钢筋混凝土墙交接处在墙体内设置型钢系指楼面梁与钢筋混凝土墙刚接的情况。若楼面钢梁虽与墙体铰接，但跨度及负荷较大时也宜设型钢。

第（6）款，对整体计算及布置有影响的较大墙体洞口，应在设计早期提出，考虑开设洞口带来的不利影响。

8.2.2 水平布置

（1）平面宜简单、规则、对称、具有足够的整体抗扭刚度，平面宜采用方形、矩形、多边形、圆形、椭圆形等规则平面，建筑的开间、进深宜统一。

（2）楼盖主梁不宜支承于核心筒或内筒的连梁上；当不可避免时，连梁宜采用设置型钢或钢板等有效加强措施，并按罕遇地震作用下进行抗剪不屈服验算。

（3）外围框架平面内梁与柱应采用刚性连接；进深梁与钢筋混凝土筒体宜铰接，与框架柱宜刚接，当整体抗侧刚度较大且进深梁为钢梁时与框架柱可铰接。

（4）对于贴邻核心筒外墙外部的楼板开设备洞口、电梯井道的，应控制开洞率不大于本侧核心筒边长的 50%。洞口宜间隔分布，避免相互连成长洞，剩余楼板应按中震弹性验算水平受剪承载力。

● 说明

第（3）款，为增加结构刚度将楼面钢梁与混凝土内筒做成刚接，不但增加施工难度，内外筒的竖向差异变形会引起梁和连接节点的内力增加，而且钢与混凝土的连接节点很难形成真正的刚接，会与计算假定存在较大误差。铰接更符合实际，同时也便于内筒的爬模施工工艺的实现。

第（4）款，对于设备管井和楼电梯间等放在核心筒外的情况，易导致楼板无法有效协同筒内外变形，因此有必要对楼板开洞率进行限制，同时应采取加强措施使剩余楼盖仍具有足够的水平抗剪能力。在筒外设置一部分不影响楼板完整性的管井，使得减少核心筒过多的设备穿墙洞口，保证了核心筒墙体完整性，对此可进行综合判定利弊。

8.2.3 过渡层布置

（1）混合结构沿高度宜采用同类结构构件；当采用不同类型结构构件时，应有合理的过渡加强措施，避免产生刚度和强度突变而形成薄弱部位。

（2）下部楼层采用型钢混凝土柱，上部楼层采用钢筋混凝土柱时，应设置结构过渡层，过渡层柱可根据受力情况，型钢向上延伸 1～3 层。过渡层柱型钢截面可适当减小，纵向钢筋和箍筋应按钢筋混凝土柱计算，不应考虑型钢作用，箍筋应沿柱全高加密。过渡层内栓钉布置应符合行业标准《组合结构设计规范》JGJ 138—2016 第 4.4.5 条的规定。

（3）下部楼层采用型钢混凝土柱，上部楼层采用钢柱时，型钢混凝土柱应至少向上延伸一层作为过渡层。过渡层型钢应按上部钢柱截面配置，且应向下一层延伸至梁下部不小于 2 倍柱型钢截面高度处。过渡层柱的截面刚度宜取下部型钢混凝土柱截面刚度与上部钢柱截面刚度之和的 0.6 倍。过渡层柱的箍筋应按下部型钢混凝土柱箍筋加密区的规定配置并沿柱全高加密。过渡层内栓钉布置应符合行业标准《组合结构设计规范》JGJ 138—2016 第 4.4.5 条的规定，节点做法应符合行业标准《组合结构设计规范》JGJ 138—2016 第 14.1.2 条的规定。

（4）钢柱及钢管混凝土柱在地下室可采用外包钢筋混凝土形成型钢混凝土柱，外包尺寸应满足型钢混凝土柱构造要求以及钢筋布置要求。下插型钢宜按上部柱截面配置，下插深度不宜小于一层。型钢外表面应布置栓钉，并应符合行业标准《组合结构设计规范》JGJ 138—2016 第 4.4.5 条的规定。

● 说明

第（2）款，对于因受力较大，型钢截面较大的情况，过渡层层数宜取大值。过渡层构件抗弯刚度变化不宜超过 30%，因此对于型钢可采取保持型钢截面高度不变，仅改变翼缘的宽度、厚度或腹板厚度的方法。当改变柱截面高度时，截面高度宜逐步过渡，且在变截面的上、下端应设置加劲肋减小截面或钢板壁厚。

8.3 构件设计

8.3.1 组合构件设计原则

（1）型钢混凝土构件及钢管混凝土构件应注意不同材料之间的协同工作，承载力分析应基于基本假定进行计算，并应符合行业标准《组合结构设计规范》JGJ 138—2016 第 5.1.1 的规定。

（2）型钢混凝土及钢管混凝土构件应优化节点等构造设计，合理规划施工顺序，避免混凝土在内置型钢处出现气腔与浇灌死角，简化施工工艺。

（3）栓钉的材料应符合国家标准《电弧螺柱焊用圆柱头焊钉》GB/T 10433—2002 的相关规定。抗剪栓钉直径规格宜选用 19mm 或 22mm，其长度不宜小于 4 倍栓钉直径，水平和竖向间距不宜小于 6 倍栓钉直径且不宜大于 200mm。栓钉中心至型钢翼缘边缘距离不应小于 50mm，栓钉顶面的混凝土保护层厚度不宜小于 15mm（图 8.3.1-1）。

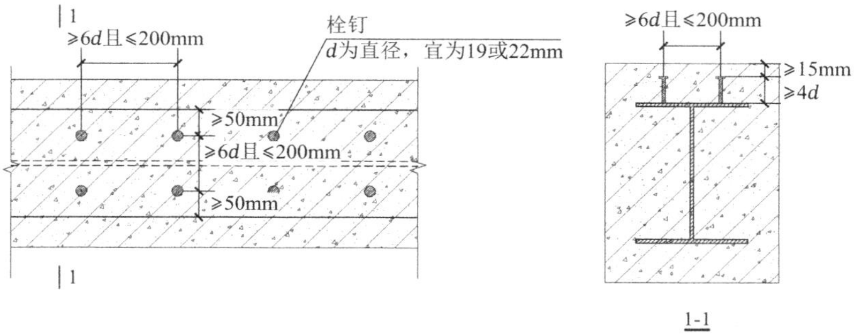

图 8.3.1-1 组合构件栓钉布置要求

● **说明**

第（1）款，组合构件需要协同两种及以上材料变形，截面分析基本假定尤为重要。对于一些型钢非对称布置构件，需要基于基本假定，进行详细分析，通过合理设置连接件保证协同效果。

第（2）款，不同于纯钢或者钢筋混凝土构件，组合构件中钢筋、混凝土、型钢三者之间需要可靠结合，协同受力，如何保证施工质量达到构件设计性能尤为关键。

第（3）款，栓钉是协同型钢与钢筋混凝土共同工作的连接构件，可考虑在协同工作需求较高或受力较为复杂的节点等区域布置较多栓钉，在其他部位，满足基本要求即可。应避免纵筋、箍筋、栓钉等密集交织，导致施工困难，质量不易保证。

8.3.2 型钢混凝土梁与型钢混凝土柱

（1）型钢混凝土框架梁、柱内型钢宜采用实腹式，截面宽厚比应符合行业标准《组合结构设计规范》JGJ 138—2016 第 5.1.2 及第 6.1.5 条的规定。

（2）型钢混凝土梁中型钢最小保护层厚度不宜小于 120mm，型钢混凝土柱中型钢最小保护层厚度不宜小于 200mm。

（3）型钢混凝土框架梁和转换梁的箍筋肢距，在中部避让型钢部位可适当放松。在符合箍筋配筋率计算和构造要求的情况下，对箍筋加密区内的箍筋肢距可根据现行国家标准《混凝土结构设计标准》GB/T 50010 的规定作适当放松，但应配置不少于两道封闭复合箍筋或螺旋箍筋。

（4）型钢混凝土框架柱、转换柱受力型钢的含钢率不宜小于4%，且不宜大于15%。

（5）当框架柱一侧为型钢混凝土梁，另一侧为钢筋混凝土梁时，型钢混凝土梁中的型钢宜延伸至钢筋混凝土梁1/4跨度处，且应在伸长段型钢上、下翼缘设置栓钉。栓钉直径不宜小于19mm，间距不宜大于200mm。梁端至伸长段外2倍梁高范围内，箍筋应加密。

● 说明

第（1）款，型钢混凝土构件中采用实腹式型钢具有良好的变形及耗能能力，推荐采用实腹式型钢的布置。当由于构件尺寸过大，需采用分离式型钢布置时，应进行专门分析论证。因混凝土及箍筋的约束作用，型钢的截面不易发生局部屈曲，宽厚比较国家标准《钢结构设计标准》GB 50017—2017有所放松。

第（2）款，相较于行业标准《组合结构设计规范》JGJ 138—2016适当增加梁的混凝土保护层厚度，便于钢筋制作、安装；若构件中有钢筋较粗、较密或有多排情况，尚应适当加大保护层厚度，以利于现场钢筋绑扎及混凝土浇筑。

第（4）款，按混合结构设计的型钢混凝土构件，由于其结构适用高度、构件构造措施等均不同于钢筋混凝土结构，应满足其最小含钢率的要求；按钢筋混凝土结构、构造设计的构件仅作为构造措施配置的型钢可不受此限制。当含钢率大于15%时，应增加箍筋、纵向钢筋的配筋量，并宜通过试验进行专门研究，确定其作为组合构件的承载力、变形和延性。

第（5）款，节点处型钢在普通钢筋混凝土梁中适当外伸，并在外伸段设置栓钉，有利于节点处型钢的锚固与传力，与钢筋混凝土整体受力变形协调。

8.3.3 钢管混凝土柱

（1）焊接矩形钢管、焊接圆形钢管的焊缝应符合行业标准《组合结构设计规范》JGJ 138—2016第7.3.4条、7.5.8条、7.5.9条、7.5.13条和8.3.3条的相关规定。

（2）每层钢管混凝土柱下部的钢管壁上应对称设置两个排气孔，孔径宜为20mm。当楼层高度超过6m时，应在两个楼层中间增设排气孔。

（3）钢管混凝土柱施工工况下强度、稳定和刚度应按空钢管验算。

（4）钢管内混凝土应采取确保密实度和减小收缩的技术措施，并应符合下列规定：

① 钢管混凝土柱内应简化节点构造，避免形成混凝土无法浇筑或易形成气腔的构造。可结合实际情况，选择自密实混凝土等流动性较好混凝土材料，或采用顶升法等浇筑工艺。

② 矩形钢管混凝土柱，当截面最大边尺寸不小于800mm时，宜采取在柱内壁设置栓钉、纵向加劲肋等构造措施；当边长大于等于2000mm时，应设置内隔板形成多个封闭截面；矩形钢管混凝土柱边长或由内隔板分隔的封闭截面边长大于或等于1500mm时，应在柱内或封闭截面中设置竖向加劲肋和构造钢筋笼。

③ 圆形钢管混凝土柱的直径在1～2m之间时，管内壁可不设栓钉，但宜在节点位置对应梁翼缘处设置内环板，环板应能保证混凝土顺利浇筑。直径2m及以上时，柱中宜增设芯柱，芯柱配置0.4%～0.5%纵向钢筋，钢管内壁应满布栓钉。

（5）圆形钢管混凝土框架柱和转换柱考虑套箍效应时，套箍指标取值范围宜为 0.5～2.5。当套箍指标接近 1 时，承载力提高效率较高。

● **说明**

第（2）款，当温度超过 100℃时，核心混凝土中的自由水和分解水会发生蒸发现象。为保证钢管与混凝土之间在受高温时共同工作，以及结构的安全性，应设置排气孔。

第（3）款，施工过程中，钢管混凝土柱可能合并几层一次浇筑混凝土，在浇筑核心混凝土之前，作为空钢管结构也会承受一定施工荷载，应对空钢管在施工阶段的受力状况进行设计校核。

8.3.4 型钢混凝土剪力墙及钢板混凝土剪力墙

（1）型钢混凝土剪力墙端部型钢宜设置在边缘构件阴影部分内。约束边缘构件内纵向钢筋应有箍筋约束，当部分箍筋采用拉筋时，应配置不少于一道封闭箍筋。型钢混凝土剪力墙水平分布钢筋应绕过墙端型钢，并应符合钢筋锚固长度的规定。带边框型钢混凝土剪力墙，剪力墙的水平分布钢筋宜全部绕过或穿过周边柱型钢，并应符合钢筋锚固长度规定；当采用间隔穿过时，宜另加补强钢筋。

（2）钢板混凝土剪力墙，其钢板厚度不宜小于 10mm，且钢板厚度与墙体厚度之比不宜大于 1/15。分布钢筋间距不宜大于 200mm，拉结钢筋间距不宜大于 400mm，分布钢筋及拉结钢筋与钢板间应有可靠连接。钢板混凝土剪力墙在楼层标高处应设置型钢暗梁。钢板混凝土剪力墙内钢板与四周型钢宜采用焊接连接。

钢板混凝土剪力墙的钢板两侧和端部型钢翼缘应设置栓钉，栓钉直径不宜小于 16mm，间距不宜大于 300mm。剪力墙角部 1/5 板跨且不小于 1000mm 范围内墙体分布钢筋和抗剪栓钉宜适当加密。

（3）剪力墙洞口连梁中配置的型钢或钢板，其高度不宜小于 0.7 倍连梁高度，型钢或钢板应伸入洞口边，其伸入墙体长度不应小于 2 倍型钢或钢板高度；型钢腹板及钢板两侧应设置栓钉，栓钉布置应符合行业标准《组合结构设计规范》JGJ 138—2016 第 4.4.5 条的规定。

8.3.5 柱脚

（1）型钢混凝土柱及钢管混凝土柱可根据受力特点采用型钢埋入基础底板（承台）的埋入式柱脚或非埋入式柱脚。无地下室或仅有一层地下室的柱子采用埋入式柱脚；嵌固端以下有两层及以上地下空间时，可采用非埋入式柱脚。

（2）型钢混凝土柱及矩形钢管混凝土柱埋入式柱脚型钢的埋置深度不应小于型钢截面高度的 2.0 倍；圆形钢管混凝土柱埋入式柱脚型钢的埋置深度不应小于型钢截面高度的 2.5 倍；偏心受压柱的埋置深度应同时满足行业标准《组合结构设计规范》JGJ 138—2016 第 6.5.4 条、7.4.4 条及 8.4.4 条要求。

（3）偏心受压、受拉柱的埋入式柱脚应验算型钢部分对于基础底板的冲切。

（4）埋入式柱脚的栓钉布置原则应符合行业标准《组合结构设计规范》JGJ 138—2016

第 6.5.9、7.4.9 条、8.4.9 条及 14.7.1 条的规定。非埋入式柱脚栓钉布置应符合行业标准《组合结构设计规范》JGJ 138—2016 第 14.7.1 条的规定。

（5）非埋入式柱脚应验算柱脚型钢底板截面处受剪承载力，并符合行业标准《组合结构设计规范》JGJ 138—2016 第 6.5.17 条、7.4.17 条、8.4.17 条的规定。

（6）型钢混凝土柱和钢管混凝土柱采用埋入式柱脚时，型钢、钢管与底板的连接焊缝宜采用坡口全熔透焊缝，焊缝等级为二级；当采用非埋入式柱脚时，型钢、钢管与柱脚底板的连接应采用坡口全熔透焊缝，焊缝等级为一级。

● 说明

第（5）款，通常非埋入式柱脚型钢底板将上下混凝土隔开，且当底板尺寸较大时，柱底抗剪验算较难满足，应进行加强。

8.4 连接及节点设计

8.4.1 钢筋与型钢连接

（1）钢筋与钢构件相碰，宜采用在钢构件上开洞穿孔、并筋绕开等方法处理，也可采用可焊接机械连接套筒或连接板与钢构件连接。同一区段内焊接于钢构件上的钢筋面积率不应超过 30%。其连接部位应验算钢构件的局部承载力。

（2）可焊接机械套筒应满足一级接头要求，抗拉强度不应小于连接钢筋抗拉强度标准值的 1.1 倍。套筒与钢构件应采用等强焊接并在工厂完成。焊缝及套筒间距应符合行业标准《组合结构设计规范》JGJ 138—2016 第 14.8.3 条的规定。

（3）连接板抗拉承载力不应小于连接钢筋抗拉强度标准值的 1.1 倍。连接板与钢构件、钢筋连接时应保证焊接质量。

（4）焊接于钢构件翼缘的可焊接机械连接套筒或连接板，应在钢构件内对应位置设置加劲肋，加劲肋宜正对可焊接机械连接套筒或连接板。

● 说明

第（2）款，设计时，应强调机械套筒的可焊接性，避免施工时采购错误。

第（3）款，连接板长度应考虑与钢筋连接时，焊接起弧灭弧等工艺要求，长度不应小于 $5d + 30\text{mm}$，多根钢筋焊接于一块连接板时，钢筋净距应考虑双面焊接操作空间，不宜小于 50mm。

8.4.2 型钢混凝土柱与梁连接节点

（1）型钢混凝土柱与钢梁或型钢混凝土梁刚性连接时，型钢连接应符合现行国家标准《钢结构设计标准》GB 50017 及现行行业标准《高层民用建筑钢结构技术规程》JGJ 99 的相关规定。型钢混凝土柱与钢梁采用铰接连接时，可在型钢柱上焊接短牛腿，牛腿端部宜焊接与柱边平齐的封口板，钢梁腹板与封口板宜采用高强螺栓连接。节点连接可参照国家标准图集《型钢混凝土组合结构构造》23G523-1 相应节点构造。

（2）型钢混凝土柱与钢筋混凝土梁的梁柱节点宜采用刚性连接，梁的纵向钢筋应伸入柱节点并满足钢筋的锚固规定。节点连接可参照国家标准图集《型钢混凝土组合结构构造》23G523-1 相应节点构造，并应符合下列规定：

① 梁的纵向钢筋可采取双排钢筋等措施，确保贯通节点数量，其余纵向钢筋可在柱内型钢腹板上预留贯穿孔，型钢腹板截面损失率宜小于腹板横截面面积的 20%。

② 当梁纵向钢筋伸入柱节点与柱内型钢翼缘相碰时，可在柱型钢翼缘上设置可焊接机械连接套筒或连接板与梁纵筋连接。设置要求参照本技术措施第 8.4.1 节钢筋与型钢连接要求。

③ 当梁受力较大，且钢筋与柱内型钢交叉较多时，可在型钢柱上设置钢牛腿，钢牛腿的高度不宜小于 0.7 倍混凝土梁高，长度不宜小于混凝土梁截面高度的 1.5 倍。钢牛腿的上、下翼缘应设置栓钉，栓钉布置应满足行业标准《组合结构设计规范》JGJ 138—2016 第 4.4.5 条的规定。梁端至牛腿端部以外 1.5 倍梁高范围内，箍筋设置应符合梁端箍筋加密区的规定。

（3）型钢混凝土柱与钢梁、钢斜撑连接的复杂梁柱节点应符合行业标准《组合结构设计规范》JGJ 138—2016 第 6.6.13 条的规定。

8.4.3 钢管混凝土柱与梁连接节点

（1）钢管混凝土柱与钢梁刚性连接时，柱内或柱外应设置与梁上、下翼缘位置对应的水平加劲肋，设置在柱内的水平加劲肋应留有混凝土浇筑孔，孔径不宜小于 200mm；加劲肋周边宜设置排气孔，孔径宜为 20～50mm。设置在柱外的水平加劲肋应形成加劲环肋。加劲肋的厚度与钢梁翼缘等厚，且不宜小于 12mm。节点做法可参照国家标准图集《钢管混凝土结构构造》06SG524 相应连接节点。

（2）钢管混凝土柱与钢筋混凝土梁连接时，可采用下列做法：

① 矩形钢管混凝土柱与钢筋混凝土梁连接可采用焊接牛腿式连接节点，钢牛腿高度不宜小于 0.7 倍梁高，长度不宜小于 1.5 倍梁高。梁端抗剪抗弯均应由牛腿承担。节点做法可参照行业标准《组合结构设计规范》JGJ 138—2016 图 7.5.6。

② 圆形钢管混凝土柱与钢筋混凝土梁连接时，钢管外剪力传递可采用环形牛腿或承重销；与无梁楼板或井式密肋楼板连接时，钢管外剪力传递可采用台锥式环形深牛腿。钢管混凝土柱外径较大时，可采用承重销传递剪力。梁柱的弯矩传递可采用设置钢筋混凝土环梁或纵向钢筋直接穿入梁柱节点，构造要求应符合《组合结构设计规范》JGJ 138—2016 第 8.5.4 条规定。节点连接可参照国家标准图集《钢管混凝土结构构造》06SG524 相应节点做法。

● 说明

第（1）款，对于短边边长小于 800mm 矩形钢管混凝土柱，直径小于 900mm 圆钢管混凝土柱，宜采用外环加劲肋连接方式，焊缝连接较为可靠。采用柱内水平隔板连接方式时，柱内水平隔板浇筑孔宜中心布置，孔径在满足加劲肋受力及构造要求前提下，可适当放大，便于混凝土浇筑。

8.4.4 核心筒与梁或楼板连接节点

（1）楼面钢梁与钢筋混凝土剪力墙连接时宜采用铰接连接方式，可采用墙内设置预埋件，型钢梁腹板与预埋件之间通过连接板可采用高强螺栓连接或焊接。高强螺栓宜采用长圆孔接。连接节点做法可参见图 8.4.4-1。

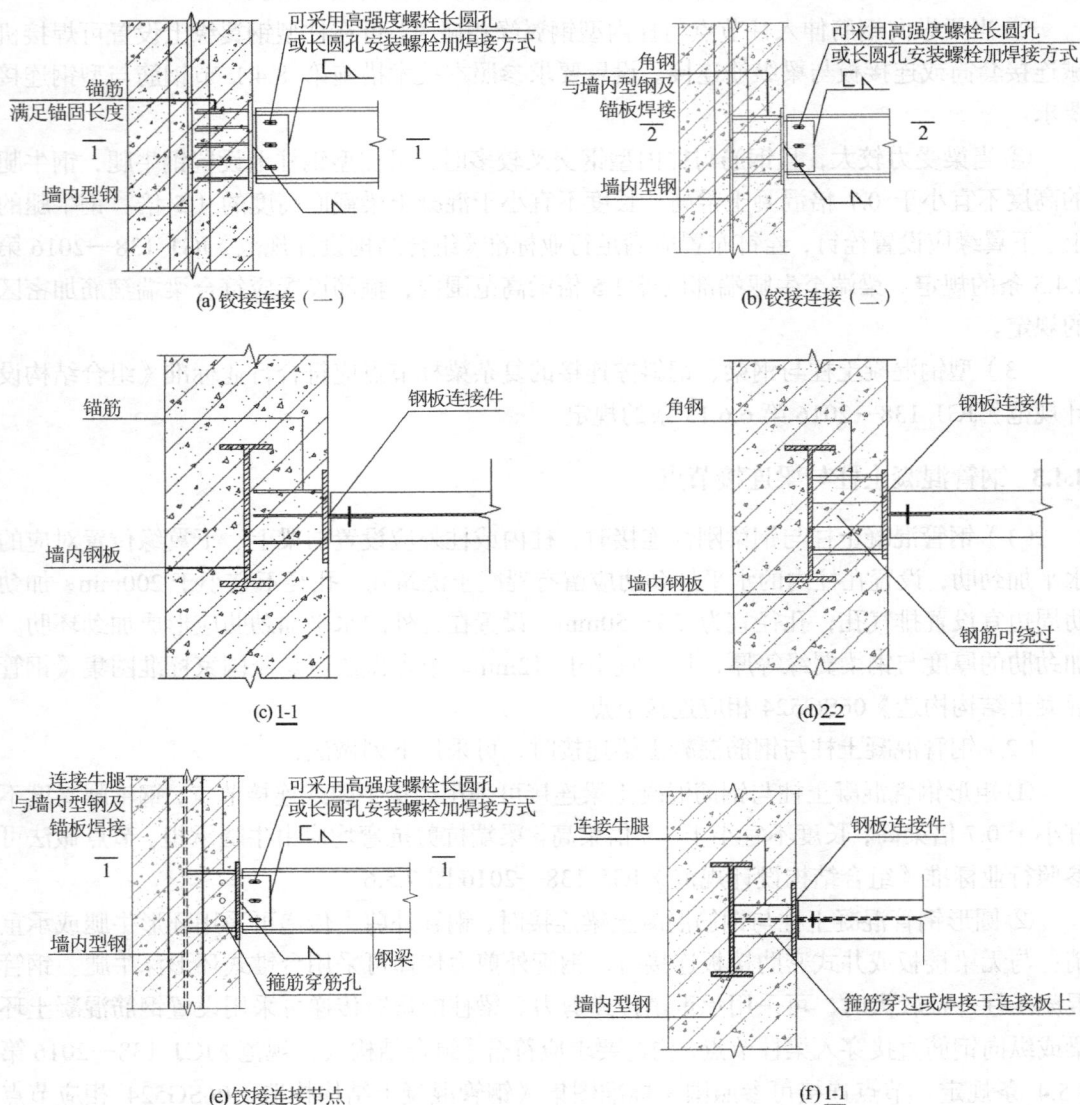

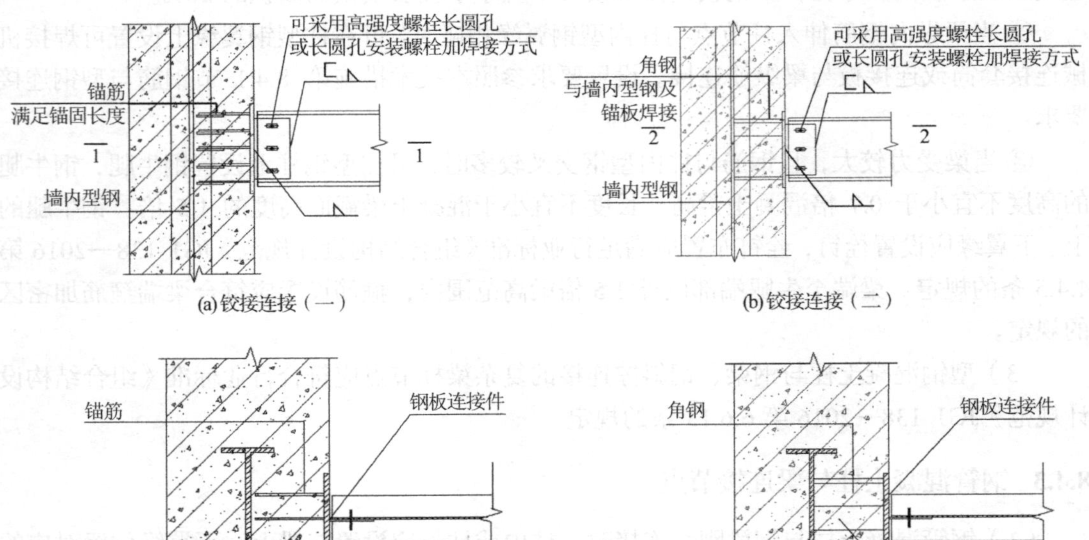

图 8.4.4-1　钢梁与钢筋混凝土墙连接节点

（2）楼面钢梁或型钢混凝土梁与钢筋混凝土剪力墙刚性连接时，可采用在墙内设置构造型钢柱，型钢梁与墙中型钢柱的外伸牛腿刚性连接。型钢混凝土梁的纵向钢筋应伸入墙中，并应满足锚固要求。

（3）楼板支承于剪力墙侧面时，宜支承在剪力墙侧面设置的预埋件上，剪力墙内宜预留钢筋并与楼板负弯矩钢筋连接。连接节点做法可参见图 8.4.4-2。

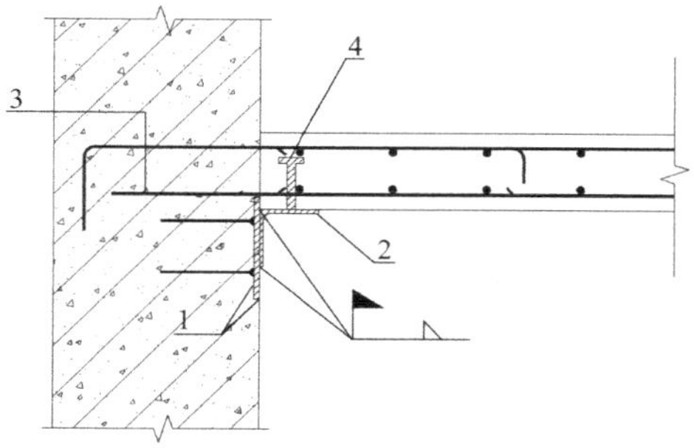

1—预埋件；2—角钢或槽钢；3—墙内预留钢筋；4—栓钉

图 8.4.4-2 楼板与钢筋混凝土墙连接节点

● 说明

第（1）款，混合结构核心筒施工较快，施工速度领先于外框架。因混凝土结构施工偏差问题，往往容易造成钢梁的高强度螺栓标准孔与连接板上开孔无法完全对齐，因此在受力满足条件下，宜采用长圆孔连接。

9 砌体结构

9.1 材料

9.1.1 块体

结构设计时，块体名称应根据国家标准《墙体材料术语》GB/T 18968—2019 的相关规定确定；设计指标应符合国家标准《砌体结构通用规范》GB 55007—2021 及当地的地方规定，不得采用现行标准内无具体设计参数的块体。不得采用项目建设地禁限目录内的材料。

● **说明**

由于环保要求，各地对砌体材料进行了限制，限制目录大部分是采用政府文件的形式发布，需特别注意。根据《北京市禁止使用建筑材料目录（2023 年版）》（京建发〔2024〕10 号）北京市项目墙体材料不得采用黏土砖、页岩砖、黏土瓦，建筑工程正负零以上部位不得采用实心砖（灰砂、烧结、混凝土实心砖等）。

随着科技与需求的发展，市场上陆续涌现新型砌体材料，以代替原有已被淘汰的材料。但部分新型材料由于研发时间较短，应用案例不足，设计参数暂未收录至现行标准内，不应用于砌体结构。

9.1.2 砂浆

砂浆宜采用预拌砂浆，砂浆强度等级不低于 M5.0 或 Mb5.0。砂浆的强度等级不应大于块体的强度等级，砌体结构应根据块体材料选用对应的专用砂浆。

● **说明**

加气混凝土砌块、混凝土小型空心砌块、粉煤灰砖、灰砂砖等新型墙体材料因为块材表面光滑，降低了砌体的抗剪强度及抹灰的粘结力，易造成墙体开裂、饰面空鼓、掉皮等质量问题。加气混凝土砌块由于吸水太快，影响了砌筑及抹面砂浆的水化，也会降低砌体抗剪强度及抹灰的粘结力。针对上述问题，目前国内研制了和易性好、粘结强度大、抗收缩能力强的各种专用砂浆。当采用上述块材时，应选用对应的专用砂浆。

9.1.3 钢筋

钢筋宜采用 HRB400 及 HRB500 级钢筋。设置在灰缝中的水平拉结钢筋或水平拉结钢筋网片的钢筋直径不宜大于 6mm，设置在孔洞或空腔中钢筋直径不宜大于 25mm，且不应大于孔洞或空腔面积的 6%。

● 说明

抗震设计时，通过布置在水平灰缝中的钢筋以提高墙体受剪承载力，避免砌体墙承载力不足。砌体结构灰缝宽度宜为 10mm，不应大于 12mm。灰缝中钢筋直径太大时无法有效保证砂浆对钢筋的握裹力，钢筋直径不宜大于灰缝宽度的 1/2。

9.1.4 混凝土

构造柱、圈梁、水平现浇钢筋混凝土带及其他构件采用的混凝土强度等级不应低于 C25。砌块砌体芯柱和配筋砌块砌体抗震墙的灌孔混凝土应采用专用混凝土，灌孔混凝土应具有抗收缩性能。混凝土砌块砌体的灌孔混凝土强度等级不应低于 Cb25，且不应低于 1.5 倍的块体强度等级。

● 说明

灌孔混凝土要求具备良好的流动性，且不应有过大的收缩变形。如采用普通混凝土灌孔，将会出现灌孔不密实，或者干缩较大，灌浆与砌块之间出现裂缝等情况，影响墙体的整体性。故灌孔要求采用专用混凝土。灌孔混凝土坍落度不宜小于 180mm，泌水率不宜大于 3%，3d 龄期的膨胀率不应小于 0.025%，且不应大于 0.50%，并应具有良好的粘结性。

9.2 耐久性

砌体结构的环境类别应按国家标准《砌体结构设计规范》GB 50003—2011 第 4.3.1 条的规定执行。处于 1 类及 2 类环境的砌体，其材料最低强度等级应分别符合表 9.2-1 及表 9.2-2 规定。

处于 1 类及 2 类环境下块体材料最低强度等级　　表 9.2-1

环境类别	普通砖	混凝土砖	普通、轻骨料混凝土砌块	蒸压普通砖	蒸压加气混凝土砌块
1	MU10	MU15	MU7.5	MU15	A5.0
2	MU15	MU20	MU7.5	MU20	—

砌筑砂浆最低强度等级　　表 9.2-2

烧结普通砖、烧结多孔砖	蒸压加气混凝土砌块	蒸压灰砂砖、蒸压粉煤灰普通砖	混凝土普通砖、混凝土多孔砖	混凝土砌块、煤矸石混凝土砌块	配筋砌块砌体
M5	Ma5	Ms5	Mb5	Mb7.5	Mb10

（1）在冻胀地区，地面以下或防潮层以下的砌体，不宜采用多孔砖；当采用时，其孔洞应采用不低于 M10 的水泥砂浆预先灌实。当采用混凝土空心砌块时，其孔洞应采用强度等级不低于 Cb20 的混凝土预先灌实。

（2）对于安全等级为一级或设计工作年限大于 50 年的房屋，材料强度等级应至少提高一级。

（3）砌体结构设置地下室时，地下室外墙宜采用钢筋混凝土外墙。

9.3 施工质量控制等级

砌体结构施工质量控制等级将直接影响砌体强度设计值的大小，设计工作年限为 50 年及以上的砌体结构工程，应为 A 级或 B 级。砌体房屋宜按照 B 级控制，配筋砌体不得采用 C 级。

9.4 高度与层数

9.4.1 总高度及总层数限值

砌体结构的总高度、总层数应符合国家标准《建筑与市政工程抗震通用规范》GB 55002—2021 第 5.5.1 条及 5.5.4 条规定。

● **说明**

总高度的计算有效数字为个位，即小数点后第一位数四舍五入后满足即可。室内外高差大于 0.6m 时，房屋总高度允许比《建筑与市政工程抗震通用规范》GB 55002—2021 表 5.5.1 中适当增加，但不应多于 1m。因已将总高度值适当增加，故此时不应再四舍五入使增加值多于 1m。

9.4.2 房屋高度计算原则

（1）房屋的总高度指室外地面到主要屋面板板顶或檐口的高度。对于坡屋面的建筑，当檐口标高处不设水平楼板时，总高度可算至檐口。当檐口标高有水平楼板时，上部三角形阁楼应作为一层考虑，高度可取至山尖墙的一半处，即对带阁楼的坡屋面应算至山尖墙的二分之一高度处。

（2）半地下室应自地下室室内地面算起，全地下室和嵌固条件好的半地下室允许自室外地面算起。对多层砌体房屋，嵌固条件较好指下列两种情况：

① 半地下室顶板（宜为现浇混凝土板）高出室外地面小于 1.5m，地面以下开窗洞处均设有窗井墙，且窗井墙为半地下室内横墙的延伸，如此形成加大的半地下室底盘，有利于结构的总体稳定，半地下室在土体中具有较好的嵌固作用。

② 半地下室的室内地面至室外地面的高度大于地下室净高的二分之一（埋深较深），无窗井，且地下室的纵横墙较密，具有较好的嵌固作用。

（3）若半地下室层高较大，顶板距室外地面较高，或有大的窗井而无窗井墙或窗井墙不与纵横墙连接，构不成扩大基础底盘的作用，周围的土体不能对多层砖混半地下室起约束作用，则此时半地下室应按一层考虑，并计入房屋总高度。

（4）坡地上多层砌体房屋总高度的计算仍然沿用自室外地坪到主要屋面板板顶标高

或至檐口标高的方法，室外地坪应从低处计算。按同样要求，层数也应从低处算起，例如，坡地上某多层砌体结构房屋，低处有六层，高处有五层，则总层数应按六层算。

（5）当底框结构的地下室顶板可作为上部结构的嵌固部位时地下室可不计入底框层数，当地下室顶板不作为上部结构的嵌固部位时则地下室应计入底框层数。

（6）局部出屋面的小建筑可不计入总高度，局部出屋面小建筑可按其重力荷载代表值或面积小于标准层的 1/3 控制。

（7）建筑物层高可按本层结构板至上一层结构板的高度计算，当顶层为坡屋面时层高取顶层直段高度与 1/2 坡屋面高度之和。当无地下室时首层层高取首层建筑地面至上层楼板的高度。

（8）对于大地盘地下车库（钢筋混凝土框架）上托多个砖房的情况，应按底部框架-抗震墙砌体房屋对待，总高度和总层数从地下室室内地面算起。

9.4.3 特殊情况层高限值

多层砌体承重房屋的层高，不应超过 3.6m。底部框架-抗震墙砌体房屋的底部，层高不应超过 4.5m；当底层采用约束砌体抗震墙时，底层的层高不应超过 4.2m。当使用功能确有需要时，采用约束砌体等加强措施的普通砖房屋，层高不应超过 3.9m。

● **说明**

本条规定针对多层砌体结构，对于层高较大的单层建筑可参照国家标准《建筑抗震设计标准》GB/T 50011—2010（2024 年版）中单层工业厂房相关规定进行设计。

约束砌体指间距接近层高的构造柱与圈梁组成的砌体、同时拉结网片符合相应的构造要求。可参见国家标准《建筑抗震设计标准》GB/T 50011—2010（2024 年版）第 7.3.14 条、7.5.4 条及 7.5.5 条规定。

9.5 抗震设计

9.5.1 结构布置原则

砌体结构平面布置宜均匀、对称，沿平面内宜对齐，沿竖向应上下连续，且纵横向墙体的数量不宜相差过大。屋盖形式优先选用刚性屋盖方案。结构布置需重点关注条文见表 9.5.1-1。

结构布置需重点关注条文 **表 9.5.1-1**

序号	关注要点	标准	
		名称	条目
1	房屋层数、高度及最小墙厚	《建筑抗震设计标准》GB/T 50011—2010（2024 年版）	7.1.2
2	房屋最大高宽比		7.1.4
3	横墙间距		7.1.5
4	房屋局部尺寸限值		7.1.6

续表

序号	关注要点	标准	
		名称	条目
5	平面布置规则性	《建筑抗震设计标准》GB/T 50011—2010（2024年版）	7.1.7
			7.1.8
6	横墙较少房屋加强措施		7.3.14

（1）在计算房屋高宽比时，房屋宽度指的是抗侧力体系的横向尺寸，一般不包括外廊或单面走廊宽度。

（2）砌体房屋最小墙厚指结构抗震验算时，可承担地震作用的墙体厚度。小于此厚度的墙体作为非抗震的隔墙，仅计入荷载而不承担地震作用。

（3）平面凸出或凹进时，房屋宽度可按加权平均值计算。

（4）局部尺寸不满足现行标准要求时可采用增设构造柱等措施加强，并可适当放宽，但最小宽度不宜小于1/4层高和规范数值的80%。

（5）错层高差在 500mm 以上时，结构计算应按两个楼层，房屋总层数不得超过标准中对总层数的限制。错层楼板之间的砌体墙体应采取特殊措施，解决平面内局部受剪和平面外受弯问题。

● 说明

限于砌体材料本身的脆性性质，标准对于砖混结构的规则性及构件尺寸做出了详细的规定。砖混结构的结构布置严重受限于建筑平面。在建筑方案阶段结构工程师应与建筑师积极沟通，提出诉求，确保建筑方案的可实施性。

第（1）款，应关注单边走廊的房屋宽度计算，无论走廊是否设置外墙，房屋宽度计算时均不包括走廊宽度。单边走廊即使走廊外侧设置外墙，但外墙仅通过楼板与内侧房间联系，联系薄弱，不能有效地参与房屋的整体抗震。

抗震横墙是指符合最小墙厚要求的横向墙体，应满足抗侧力计算的要求。标准规定"沿平面内宜对齐"，即稍有选择，但条件许可时应优先采用。凡符合厚度要求的横墙，即使不对齐或不贯通也属于抗震横墙。

9.5.2 承重体系

砌体结构应优先采用横墙承重或纵横墙共同承重的结构体系。不应采用砌体墙和混凝土墙混合承重的结构体系。

● 说明

混凝土结构与砌体结构是两种截然不同的结构体系，其抗侧刚度、变形能力相差较大。在地震作用时，由于不同的材料模量和强度相差甚远容易造成各个击破，故不得采用砌体墙和混凝土墙混合承重的结构体系。

9.5.3 防震缝

房屋有下列情况之一时宜设置防震缝，缝两侧均应设置墙体，缝宽应根据烈度和房屋高度确定，可采用 70～100mm：

（1）房屋立面高差在 6m 以上；

（2）房屋有错层，且楼板高差大于层高的 1/4；

（3）各部分结构刚度、质量截然不同；

（4）建筑平面不规则，凸出、凹入尺寸较大等。

9.5.4　楼盖

砌体结构房屋可采用现浇楼（屋）盖、装配整体式钢筋混凝土楼（屋）盖或装配式钢筋混凝土楼（屋）盖及木楼（屋）盖等形式。楼盖选型应结合建筑功能优先采用现浇楼（屋）盖或装配整体式钢筋混凝土楼（屋）盖。装配整体式及叠合式混凝土楼（屋）盖应设置圈梁。

9.5.5　楼梯间设置

楼梯间不应设置在房屋的第一开间及转角处，且不宜突出，不宜开设过大的窗洞。楼梯间的设计应符合下列规定：

（1）顶层楼梯间墙体应沿墙高每隔 500mm 设 2ϕ6 通长钢筋和分布筋组成的拉结网片或ϕ4 点焊网片。抗震设防烈度为 7～9 度时，其他各层楼梯间墙体应在休息平台或楼层半高处设置 60mm 厚、纵向钢筋直径不少于 2ϕ10 的钢筋混凝土带或钢筋砖带，配筋砖带不少于 3 皮，每皮的配筋不少于 2ϕ6，砂浆强度等级不应低于 M7.5 且不低于同层墙体的砂浆强度等级。

（2）楼梯间及门厅内墙阳角处的大梁支撑长度不应小于 500mm，并与圈梁连接。

（3）突出屋顶的楼、电梯间，构造柱应伸到顶部，并与顶部的圈梁连接，所有墙体应沿墙高每隔 500mm 设 2ϕ6 通长钢筋和ϕ4 分布短筋平面内点焊组成的拉结网片或ϕ4 电焊网片。

（4）构造柱设置应符合国家标准《建筑抗震设计标准》GB/T 50011—2010（2024 年版）表 7.3.1 的规定。

● 说明

楼梯间由于其功能特点存在诸多的抗震不利因素，休息平台板通常位于层高的中部，不利于水平力的传递，梯板位置墙体无侧向约束，加之顶层的层高较大。历次地震震害表明，楼梯间由于比较空旷常常破坏严重，必须采取一系列有效措施。

9.5.6　抗震计算要点

（1）多层砌体房屋的抗震计算，不考虑地震竖向分量的影响。水平地震作用及构件地震作用效应的计算时，应按国家标准《建筑抗震设计标准》GB/T 50011—2010（2024 年版）第 7.2.1～7.2.5 条的规定执行，应注意长悬挑构件应考虑竖向地震作用。

（2）高宽比不大于标准限值且按规定设置构造柱或芯柱的多层砌体房屋，可仅对水平地震剪力作用下的构件承载力进行验算。

（3）墙体布置时、墙肢截面尺寸和承载力验算时，应兼顾考量多层砌体住宅的纵横向抗震承载力差异。必要时可在纵墙内增设墙中构造柱和水平配筋带，以提高纵向受剪承载力。

（4）砌体墙的截面抗震受剪承载力应按国家标准《建筑抗震设计标准》GB/T 50011—2010（2024 年版）第 7.2.6～7.2.9 条的规定进行验算。

（5）多层砌体房屋横向水平地震剪力在各片横墙之间的分配，根据楼盖类型可按下列方法计算：

① 当采用现浇或装配整体式钢筋混凝土楼（屋）盖等刚性楼盖时，按各片横墙侧向刚度的比例分配；

② 当采用木楼（屋）盖等柔性楼盖时，按各片横墙的从属面积的比例分配；

③ 当采用装配式钢筋混凝土楼（屋）盖等半刚性楼盖时，取按各片横墙侧向刚度比例分配和从属面比例分配结果两者的平均值。

（6）房屋纵向水平地震剪力在各片纵墙之间的分配，根据楼盖类型可按下列方法计算：

① 刚性或半刚性楼盖，按各片纵墙侧向刚度的比例分配；

② 柔性楼盖，按各片纵墙从属面积的比例分配。

（7）单片横墙、单片纵墙的水平地震剪力，可按该片墙体各墙段（窗、门间墙）侧向刚度的比例，分配到各墙段。当各墙肢的宽度相差较大时，应验算较宽墙段的抗震受剪承载力。

9.5.7 建筑场地与抗震构造措施

（1）建筑场地为 I 类时，对丙类的建筑应允许按本地区抗震设防烈度降低一度的要求采取抗震构造措施，但抗震设防烈度为 6 度时仍应按本地区抗震设防烈度的要求采取抗震构造措施。

（2）当砌体房屋的建筑场地为Ⅲ、Ⅳ类时，对设计基本地震加速度为 0.15g和 0.30g的地区，宜分别按抗震设防烈度 8 度（0.20g）和 9 度（0.40g）时各抗震设防类别建筑的要求采取抗震构造措施。

9.5.8 构造柱、圈梁

多层砌体房屋构造柱、圈梁的设置可提高砌体房屋整体性和延性，应严格按照标准设置圈梁构造柱，重点关注条文见表 9.5.8-1。

设置圈梁构造柱需重点关注条文　　表 9.5.8-1

序号	关注要点	标准	
		名称	条目
1	砖砌体房屋构造柱设置及构造	《建筑抗震设计标准》GB/T 50011—2010（2024 年版）	7.3.1
			7.3.2
2	砖砌体房屋圈梁设置及构造		7.3.3
			7.3.4
3	小砌块房屋芯柱、构造柱设置及构造		7.4.1
			7.4.2
			7.4.3

续表

序号	关注要点	标准	
		名称	条目
4	小砌块房屋圈梁设置及构造	《建筑抗震设计标准》GB/T 50011—2010（2024年版）	7.3.3
			7.4.4
5	底部框架-抗震墙砌体房屋构造柱、芯柱布置		7.5.1

（1）构造柱可不单独设置基础，但应伸入室外地面下500mm，或锚入浅于500mm的基础圈梁内，构造柱伸入基础圈梁内的钢筋应满足锚固长度的要求。

（2）底部框架砖房可将砖房部分的构造柱锚固于底部的框架柱或钢筋混凝土抗震墙内，上层与下层的侧移刚度比应满足要求。

（3）较小墙垛指宽度在800mm左右且高宽比小于4的墙肢。

（4）构造柱在纵向钢筋搭接区的箍筋应加密。

（5）圈梁宜连续地设在同一水平面上，并形成封闭状；当圈梁被门窗洞口截断时，应在洞口上部增设相同截面的附加圈梁，附加圈梁与圈梁的搭接长度不应小于两者中到中垂直间距的2倍，且不得小于1m。

（6）圈梁兼作过梁时，其纵筋及箍筋应按照实际受力进行计算，并应符合国家标准《混凝土结构设计标准》GB/T 50010—2010（2024年版）中的相关规定。

● **说明**

砌体结构变形性能较差，为改善结构的变形性能，提高房屋的整体性，多层砌体结构应根据抗震设防烈度、房屋层数设置构造柱、圈梁。

蒸压灰砂砖和蒸压粉煤灰砖，由于块材表面光滑，砌体抗剪强度低，其构造柱的设置要求比普通砖、多孔砖要更严格。当需要代换块材时应特别注意，当普通砖代换为蒸压灰砂砖和蒸压粉煤灰砖时构造柱布置需按标准规定加强。

构造柱及圈梁设置应根据砌体模数选择，构造柱截面一般可取 240mm × 240mm，圈梁可取 240mm × 180mm。构造柱及圈梁纵向钢筋属于构造配筋，标准仅规定了最少根数和直径，对于钢筋材料，通常选用延性较好的钢筋，纵向受力钢筋宜选用 HRB400 级，箍筋可选用 HPB300 及 HRB400 级。

第（1）款，两条措施满足任意一个即可。但需注意此处的基础圈梁指位于地面以下的，而非位于 ±0.00 的墙体圈梁。

9.6 混凝土构件

9.6.1 过梁

砌体结构的过梁可选用标准图集《钢筋混凝土过梁》G322-1～4。过梁的选用应与主体结构块材相匹配，并应注明荷载等级。过梁荷载取值应按国家标准《砌体结构设计规范》GB 50003—2011第7.2.2条执行。

● 说明

过梁承担的荷载包括：过梁自重、过梁上墙体自重及由楼板传至过梁上的附加线荷载。应特别注意，相同跨度的过梁由于楼板传递至过梁上的荷载不同而配筋不同。

9.6.2 挑梁

挑梁埋入砌体长度应根据计算确定，埋入长度与挑出长度之比宜大于 1.2；当挑梁上无砌体时，比值宜大于 2。施工图中应标注埋入长度，不得采用挑梁钢筋锚入构造柱方式支撑悬挑梁。

雨篷抗倾覆验算方式同挑梁，当雨篷设置平面闭合的上返沿时，倾覆力矩应按满水计算。

● 说明

构造柱截面配筋较小，难以平衡挑梁产生的弯矩，即便设置了构造柱挑梁也应满足埋入深度要求。

9.7 裂缝控制措施

砌体结构设计应严格执行国家标准《砌体结构设计规范》GB 50003—2011 第 6.5 节规定。除标准中规定的措施外，可根据实际工程采用以下措施进行加强：

（1）同一结构单元不应选用不同的持力层。基础设计时应通过调整基础宽度使各部位基底压力接近；

（2）房屋凹凸位置墙内应配置水平钢筋；

（3）宜提高顶层砌筑砂浆强度，顶层墙体宜增设水平钢筋。

● 说明

砌体房屋中引起裂缝的原因很多，有温度变化的影响、砌体干缩的问题及房屋沉降等因素。

混凝土与砖砌体的线膨胀系数相差一倍，在温度变化时两种材料无法变形协调，其材料特性决定了砌体结构更容易出现裂缝，尤其是平面及立面变化位置。结构设计中应采取多种措施避免或减小裂缝的出现。

10 超限及复杂结构与抗震性能化设计

10.1 一般规定

（1）超限高层建筑工程包括高度超限工程、规则性超限工程及屋盖超限工程等。超限高层建筑结构设计重点为结构抗震安全性和预期性能目标。超限建筑工程应控制复杂类型及超限项目数量，不应采用严重不规则建筑。

（2）复杂结构指带转换层的结构、带加强层的结构、错层结构、连体结构、多塔结构、悬挂结构等。

（3）关于超限高层结构的有关规定，应按《超限高层建筑工程抗震设防专项审查技术要点》（建质〔2015〕67号）（以下简称《超限审查要点》）执行，当有地方标准时，尚应符合当地标准。

10.2 超限判定

10.2.1 高度判定

1）建筑结构高度的计算应符合下列规定：

（1）建筑结构高度指自室外地面至房屋主要屋面结构板的高度，且不包括突出屋面的机房及构架等（竖向构件围合且有顶板、面积大于屋面面积25%时除外）；坡屋面的结构高度应计算自室外地面至1/2坡屋面处。

（2）隔震建筑的结构高度应从室外地面标高起算，至建筑主要屋面结构板。

（3）山地建筑结构计算高度应符合下列规定：

① 掉层结构计算房屋高度时，当大多数竖向抗侧力构件嵌固于上接地端时宜以上接地端起算，否则宜以下接地端起算；

② 吊脚结构计算房屋高度时，当大多数竖向构件仍嵌固于上接地端时宜以上接地端起算，否则宜以较低接地端起算。

2）结构高度超过《超限审查要点》附件1表1规定的最大适用高度的高层建筑，应判定为高度超限的超限高层建筑工程。

● **说明**

第1）款第（1）项，本条所述面积比例计算规则参考国家标准《民用建筑通用规范》GB 55031—2022第3.2.6条。

第 1）款第（3）项，掉层结构是指在同一结构单元内有两个及以上不在同一水平面的嵌固端且上接地端以下利用坡地高差设置楼层的结构体系；吊脚结构是指顺着坡地采用长短不同的竖向构件形成的具有不等高约束的结构体系；上接地端是指掉层结构中位于高处的嵌固端。

10.2.2 平面规则性判定

（1）当结构考虑偶然偏心的楼层扭转位移比大于 1.2 时，应判别为扭转不规则；多塔、错层和连体结构的楼层扭转位移比计算应满足分块刚性原则。

（2）当偏心率大于 0.15 或相邻层质心相差大于相应边长 15%时，应判定为偏心布置。

（3）当平面凹进或凸出的尺寸与相应方向结构平面最大轮廓尺寸的比值大于 0.3 时，应判定为凹凸不规则。

（4）当细腰或角部重叠部位宽度小于其平行方向结构最大有效宽度的 30%时，应判定为组合平面。

（5）当符合下列一种及以上情况时，应判定为楼板不连续：

① 有效楼板宽度小于该层楼板典型宽度的 50%；

② 楼板开洞面积大于该层楼面面积的 30%；

③ 存在错层楼层，且错层高度大于典型梁高。

● **说明**

第（3）款，图示可参见国家标准《建筑抗震设计标准》GB/T 50011—2010（2024 年版）条文说明第 3.4.3 条图 2。

第（4）款，图示可参见行业标准《高层建筑混凝土结构技术规程》JGJ 3—2010 条文说明第 3.4.3 条图 1。

第（5）款，图示可参见国家标准《建筑抗震设计标准》GB/T 50011—2010（2024 年版）条文说明第 3.4.3 条图 3。

10.2.3 竖向规则性判定

（1）当符合下列一种及以上情况时，应判定为楼层侧向刚度突变：

① 对于框架结构，楼层与相邻上层的侧向刚度比值小于 0.7，或与相邻上部三层的侧向刚度平均值的比值小于 0.8；

② 对于框架-剪力墙结构、板柱-剪力墙结构、剪力墙结构、框架-核心筒结构、筒中筒结构，楼层侧向刚度与其相邻上层侧向刚度的比值小于 0.9；当本层层高大于相邻上层层高的 1.5 倍时，楼层侧向刚度与其相邻上层侧向刚度的比值小于 1.1；对于结构底部嵌固层，嵌固层侧向刚度与其相邻上层侧向刚度的比值小于 1.5。

（2）当符合下列一种及以上情况时，应判定为尺寸突变：

① 当上部楼层收进部位到室外地面的高度与房屋高度之比大于 0.2 时，上部收进后的水平尺寸小于相邻下层楼层水平尺寸的 75%；

② 上部楼层水平尺寸大于下部楼层的水平尺寸的 1.1 倍或水平外挑尺寸大于 4m；

③ 多塔结构。

（3）当符合下列一种及以上情况时，应判定为构件间断：

① 竖向抗侧力构件上下不连续；

② 含加强层的结构；

③ 连体结构。

（4）当楼层抗侧力结构的层间受剪承载力小于其相邻上层受剪承载力的 80%时，应判定为承载力突变。

（5）判定结构规则性时，山地建筑结构应属于一种竖向不规则类型。

● **说明**

第（1）款，刚度比定义及计算方法可参见行业标准《高层建筑混凝土结构技术规程》JGJ 3—2010 第 3.5.2 条。

第（2）款，外挑部分无竖向抗侧力构件时不计外挑尺寸。

第（3）款第①项，铰接吊柱等不参与抗侧力的竖向构件不计入。

第（3）款第③项，连接体部分无竖向构件时，虽无构件间断，但仍需考虑为一项不规则。

10.2.4 其他规则性判定

（1）对于下列局部不规则类型，当对整体结构影响较小时，可不计入不规则项；当对整体结构影响较大时，应计入一项不规则：

① 局部穿层柱、斜柱、夹层、个别构件错层或转换、个别楼层扭转位移比略大于 1.2；

② 个别楼层的楼板不连续或凹凸不规则。

（2）当符合下列一种及以上情况时，应判定为严重不规则的高层建筑：

① 对高度超限或规则性超限工程，具有转换层、加强层、错层、连体和多塔五种类型中的四种及以上的复杂类型；

② 不规则项数量超过五项；

③ 多项不规则指标远超规定值，通过现有技术手段难以达到预期性能目标的建筑。

10.2.5 大跨屋盖超限判定

（1）大跨度屋盖超限建筑指符合下列任一情况的建筑：

① 跨度大于 120m 或悬挑长度大于 40m 的空间网格结构或索结构；

② 跨度大于 60m 的钢筋混凝土薄壳或整体张拉式膜结构；

③ 屋盖长度大于 300m 的结构；

④ 屋盖结构形式为常用空间结构形式的多重组合、杂交组合以及屋盖形体或支承边界条件特别复杂的大型公共建筑。

（2）多重组合或杂交组合屋盖指符合下列任一情况：

① 由不同结构构件材料组合而成的屋盖；

② 由具有不同受力特征的屋盖体系组合而成的屋盖。

（3）支承边界条件特别复杂指符合下列任一情况：

① 采用三种及以上支座形式或支承构件；

② 屋盖支承结构为两个或多个结构单体；

③屋盖不同支座分别支承于地面和结构之上。

● 说明

第（2）款第①项，常见于混凝土壳、桁架与钢结构网架、网壳或膜结构等组合。

第（2）款第②项，常见于网架、网壳、桁架等组合。

第（3）款第①项，支座形式指固结、铰接、滑动等，支承构件指墙柱、梁、基础等。

第（3）款第①项，常见于半坡型屋盖。

10.3 抗震性能化设计

10.3.1 性能化设计方法

（1）结构抗震性能化设计是指以结构抗震性能目标为基准的结构抗震设计。

（2）建筑结构抗震性能化设计应合理设定结构整体、构件、节点的性能目标，通过定量、细化的计算分析，预测结构和构件在多个水准地震作用下的损坏程度，确保结构在罕遇地震作用下具有合理的延性屈服机制和变形能力。

（3）结构性能化设计应考虑结构重要性、复杂程度、不规则程度及超限情况等因素，有针对性地确定关键构件、普通竖向构件和耗能构件，并采用不同的性能目标。

（4）制定构件性能目标时，应根据构件受力特征及延性变形能力等情况，将构件的状态定义为承载力控制模式或延性控制模式。

（5）罕遇地震下的结构和构件弹塑性变形应控制在预设的区域内，并应具备良好的能量耗散和延性变形能力，其构造应能与所需的耗能和延性变形相匹配。

（6）罕遇地震下对于力控制模式的构件，关键构件必须满足承载力需求，普通竖向构件和承受较大竖向荷载的水平构件应满足承载力需求，较少承担竖向荷载的水平构件宜满足承载力需求。

● 说明

关键构件是指该构件的失效可能引起结构的连续破坏或危及生命安全的严重破坏，包括底部加强部位的重要竖向构件、加强层的伸臂构件、框支梁及转换梁等；普通竖向构件是指关键构件之外的竖向构件；耗能构件是指框架梁、剪力墙连梁等单层水平构件和耗能支撑等耗能构件。

10.3.2 性能水准及性能目标

（1）结构抗震性能水准指对结构震后损坏状况及继续使用可能性等的界定。根据地震作用下结构和构件的损坏程度及继续使用的可能性，结构抗震性能水准可分为 1、2、3、4、5 五个等级。

（2）结构抗震性能目标指针对不同地震地面运动水准设定的结构抗震性能水准。结构抗震性能目标可分为 A、B、B−、C、C−、D 六个等级，每个性能目标应与一组在指定地震水准下的结构抗震性能水准相对应。不同抗震性能目标对应的最低抗震性能水准宜符合表 10.3.2-1 的规定。

不同抗震性能目标对应的最低抗震性能水准　　表 10.3.2-1

地震水准	性能目标					
	A	B	B−	C	C−	D
多遇地震	1	1	1	1	1	1
设防地震	1	2	2	3	3	4
罕遇地震	2	3	4	4	5	5

注：B−及 C−等级针对 B 及 C 级降低了罕遇地震的构件级承载力要求，主要通过控制整体变形实现结构的延性要求，在某些项目中可实现更经济合理的性能目标。

（3）结构的抗震性能目标应依据不规则程度、建筑功能及设防类别、地震损失及震后修复难度等因素综合确定。

（4）当对结构构件提出设防烈度地震下的性能目标时，可采用等效弹性分析进行构件的承载力验算，也可采用弹塑性分析进行构件的变形验算。采用弹性或等效弹性计算方法进行不同抗震性能水准下的抗震设计时，混凝土构件的正截面和斜截面承载力验算可按表 10.3.2-2 的规定执行。

截面验算方法　　表 10.3.2-2

性能水准		构件类型		
		关键构件	普通竖向构件及重要水平构件	耗能构件
1	正截面	弹性设计	弹性设计	弹性设计
	斜截面	弹性设计	弹性设计	弹性设计
2	正截面	弹性设计	弹性设计	不屈服验算
	斜截面	弹性设计	弹性设计	弹性设计
3	正截面	不屈服验算	不屈服验算	极限承载力验算
	斜截面	弹性设计	弹性设计	抗剪不屈服
4	正截面	极限承载力验算	变形验算	变形验算
	斜截面	抗剪不屈服	极限承载力验算	最小截面验算
5	正截面	变形验算	变形验算	变形验算
	斜截面	极限承载力验算	最小截面验算	最小截面验算

（5）不同抗震性能水准下进行抗震设计时，构件的正截面和斜截面验算可按以下规定执行：

① 弹性设计时，构件承载力应满足行业标准《高层建筑混凝土结构技术规程》JGJ 3—2010 式(3.11.3-1)的要求；

② 不屈服验算时，竖向构件承载力应满足行业标准《高层建筑混凝土结构技术规程》JGJ 3—2010 式(3.11.3-2)的要求，水平构件承载力应满足行业标准《高层建筑混凝土结构技术规程》JGJ 3—2010 式(3.11.3-3)的要求；

③ 极限承载力验算时，荷载组合与不屈服验算相同，构件承载力应通过材料极限值得出；

④ 受剪截面验算时，构件截面应满足行业标准《高层建筑混凝土结构技术规程》JGJ 3—2010 式(3.11.3-4)、式(3.11.3-5)的要求。

（6）抗震性能化计算中所采用的计算条件可按表 10.3.2-3 确定。

性能化计算条件　　表 10.3.2-3

项目		小震	中震		大震	
			不屈服	弹性	不屈服	弹性
材料强度		设计值	标准值	设计值	标准值	设计值
荷载分项系数		✓	—	✓	—	—
偶然偏心		✓	—	✓	—	—
双向地震		✓	—	✓	—	—
承载力抗震调整系数		✓	—	✓	—	—
风荷载组合		✓	—	—	—	—
构件设计内力调整		✓	—	—	—	—
周期折减		✓	✓	✓	—	—
地震剪力调整	剪重比调整	✓	—	—	—	—
	弹性时程调整	✓	—	—	—	—
	外框剪力调整	✓	—	—	—	—
	薄弱层调整	✓	—	—	—	—
阻尼比		0.05	0.055	0.055	0.07	0.07
连梁刚度折减		0.55	0.4	0.4	0.2	0.2
中梁刚度放大		计算值	计算值 × 0.8	计算值 × 0.8	—	—

● **说明**

第（1）款，性能水准分级应参照行业标准《高层建筑混凝土结构技术规程》JGJ 3—2010 表 3.11.2 确定。

第（4）款，钢结构性能目标及承载性能等级参见国家标准《钢结构设计标准》GB 50017—2017 第 17.1 节。

第（6）款，中震时周期折减系数比小震适度放大，由于砌体刚度较大，早于主体结构丧失承载力，当结构侧向变形较大时可不进行周期折减。阻尼比、连梁刚度折减系数、中梁刚度放大系数（计算值按标准方法）等参数仅作为参考值，其与结构在地震下的整体性能及构件塑性状态表现相关。当结构构件进入塑性比例较大时，阻尼比可适当放大，连梁折减系数和中梁刚度放大系数可适当减小，反之同理。当采用弹塑性分析时，无须设置连梁折减系数，若程序考虑了楼板非线性，无须设置中梁刚度放大系数。

10.3.3 基于预设屈服模式的性能化设计方法

（1）基于预设屈服模式的设计方法适用于刚度不均匀且可能出现薄弱部位的复杂高

层结构。

（2）基于预设屈服模式设计方法的基本原则是逐步判断结构薄弱部位并提高结构抗震性能，并通过逐步预设屈服模式的方式，将对结构的不规则性控制转变为结构破坏模式（屈服模式）控制。

（3）采用基于预设屈服模式的抗震性能化设计方法时，可按图 10.3.3-1 所示流程进行设计。

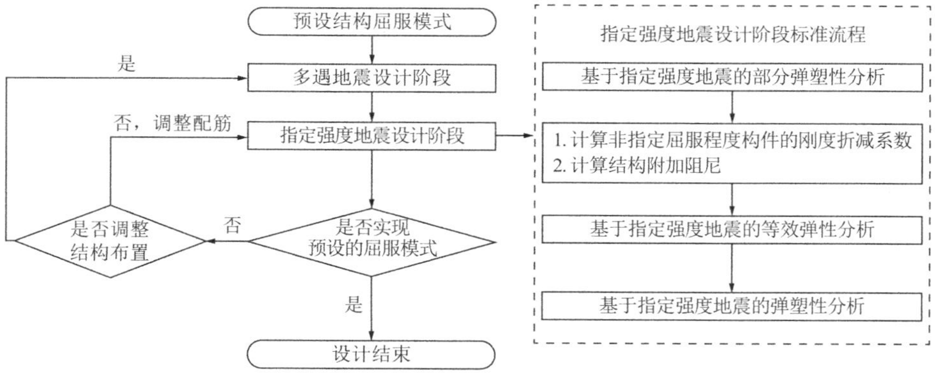

图 10.3.3-1　基于预设屈服模式的设计流程

① 预设结构屈服模式。指定不同地震水准下的预设不屈服构件、指定屈服程度构件以及非指定屈服程度构件。

② 多遇地震设计阶段。基于多遇地震水准进行弹性反应谱设计，此过程不考虑与抗震等级相关的内力调整。

③ 预设屈服迭代阶段。指定预设不屈服构件、指定屈服程度构件和非指定屈服程度构件，将上一阶段设计的结构进行指定强度地震的部分弹塑性分析。

④ 指定强度地震设计阶段。回代上一阶段非指定屈服程度构件的模型参数至原结构，并进行指定强度的地震等效弹性设计和弹塑性分析。

⑤ 根据弹塑性分析结果，校核结构是否实现预设的屈服模式。

10.4　复杂高层结构设计

10.4.1　带转换层结构

（1）带转换层结构的计算分析应符合下列规定：

① 转换层结构相关构件的内力计算时，其相连楼板应采用弹性楼板假定；

② 计算构件内力时，7 度抗震设防时宜考虑竖向地震作用为主的内力组合；7 度（0.15g）及 8 度抗震设防时，应考虑竖向地震为主的内力组合，且竖向地震作用应考虑两个主方向分别进行组合；

③ 采用板式转换结构时，应采用实体单元或壳单元模拟转换板进行结构分析；采用梁式转换时，宜采用实体单元或壳单元模拟转换梁进行补充分析；

④ 采用杆单元模拟转换梁时，应考虑转换梁的截面尺寸、板厚度及板跨度等因素，合

理选取转换梁的刚度放大系数、扭矩折减系数，且转换梁的扭矩折减系数不宜小于 0.85；

⑤ 应验算上部竖向构件与转换梁交界处的局部受压承载力；

⑥ 应考虑施工和加载顺序对结构内力和变形的影响，进行必要的施工模拟分析；

⑦ 复杂转换节点应采用精细化有限元方法进行局部应力分析，必要时宜采用两个不同的计算软件进行验算和对比分析（如转换梁开洞、搭接柱、多杆件连接节点）。

（2）托柱转换结构布置应满足下列要求：

① 带托柱转换层的筒体结构的外围转换柱与内筒或核心筒外墙的中距不宜大于 12m；

② 转换桁架及转换梁在转换层宜在托柱位置设置正交方向的梁。

（3）采用混凝土桁架作为转换结构时，应符合下列规定：

① 斜腹杆桁架或空腹桁架高度宜同转换层层高，桁架上弦节点宜与上部柱和剪力墙墙肢的形心对齐；

② 上下弦杆应按偏心受压或偏心受拉构件设计；当其轴向刚度、弯曲刚度考虑相连楼板作用时，应考虑竖向荷载或地震作用下楼板混凝土受拉开裂可能导致刚度退化的影响，为确保安全性，宜按零板厚复核转换桁架的杆件内力；

③ 斜腹杆桁架的斜腹杆，可参照框架柱设计，其截面轴压比限值，特一级、一级和二级宜分别取 0.5、0.6 和 0.7；

④ 空腹桁架的竖腹杆截面剪压比限值宜比框架柱提高，竖腹杆截面应满足强剪弱弯的设计要求。

（4）当采用斜柱与水平拉梁共同支承上部结构时，斜柱及拉梁宜按不低于设防烈度地震作用下弹性、罕遇地震作用下不屈服的要求设计。当斜柱转折处采用钢筋混凝土梁拉结时，宜提高拉梁的纵向通长钢筋配筋率或设置型钢，型钢宜与斜柱内型钢等强全焊连接。拉梁相关的楼板应符合下列规定：

① 楼板应采用弹性楼板模型，并计入楼板在使用过程中的刚度退化的影响，必要时可不考虑楼板作用；

② 板厚不宜小于 150mm，并应采用双层双向配筋，且每层每向的贯通楼板配筋不宜小于 0.25%；采用组合楼盖时，应加强钢筋混凝土楼板与钢梁的水平抗剪连接，必要时可设置面内水平支撑。

10.4.2 带加强层结构

（1）加强层形式包括伸臂构件、周边环带构件等，加强层刚度不宜过大，宜优先采用环带构件等布置方式，当设置伸臂构件时，宜同时布置环带构件。加强层构件宜采用钢桁架。

（2）加强层的位置和数量应由建筑使用功能和结构的合理有效等因素综合确定。当仅布置一个加强层时，位置可设在 0.6H（H为建筑物高度）附近；当需布置两个加强层时，位置可设在顶层和 0.5H附近；当布置多个加强层时，宜根据工程需要，确定加强层的类型和位置，经多方案比较确定，且宜优先布置于避难层。

（3）加强层伸臂桁架结构布置应满足如下规定：

① 伸臂桁架在结构平面布置上宜位于核心筒的转角或 T 形墙肢处，以避免核心筒墙体承受较大的平面外弯矩和局部应力集中而破坏。

② 伸臂桁架上、下弦杆宜贯通核心筒，墙内弦杆部分的钢骨应布置栓钉。桁架上下弦

可采用等截面代换双腹板伸入墙内。

③ 伸臂桁架在施工过程中框架梁、桁架弦杆与核心筒刚接部位可先做成铰接，腹杆后置安装，待塔楼主体完成后才分别刚接封闭及安装腹杆形成整体。

④ 在高烈度设防区，伸臂桁架斜腹杆宜采用屈曲约束支撑形成耗能伸臂桁架。

（4）水平荷载作用下，加强层上下层楼板宜采用弹塑性分析方法验算，并应按应力结果进行配筋设计。

（5）带加强层高层建筑结构设计性能目标宜符合下列规定：

① 加强层及其上、下各一层的核心筒和外框架、环带宜中震下保持弹性，伸臂构件宜大震不屈服。

② 为保证加强层的抗侧承载力，加强层上、下层楼板宜满足小震弹性、中震不屈服。

● **说明**

第（1）款，从抗侧刚度的角度考虑，同时设置环带桁架和伸臂桁架时，结构的抗侧刚度较大，单独设置环带桁架时，结构的抗侧刚度较小。从受力性能的角度考虑，环带桁架增强了外围框架受力的整体性，伸臂桁架将直接相连的外框柱变为核心筒的外边缘，相对而言，设置伸臂桁架引起的内力突变更大。

在超高层建筑结构中，若仅需小幅度提高结构抗侧刚度，应优先采用环带桁架，因环带桁架对框架柱轴力的改变较小；若需要大幅度提高结构抗侧刚度，则宜使用伸臂桁架，此时增设环带桁架可以在一定程度上改善伸臂桁架造成的轴力突变。

第（2）款，加强层位置的设置应结合建筑使用功能，在建筑避难层处设置。

应结合结构控制目标进行有效性分析，选择加强层的最优位置和数量。当控制顶点位移和最大层间位移角时，加强层设置于结构中上部效果比较显著；当控制底部筒体墙肢的轴力、倾覆力矩等时，加强层设置于结构偏中下部效果较好。

第（3）款第③项，由于结构内筒和外筒施工不同步，结构不对称布置以及混凝土材料的收缩徐变等因素，结构内外筒的变形存在一定差异，会在水平伸臂构件中产生很大的附加应力，对加强层内力影响很大，故水平伸臂构件宜分段拼装，在设置多道水平伸臂构件时，本层水平伸臂构件可在施工上一个水平伸臂构件时予以后连接；仅设一道水平伸臂构件时，可在主体结构完成后再连接伸臂形成整体。当采用伸臂桁架后置封闭及安装时，应验算施工阶段主体结构的刚度和强度安全要求，小震、风荷载作用下刚度可适当放松，可取 10 年一遇的风荷载验算。

第（3）款第④项，伸臂桁架虽能有效减小风荷载作用下结构的水平位移，但在地震作用下其所在的加强层可能会发生结构刚度突变和内力剧增，形成薄弱层，对抗震非常不利，伸臂桁架作为传递轴力给外框柱的关键构件，其刚度、承载力和稳定性等性能指标应得到有效保证和满足。当伸臂桁架斜腹杆采用普通钢支撑时，为保证支撑面内、面外稳定，支撑截面往往较大，相对刚度也大。改用防屈曲支撑作为伸臂桁架斜腹杆，不存在支撑拉压失稳问题，支撑截面和刚度指标易控制，从而形成有限刚度的加强，能有效减小结构刚度和内力的突变，使其在罕遇地震作用下呈现延性屈服机制。

10.4.3 错层结构

（1）楼盖错层计算分析应符合下列规定：

① 当错层高度大于楼层典型框架梁的截面高度时，应满足分块刚性楼板的计算假定，计算模型中应设置不同计算楼层。

② 错层结构的楼层位移和层间位移的扭转位移比，应按分块刚性楼板进行统计。

（2）楼盖错层设计应符合下列规定：

① 错层处框架柱的截面高度不应小于 600mm；混凝土强度等级不应低于 C30；箍筋应全柱段加密配置；抗震等级应提高一级采用，一级应提高至特一级，当抗震等级已为特一级时可不再提高。错层段形成超短柱时，宜加强配筋，或在错层段及上下延伸一层设置芯柱或型钢。

② 当错层楼盖占全部楼盖面积比例超过 20%时，错层部位柱应按设防地震下抗弯不屈服、抗剪弹性设计，并满足罕遇地震下抗剪截面验算要求。

③ 错层处剪力墙应符合行业标准《高层建筑混凝土结构技术规程》JGJ 3—2010 第 10.4.6 条的规定。

10.4.4 连体结构

（1）连体高层建筑由两幢或以上塔楼通过连体连接组成，与连体连接的塔楼宜对称布置。连体结构的连接形式可分为强连接和弱连接，连接方式应综合考虑结构自身动力特性和建筑外观效果等因素，连体结构示意如图 10.4.4-1 所示。

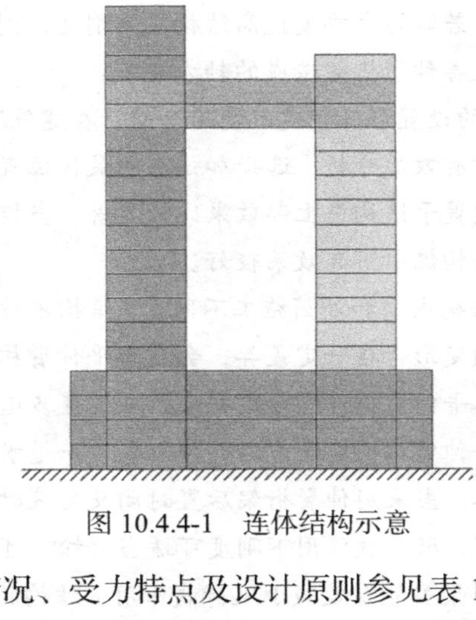

图 10.4.4-1 连体结构示意

强连接和弱连接适用情况、受力特点及设计原则参见表 10.4.4-1。

连体类型　　表 10.4.4-1

连接形式	强连接	弱连接
适用情况	①单塔刚度有限，需要连体协同双塔共同抵抗外力； ②连体结构跨度较大，连体重要性较高； ③建筑对外立面要求高，不允许结构设缝	①各塔之间刚度差别较大； ②单塔抗侧较好，单塔可单独成立； ③连体结构高度较小，连体刚度对各塔影响有限； ④连体主要起连廊作用，功能要求性较低
受力特点	①连体参与整体结构受力； ②连体受力较为复杂	①连体对各塔侧向刚度无影响； ②连体仅承担竖向荷载，设计难度较低
设计原则	②连体结构形式需要与建筑效果相匹配； ②连体设计需注意与支座节点的连接关系，保证强节点弱构件	滑动支座需位移限制，避免大震下连体结构滑落

（2）连接体按结构形式可分为普通桁架式连接体、空腹桁架式连接体、梁式和吊梁式连接体，参见图 10.4.4-2。

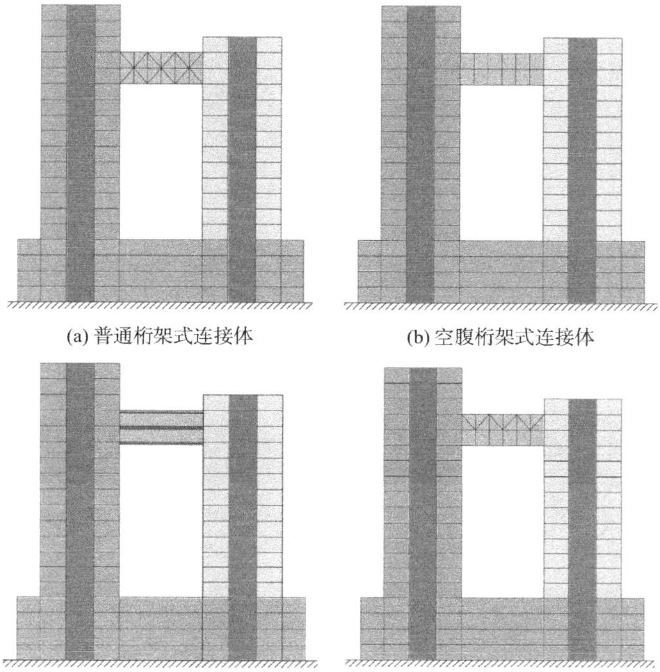

(a) 普通桁架式连接体　(b) 空腹桁架式连接体

(c) 梁式连接体　(d) 吊梁式连接体

图 10.4.4-2　连接体结构形式

（3）连接体结构采用刚接连接时，连接体结构的主要结构构件应至少伸入主体结构一跨并可靠连接；必要时可延伸至主体部分的内筒，并与内筒可靠连接。当连接体结构与主体结构采用滑动连接时，支座滑移量应满足两个方向在罕遇地震作用下的位移要求，并应采取防坠落、撞击措施。罕遇地震作用下的位移要求，应采用时程分析方法进行计算复核。

（4）7 度及 8 度抗震设计时，层数和刚度相差悬殊的建筑不宜采用强连接连体结构。9 度区不应采用高位连体结构。

（5）连体结构分析中应采用局部弹性楼板、多个刚性块弹性连接的计算模型。

（6）连接体与塔楼为斜向连接时，应考虑斜向风荷载和斜向及双向地震输入进行结构计算，宜考虑竖向地震作用和温度作用，连体结构平面长度超过 200m 时宜进行行波效应分析。

（7）跨度较大的强连接连体结构宜增加地震作用效应与温度作用效应组合工况。

（8）高层连体结构宜考虑风力相互干扰的群体效应，对顺风向风荷载相互干扰系数可取 1.1，对横风向风荷载相互干扰系数可取 1.2。

（9）连体结构的抗震性能化设计，可分别选定针对整体结构或连接体结构的性能目标。强连接连体结构的连接体及塔楼相关构件宜提高性能标准。

● **说明**

第(1)款，强连接包括刚接连接和铰接连接；弱连接包括滑动连接和弹性连接，如图 10.4.4-3 所示。

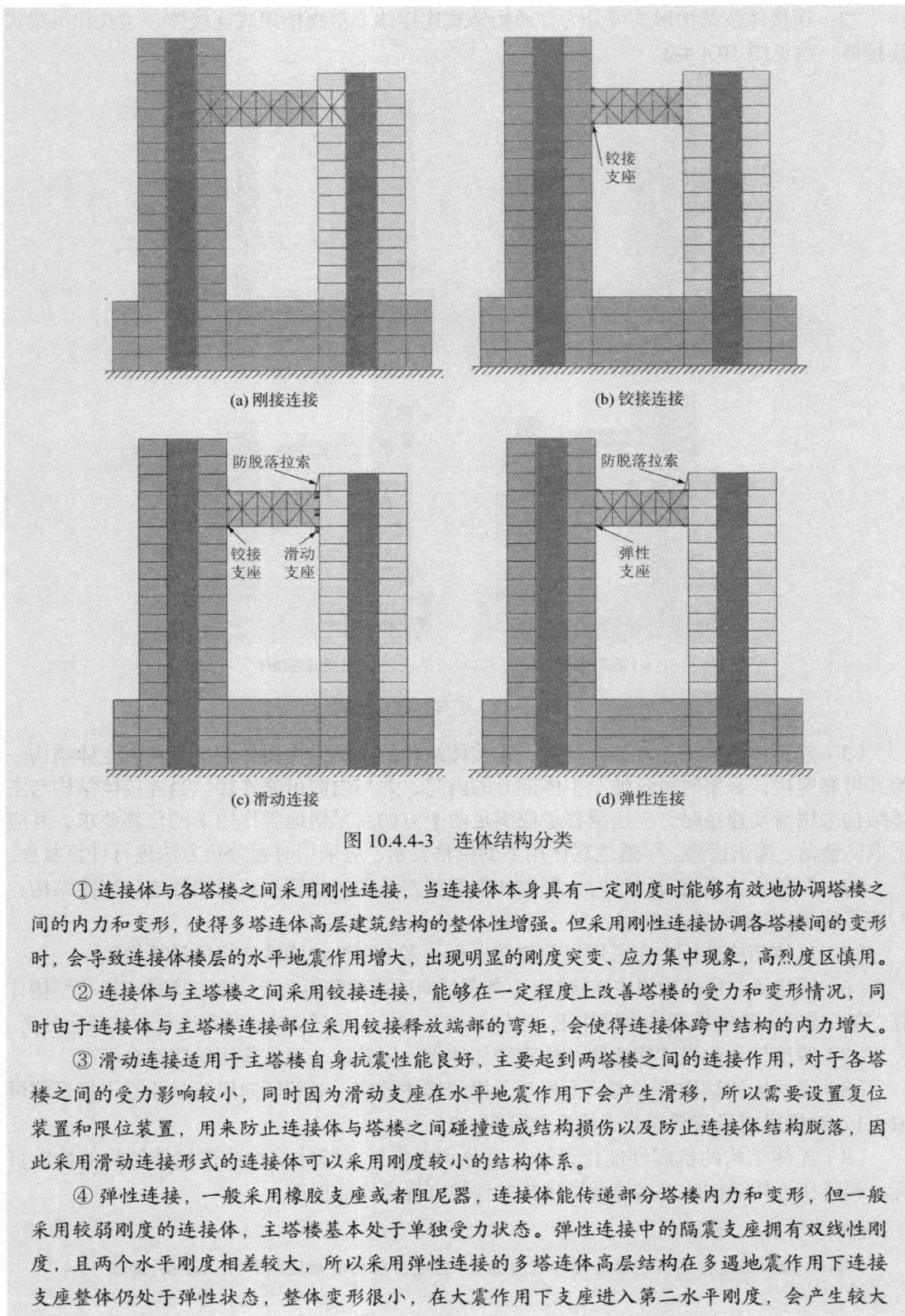

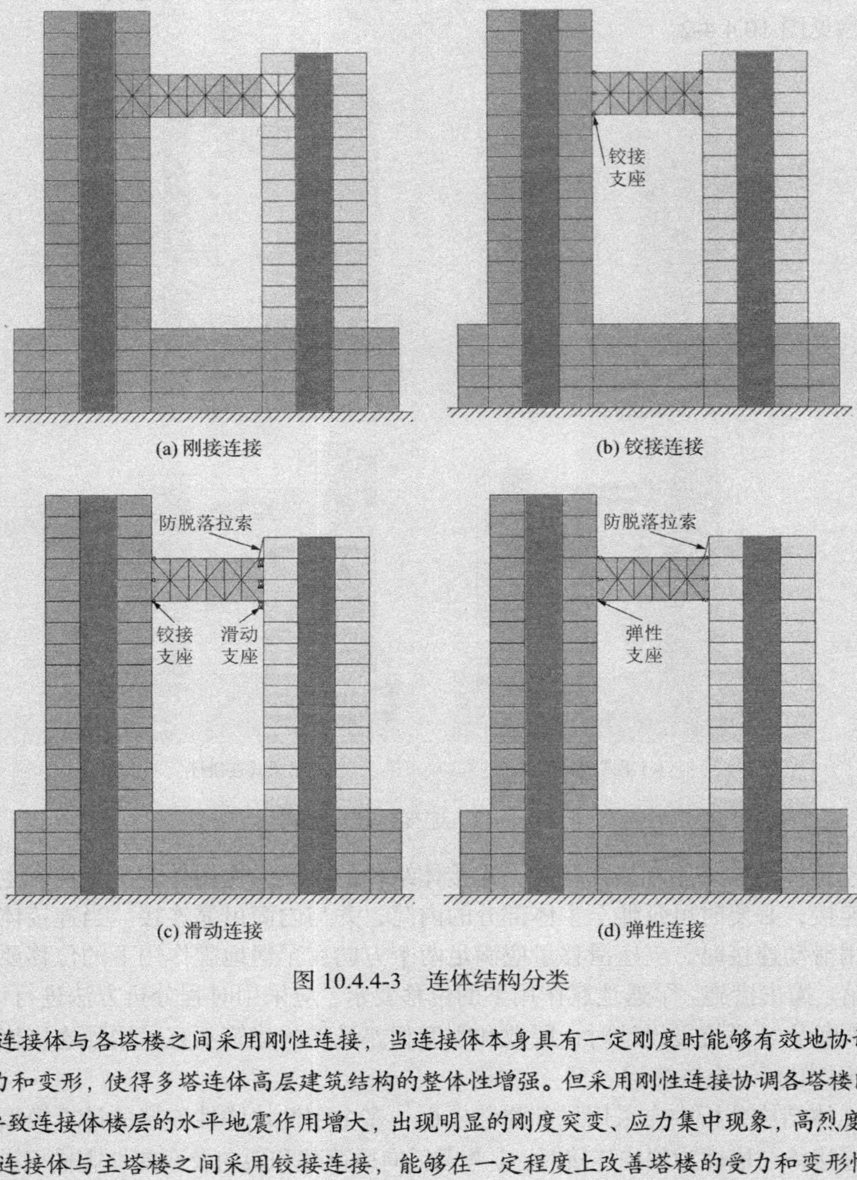

图 10.4.4-3　连体结构分类

① 连接体与各塔楼之间采用刚性连接，当连接体本身具有一定刚度时能够有效地协调塔楼之间的内力和变形，使得多塔连体高层建筑结构的整体性增强。但采用刚性连接协调各塔楼间的变形时，会导致连接体楼层的水平地震作用增大，出现明显的刚度突变、应力集中现象，高烈度区慎用。

② 连接体与主塔楼之间采用铰接连接，能够在一定程度上改善塔楼的受力和变形情况，同时由于连接体与主塔楼连接部位采用铰接释放端部的弯矩，会使得连接体跨中结构的内力增大。

③ 滑动连接适用于主塔楼自身抗震性能良好，主要起到两塔楼之间的连接作用，对于各塔楼之间的受力影响较小，同时因为滑动支座在水平地震作用下会产生滑移，所以需要设置复位装置和限位装置，用来防止连接体与塔楼之间碰撞造成结构损伤以及防止连接体结构脱落，因此采用滑动连接形式的连接体可以采用刚度较小的结构体系。

④ 弹性连接，一般采用橡胶支座或者阻尼器，连接体能传递部分塔楼内力和变形，但一般采用较弱刚度的连接体，主塔楼基本处于单独受力状态。弹性连接中的隔震支座拥有双线性刚度，且两个水平刚度相差较大，所以采用弹性连接的多塔连体高层结构在多遇地震作用下连接支座整体仍处于弹性状态，整体变形很小，在大震作用下支座进入第二水平刚度，会产生较大

的位移变形，进行耗能减震，因此弹性连接也应设置相应复位装置和限位装置。

第（2）款，连接体结构应优先采用钢结构及型钢混凝土结构，连接体可采用梁、桁架或拱架等结构形式。

第（4）款，连体结构各独立部分宜有相同或相近的体型、平面和刚度，宜采用双轴对称或多轴对称的平面形式，否则在地震中容易出现复杂的X向、Y向、扭转相互耦联的振动，甚至造成扭转行为明显，对抗震不利。

高位连体结构是指连体位置高度超过80m。

第（5）款，强连接的基本分析方法参见图10.4.4-4。

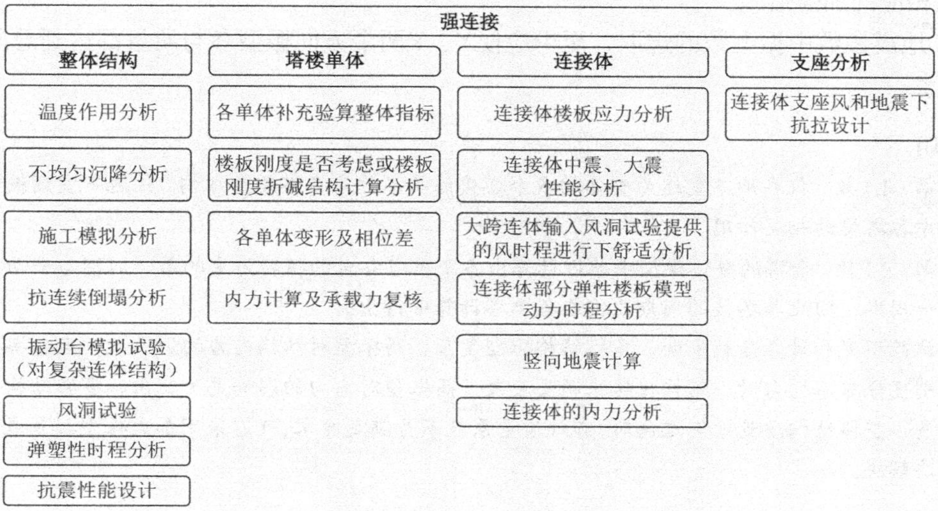

图10.4.4-4　强连接分析方法

弱连接的基本分析方法参见图10.4.4-5。

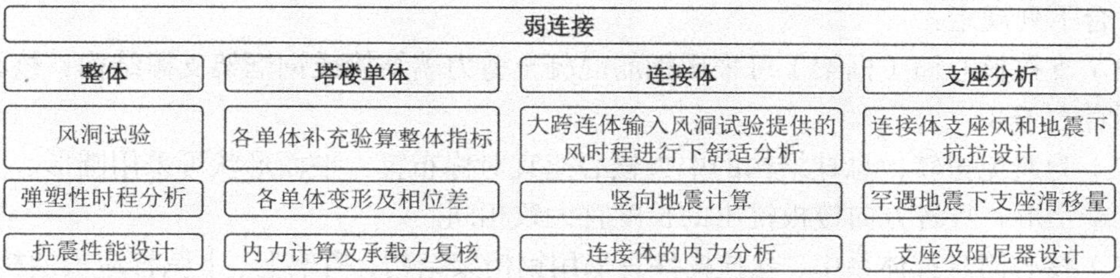

图10.4.4-5　弱连接分析方法

第（8）款，对矩形平面高层建筑，当单个施扰建筑与受扰建筑高度相近时，根据施扰建筑的位置，对顺风向风荷载相互干扰系数可在1.0～1.1范围内选取，对横风向风荷载可在1.0～1.2范围内选取；体型复杂、周边干扰效应明显或风敏感的重要结构应进行风洞试验。

10.4.5　多塔结构

（1）大底盘多塔结构可利用裙楼的卫生间、楼电梯间等布置剪力墙或支撑调整结构抗扭刚度，剪力墙或支撑宜沿大底盘周边布置。

（2）多塔结构计算应符合下列规定：

① 宜分别按多塔和单塔模型进行分析，整体建模主要计算多塔楼对大底盘部分的影响。各塔楼的位移比宜在整体模型中计算统计，周期比宜在单塔模型中统计；裙楼位移比应采用整体模型计算统计。当塔楼的裙房结构超过两跨时，分塔楼模型宜至少附带两跨的裙房结构。计算周期、位移等指标时可按刚性楼板假定。

② 多塔楼结构宜根据施工阶段大底盘合拢前塔楼及底盘的实际情况分别建模验算施工工况。

③ 当底盘尺寸较大时，宜计算温度及混凝土收缩作用对底盘结构构件内力的影响，并应采取相应的加强措施。

④ 地震参数中振型数的选取，至少应使*X*、*Y*两个方向振型参与质量都达到总质量的90%以上。

● **说明**

第（1）款，仅在地下室连为整体的多个塔楼结构不作为多塔复杂结构，但地下室顶板设计应考虑各塔楼的相互作用。

第（2）款，合塔的整体模型中难以计算出各个单塔各自的扭转为主的第一周期与平动为主的第一周期，因此各塔楼的周期比需在各单塔计算中得出。

试验研究和计算分析表明，多塔结构振型复杂，高振型对结构内力的影响大；当各塔楼质量和刚度分布不均匀时，结构扭转振动反应大，高振型对内力的影响更为突出。多塔结构当底盘质量占整体结构质量比例过高时，有效质量系数不易满足要求，可以采用加大振型数量或Ritz向量法解决。

10.4.6 悬挂结构

1）悬挂结构可分为核心筒悬挂结构和多筒悬挂结构，如图10.4.6-1所示。悬挂结构设计应符合下列规定：

（1）支撑核心筒（框架）可采用钢筋混凝土剪力墙结构或钢框架支撑结构，核心筒高宽比不宜大于8。

（2）为避免扭转，悬挂结构的中央核心筒宜对称布置，平面形状可采用圆形、方形、矩形或十字形，且各方向楼板挑出的长度宜大致相同。

（3）核心筒悬挂体系中，悬挂构件宜采用钢桁架结构，桁架上、下弦杆应贯通核心筒。

（4）吊柱、钢梁宜采用钢结构。楼面钢梁与吊柱及核心筒应采用两端铰接，楼层边梁与吊柱应采用刚性连接。

（5）水平荷载作用下的结构变形控制，应计入竖向荷载的有利作用。

（6）核心筒悬挂结构采用混凝土核心筒时，应保证核心筒连梁开裂后有足够的变形能力，核心筒墙肢应具有良好的延性和稳定性，以实现结构体系具备两道抗震防线的要求。

（7）悬挂结构基础设计时，其底面边缘的最小压力值宜大于零；当底面边缘的最小压力值小于零时，可采取偏心基础或桩基础。

（8）悬挂结构的核心筒设计应采取以下加强措施：

① 核心筒安全等级提高一级；

② 在核心筒角部和洞口两侧，沿全楼高度设置型钢；

③ 在核心筒角部，沿全楼高度设置边缘约束构件；

④ 提高核心筒抗震性能目标，中震正截面不屈服，受剪承载力弹性，大震受剪承载力不屈服。

2）悬挂结构的计算分析应符合以下规定，其基础设计如图 10.4.6-2 所示。

（1）应进行 100 年风荷载、罕遇地震作用下的抗倾覆验算。

（2）悬挂结构重心较高，结构弹性计算时应考虑重力二阶效应对水平力作用下结构内力和位移的不利影响。

（3）应进行竖向地震时程分析，并应取时程分析与反应谱（最小限值调整后）两者计算结果进行包络设计。

（4）核心筒悬挂结构中震时在双向水平地震作用下，墙肢全截面由轴向力产生的平均名义拉应力不宜超过两倍混凝土抗拉强度标准值。

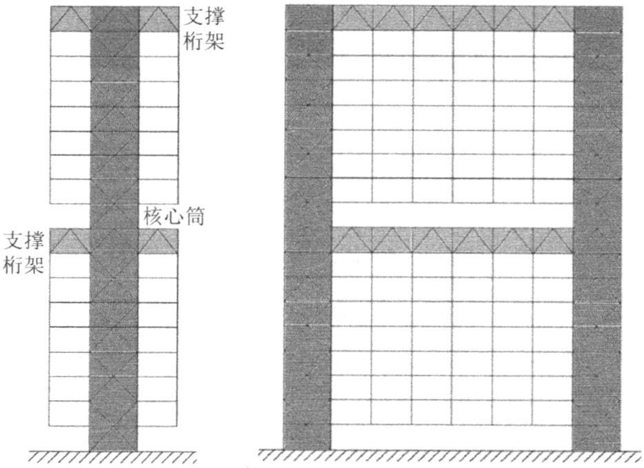

(a) 核心筒悬挂结构　　(b) 多筒悬挂结构

图 10.4.6-1　悬挂结构类型

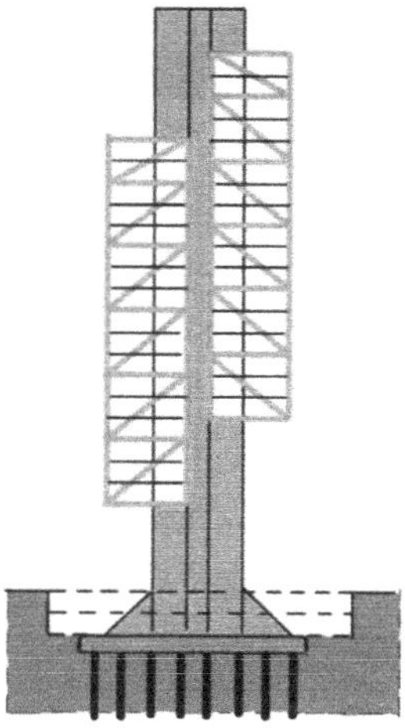

图 10.4.6-2　悬挂结构基础

3）应根据施工方案进行施工模拟分析。

● **说明**

第 1）款，悬挂结构作为一种新型的建筑结构形式，能够在一定程度上解决建筑造型、功能与结构之间的矛盾，其传力路径如图 10.4.6-3 所示。主要优点有：外立面通透，易于实现特定建筑造型，平面布置灵活，满足多种建筑空间功能需求等。主要缺点有：结构冗余度较低；底层附近容易形成薄弱层；重心上移，水平地震响应及P-Δ效应增大。

第 2）款第（1）项，悬挂结构作为一种新型的结构体系，国内现有标准未见提及筒体悬挂结构体系，为避免整体失稳等问题，对核心筒高宽比限值给出要求。

第 2）款第（4）项，楼面钢梁与吊柱及核心筒两端铰接，可避免吊柱和核心筒竖向变形差引起楼面梁的次弯矩。楼层边梁与吊柱刚性连接，当局部吊柱失效时，刚接边梁可形成连续梁，避免出现连续倒塌。

第 2）款第（5）项，悬挂楼层，施工期间采用胎架支撑，撤除胎架后结构在重力作用下会发生一定变形，考虑到悬挂结构以上受力特点，因此在水平荷载作用下进行结构变形控制时，尚需考虑计入竖向荷载作用的贡献，以确保幕墙及附属结构的正常使用。

第2）款第（8）项，对于悬挂结构而言，核心筒承载了塔楼全部重量，且是塔楼唯一的抗侧力结构。核心筒承担较大的倾覆力矩，墙肢在水平荷载作用下易出现拉力，因此需对核心筒进行相应加强措施。

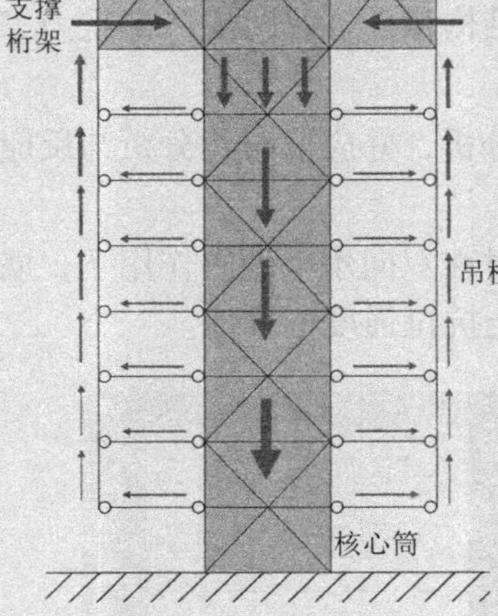

图 10.4.6-3　悬挂结构传力路径示意

第4）款，悬挂结构的施工从总体上可采用两种方法进行：

① 顺序施工，即自下向上逐层施工，其示意见图 10.4.6-4。这一过程中吊杆和柱子始终处于受压状态，当上部悬挂依托结构施工完成，吊杆与之连接后，吊杆和柱子变成受拉状态，两种工况下吊杆和柱子的内力和变形有较大反差，容易导致结构开裂甚至是断裂，施工阶段和使用阶段内力变形反差较大（压→拉），需采取额外措施实现结构的内力重分布以及变形控制。

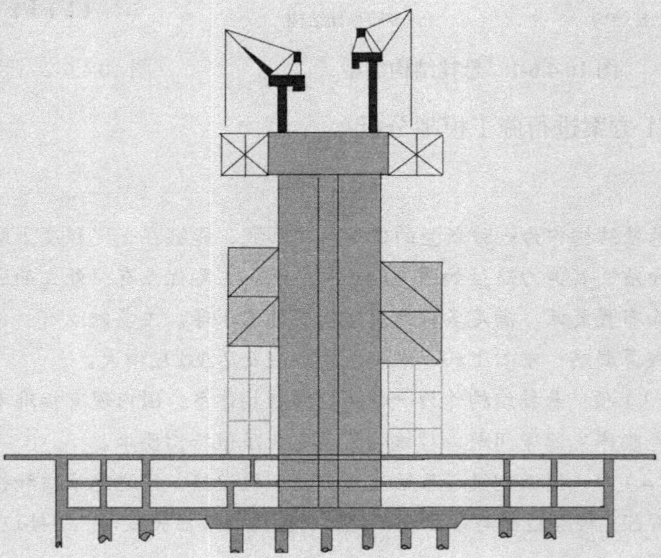

图 10.4.6-4　悬挂结构顺序施工

②逆序施工，即由上向下施工，其示意见图 10.4.6-5。先将核心筒施工完成，再依靠顶部的悬挂依托结构向下悬挂逐层施工，施工过程中吊柱受力状态与设计状态一致，无须结构转换。

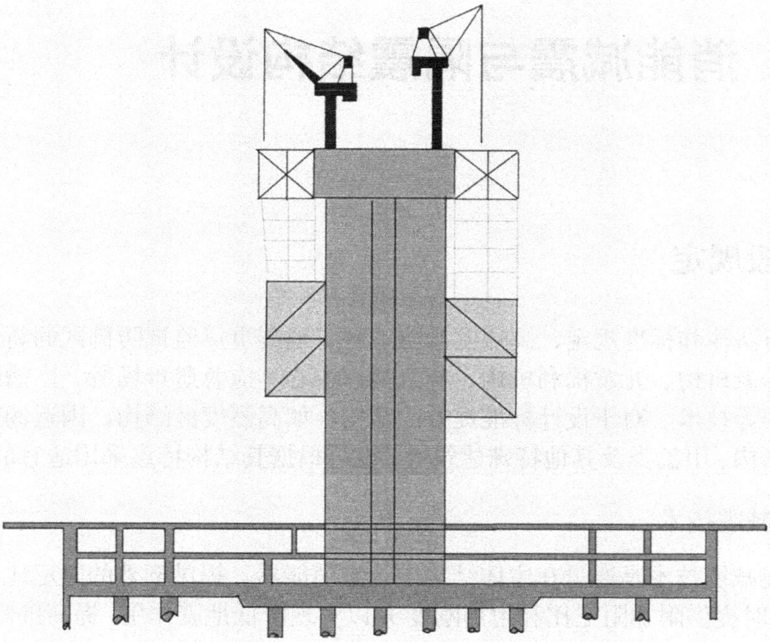

图 10.4.6-5　悬挂结构逆序施工

11 消能减震与隔震结构设计

11.1 一般规定

根据现行法律和标准规定，高烈度设防地区、地震重点监视防御区的新建学校、幼儿园、医院、养老机构、儿童福利机构、应急指挥中心、应急避难场所、广播电视等建筑，应采用减隔震等技术。对于设计标准提升的结构，如高烈度区结构、因近场效应导致地震作用增大的结构、甲乙类及其他特殊建筑等，也可根据其结构特点采用适宜的减隔震方法。

11.1.1 消能减震技术

（1）消能减震技术是通过在主体结构中设置消能器，提供额外的阻尼比（即附加阻尼比，有时会同时提供附加阻尼比和附加刚度），以实现降低地震作用、提高抗侧能力的目的。作为第一道抗震防线，消能器在目标地震水准下吸收地震能量，进而降低主体结构损伤，提升整体抗震性能。结构被动减震控制，即通过在结构中合理设置被动消能装置，来有效地控制结构的振动响应，使结构在地震、大风或其他动力干扰作用下的各项反应值被控制在允许范围内。结构能量转换途径对比参见图 11.1.1-1。

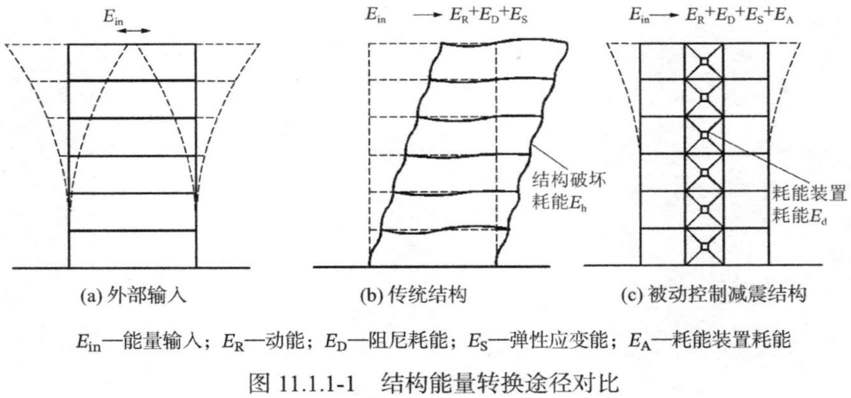

E_{in}—能量输入；E_R—动能；E_D—阻尼耗能；E_S—弹性应变能；E_A—耗能装置耗能

图 11.1.1-1 结构能量转换途径对比

（2）消能减震设计中，应根据项目具体特点，综合考量刚度、阻尼等方面的需求，选择合适的消能器。消能器的子结构和连接节点应确保不早于主体结构屈服，消能器不应先于主体结构破坏，并应满足极限承载力的设计要求。

（3）消能减震技术可用于新建建筑结构和加固改造结构。

● **说明**

传统的结构设计方法是通过改变结构自身性能例如增加结构的刚度、强度、改变质量分布等来抵抗强震和强风的作用。为了更经济、有效地提高结构的抗震（振）性能，通过“柔性耗能”的途径来减小结构振动反应，也统称为“结构振动控制”。

结构振动控制根据是否需要外部能量输入可分为被动控制、主动控制和半主动控制三种。

被动控制适用于抗震设防地区和对抗震设防有特殊要求的新建建筑结构的抗震设计，以及既有建筑结构的抗震加固；适用于高层建筑、超高层建筑和高耸结构的抗风设计；也可用于其他动荷载作用下建筑结构的抗震设计。

11.1.2　隔震技术

隔震技术适用于新建工程或加固改造设计，合理的隔震设计可实现降低水平地震作用一度或以上等目标。隔震设计应关注隔震层设计，其中隔震支座拉力、抗风装置、罕遇地震隔震层位移等应重点关注。

11.2　消能减震结构

11.2.1　被动消能器的分类

被动消能器分为速度相关型消能器、位移相关型消能器及复合型消能器。

（1）速度相关型消能器是指其耗能能力与消能器两端的相对速度有关的消能器，包括黏滞消能器、黏弹性消能器等。

（2）位移相关型消能器是指其耗能能力与消能器两端的相对位移相关的消能器，包括金属消能器、摩擦消能器和屈曲约束支撑等。

（3）复合型消能器是指其耗能能力与消能器两端的相对位移和相对速度有关的消能器，包括铅黏弹性消能器等。

● **说明**

① 黏滞消能器（图 11.2.1-1）是由缸体、活塞、黏滞材料等部分组成，利用黏滞材料运动时产生黏滞阻尼耗散能量的一种位移相关型消能器。摩擦消能器在正常使用荷载下不发生作用产生位移，也不对结构提供刚度；在强震作用下摩擦消能器产生滑移，为结构提供阻尼，并依靠摩擦做功耗散能量。

② 黏弹性消能器（图 11.2.1-2）是由黏弹性材料和约束钢板或圆钢筒等组成，是利用黏弹性材料的剪切变形或拉压应变产生阻尼、消耗结构振动能量的一种速度相关型消能器。

③ 摩擦消能器（图 11.2.1-3）是通过摩擦材料之间的滑动摩擦消能结构振动能量的一种位移相关型消能器。摩擦消能器在正常使用荷载下不发生作用产生位移，也不对结构提供刚度；在强震作用下摩擦消能器产生滑移，为结构提供阻尼，并依靠摩擦做功耗散能量。

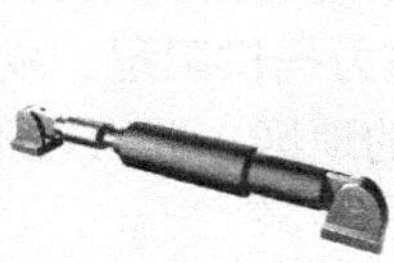
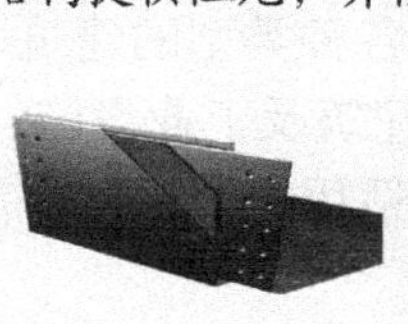
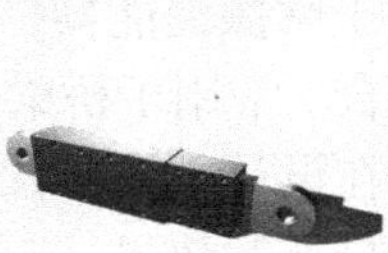

图 11.2.1-1　黏滞消能器　图 11.2.1-2　黏弹性消能器　图 11.2.1-3　摩擦消能器

④ 金属消能器是（图 11.2.1-4）由各种不同金属材料（软钢、铅等）元件制成，利用金属元件屈服时产生的弹塑性滞回变形耗散能量的减震装置。金属消能器还可以简单地分为软钢的剪切变形和弯曲变形两种。

(a) 剪切金属消能器　　(b) 弯曲金属消能器

图 11.2.1-4　金属消能器示意图

⑤ 屈曲约束支撑（图 11.2.1-5）是由核心单元、外约束单元等组成，利用核心单元钢材的拉压塑性变形消耗结构振动能量的一种位移相关型消能器。屈曲约束支撑又称为防屈曲支撑、无粘结支撑，其延性和滞回耗能能力高，兼有普通支撑（风荷载和小震条件下提供抗侧刚度）和耗能构件（中震和大震条件下提供阻尼）的双重作用，并具有较高承载能力。

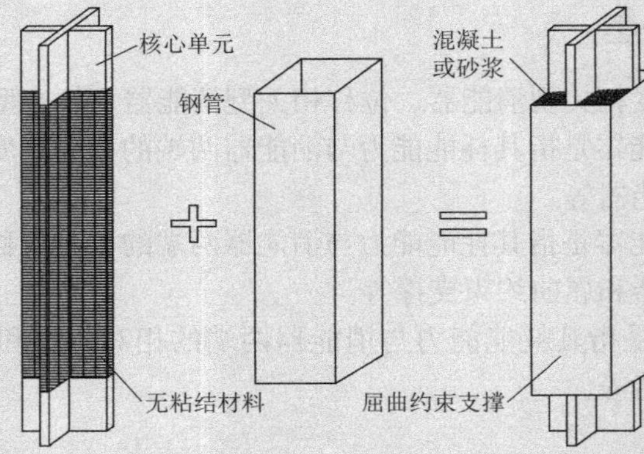

图 11.2.1-5　屈曲约束支撑示意图

11.2.2　消能器的适用范围

（1）对于黏滞消能器，适用于高层及超高层建筑结构的风致振动控制、在抗震设计中对阻尼需求较高的建筑；隔震系统中，可与隔震垫配合使用。

（2）对于黏弹性消能器，适用于中高层建筑的抗震设计、需要同时控制位移和能量耗散的结构等。黏弹性消能器在中大震级下表现出优异的耗能能力，也适用于地震能量衰减需求较高的工程项目。

（3）对于摩擦消能器，适用于各种类型的建筑结构，特别是在需要大变形能力和高能量耗散的场合。常用于桥梁、高层建筑及工业设施，通过摩擦力提供阻尼，减缓结构振动。摩擦消能器在设计中灵活性高，也适用于地震频率范围广泛的地区，并可在不同震级下提供稳定的能量耗散效果。

（4）对于金属消能器，适用于中高层及大型建筑结构，特别是在需要提升结构刚度和抗震性能的项目中。常用于框架结构和框架-剪力墙结构，通过提供稳定的能量耗散，减少地震作用对主体结构的影响。此外，金属消能器也适用于地震频率较高的区域，以有效控制结构的振动响应。

（5）对于屈曲约束支撑，当结构刚度不足时，可通过合理设置屈曲约束支撑来增加结构整体刚度，进而满足变形需求；当结构对耗能有需求时，屈曲约束支撑可在中震后屈服，提供附加阻尼，以达到减震的目的。

●【说明】

黏滞消能器能有效地耗散地震能量，提供足够的附加阻尼。在多遇地震工况下的效果最好，但随着地震强度的增大，所提供的附加阻尼衰减较为严重。

11.2.3　消能减震设计原则

（1）消能减震结构设计必须基于基本的结构合理性假定，应建立符合实际情况的力学分析模型，并应综合考虑建筑的几何形状、材料特性及施工工艺等因素，确保分析结果的真实性和可靠性。

（2）抗震计算分析模型应同时包括主体结构与消能部件，确保两者在地震作用下协同工作。

（3）分析时应考虑双向地震或风荷载作用，必要时还应考虑三向地震作用。当在两个平面内分别布置消能器时，应确保结构构件可承受来自不同方向的受力，避免出现受力不均而导致的结构薄弱部位，应考虑相交处的柱在双向地震作用下的受力。

（4）在消能减震结构中，子结构指的是与主体结构相连接并用于实现能量耗散的辅助构件或系统，主要包括各种类型的消能器、其支撑构件、连接节点以及相关的配套构造措施。子结构的设计应确保其与主体结构的协调配合，并能够有效吸收和耗散地震能量，保护主体结构不受过大损伤。

（5）消能减震结构构件设计时，应考虑消能部件对主体结构构件（如柱、墙、梁等）产生的附加轴力、剪力和弯矩作用；消能子结构应具备足够的变形能力，应满足罕遇地震作用变形下承载力不下降的要求。

（6）消能减震结构应合理设置消能器，形成以消能器为主的消能机制。设计过程中，应综合考虑建筑的高度、用途及所在地区的抗震设防烈度，优化消能器的类型和参数，确保整体结构在地震作用下的安全性和可靠性。

●说明

子结构作为第一道抗震防线，应吸收主要的地震能量，以最大限度地保护主体结构免受过大损伤。合理的消能器布置和数量配置，可以有效耗散地震能量。

11.2.4　消能器布置原则

（1）消能器布置应合理。

（2）消能部件宜在两个主轴方向上双向布置，以使结构在主轴方向上的动力特性相近，并应根据项目特点灵活布置。

（3）消能部件的竖向布置应确保结构沿高度方向的刚度分布均匀，避免因刚度突变结构在地震作用下产生局部集中变形情况，提升整体稳定性。

（4）消能部件应优先布置在层间位移或速度较大的楼层。

（5）消能器的布置不应导致结构出现薄弱构件或薄弱层。应确保消能器的安装不会削弱主体结构的关键部位，如柱、梁或墙体的承载能力。合理的布置应保持结构整体的均衡性和连续性，防止因局部弱化而引发结构失稳。

（6）消能器的布置位置和数量分别还应根据所选取的消能器类型以及主体结构特性综合考虑，如对于用黏滞消能器控制超高层的风致振动，应将消能器布置在结构的高区，充分利用风及结构振动的特点，以达到最好的减震效果。

（7）消能器的布置可基于所选取的设计目标进行确定。如对于多层框架，若变形要求无法满足限制规定，则可布置一定数量的屈曲约束支撑来达到结构设计要求；对于配筋较大的框架结构，可布置一定数量的金属消能器，通过提供附加阻尼比降低结构响应，进而减少材料用量，节省造价。

● 说明

第（1）款，合理布置消能器是确保消能减震方案有效实施和结构抗震性能达到预设目标的关键。通过科学合理的消能器布置，可以优化能量耗散路径，均衡结构各部分的受力，最大限度地减小地震作用对主体结构的影响。此外，合理布置有助于避免局部过载和结构不均衡，提升整体稳定性和延性。

第（3）款，层间位移或速度较大的楼层通常在地震作用下的变形和振动更为显著，消能器的合理优化布置可以有效吸收地震能量，提高消能器的减震效率。

11.2.5 消能减震结构设计

（1）消能减震结构多遇地震作用效应可按振型分解反应谱法计算，位移相关型消能部件刚度贡献宜取多遇地震时的等效刚度，主体结构的附加有效阻尼比宜选取多遇地震计算得到的附加有效阻尼比。

（2）结构的变形、承载力、抗震构造措施等均应满足相关设计要求。

（3）地震时保持正常使用功能建筑应基于设防地震进行承载力设计，并进行设防地震和罕遇地震作用下的结构变形和楼面水平加速度验算。

11.2.6 消能减震中的子结构设计

（1）消能子结构中梁、柱和墙等非消能部件宜按重要构件设计，并应考虑罕遇地震作用效应和其他荷载作用标准值的效应，其值应小于构件极限承载力。构件作用效应计算时，应考虑构件的弹塑性。

（2）消能子结构中非消能部件的梁、柱和墙截面设计应考虑消能器在实际作用下的真实阻尼力作用。

（3）当消能部件采用高强度螺栓或焊接连接时，应在消能子结构节点部位的组合弯矩设计中考虑消能部件端部的附加弯矩，确保节点处的构件能够安全承载额外弯矩。

（4）应进行消能器响应位移和速度下引起的阻尼力作用下的消能部件的节点和构件截面验算。

（5）当消能器的轴心与非消能部件构件的轴线存在偏差时，应考虑消能器抗力引起的附加弯矩或因偏心作用而引起的平面外弯曲对构件的影响。

（6）消能减震子结构设计，可按如下流程进行：

① 在满足抗震设计原则的条件下，采用小震振型分解反应谱法分析，根据材料设计值进行结构设计，并计算消能子结构的构件配筋；

② 根据各构件配筋，对消能子结构进行罕遇地震作用下弹塑性分析，计算罕遇地震下消能的子结构内力；

③ 根据弹塑性计算得到的子结构内力，对子结构进行校核，框架柱和梁应满足抗剪弹性，节点连接部位对应节点区域应满足抗剪弹性，当采用支墩连接时，支墩根部对应梁截面应满足抗弯和抗剪弹性；

④ 消能子结构的抗震等级应高于主结构一级，当主结构为特一级时不再提高。

11.2.7　消能器连接部件设计

（1）消能器与主体结构的连接方式主要包括支撑型、墙型、柱型、门架式和腋撑型等多种形式。设计时应根据工程的具体需求、消能器的类型以及结构特点，合理选择最适合的连接形式，以确保连接的稳固性和能量耗散的有效性。

（2）当采用支撑型连接时，常见的布置方式有单斜支撑、“V”形和“人”字形等，应尽量避免使用“K”形布置，以防止结构受力不均。

（3）消能器与支撑、节点板及预埋件的连接可采用高强度螺栓连接、焊接或销轴连接等方式。应确保连接的牢固性和可靠性，避免在地震作用下发生连接失效。

（4）预埋件、支撑、支墩、剪力墙及节点板必须具备足够的刚度、强度和稳定性，并应能够承受消能器在地震作用下所产生的阻尼力，确保整体结构的稳固和能量耗散的有效进行。

（5）消能器的支撑或连接元件构件、连接板应保持弹性，以保证在地震作用下消能器能够有效运动，充分发挥能量耗散的作用。

（6）与位移相关型或速度相关型消能器相连的预埋件、支撑和支墩、剪力墙及节点板的作用力取值应为消能器设计位移或设计速度下对应阻尼力的 1.2 倍。

（7）减震设计的流程如图 11.2.7-1 所示。

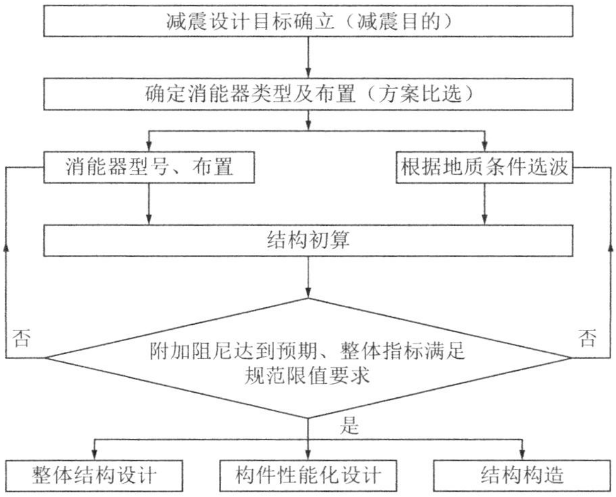

图 11.2.7-1　减震设计流程图

11.3 隔震结构

11.3.1 适用标准

隔震结构设计，应符合下列标准的相关规定：

（1）国家及行业标准

《建筑与市政工程抗震通用规范》GB 55002—2021；

《建筑抗震设计标准》GB/T 50011—2010（2024年版）；

《建筑隔震设计标准》GB/T 51408—2021；

《建筑隔震橡胶支座》JG/T 118—2018；

《建筑隔震工程施工及验收规范》JGJ 360—2015。

（2）地方标准

《建筑工程减隔震技术规程》DB11/2075—2022。

（3）国家标准图集

《建筑隔震构造详图》22G610-1。

● 说明

第（1）款，《建筑隔震设计标准》GB/T 51408—2021 采用与《建筑抗震设计标准》GB/T 50011—2010（2024 年版）不同的反应谱曲线，当采用该标准进行隔震设计时，设计思路和构造要求与本节相同，具体控制指标按《建筑隔震设计标准》GB/T 51408—2021 执行。

第（2）款，此处仅列出北京地方标准，适用于北京地区隔震项目，其他地方可作为参考，并应同时满足当地地方标准要求。

11.3.2 适用范围

（1）隔震结构的高宽比宜小于 4，且不应大于相关标准规程对非隔震结构的具体规定。对于高宽比大的结构，需进行整体倾覆验算，防止支座压屈或出现拉应力超过 1MPa。

（2）风荷载作用和其他非地震作用的水平荷载标准值产生的总水平力不宜超过上部结构总重力的 10%，并应重点关注隔震支座的拉力及抗风装置的使用。

● 说明

高宽比较大时，隔震建筑在地震作用下可能发生倾覆，致使橡胶隔震支座产生较大的压应力或拉应力超过允许值，所以需要增设抗拉装置，以抵抗结构底部的拉力。

11.3.3 隔震支座分类及布置原则

隔震支座类型主要包括天然橡胶支座、铅芯橡胶支座、高阻尼橡胶支座、弹性滑板支座、摩擦摆支座及其他隔震支座。隔震支座布置应符合下列规定：

（1）隔震支座应设置在受力较大的位置，间距不宜过大，其规格、数量和分布应根据竖向承载力、侧向刚度和阻尼、偏心率控制的要求通过计算确定。

（2）隔震支座的平面布置宜与上部结构中竖向受力构件的平面位置相对应，当不能对应或者上部结构为剪力墙时，应采取可靠的结构转换措施。

（3）铅芯橡胶支座和摩擦系数较高的摩擦摆支座具有较大的初始刚度，且具有较高的阻尼特性，宜布置在结构周边和外侧，以增大隔震层整体抵抗扭转的能力。

（4）同一隔震层可采用不同类型和规格的隔震支座，但所有隔震支座的竖向变形应保持基本一致。

（5）当同一支承处（如同一片剪力墙下）选用多个隔震支座时，隔震支座之间的净距应满足安装和更换时所需的空间尺寸需求。

11.3.4 隔震层位置选择

隔震层宜设置在基础或地下室顶板，也可工程根据需要设置在地面以上楼层（即层间隔震，如地铁上盖建筑）。

隔震层位置的选择应基于隔震的目的，并综合考虑经济性、合理性、对建筑影响等因素。

● **说明**

根据隔震结构的特点，基础隔震的经济性最好，但对于有多层地下室的结构，隔震沟过深，尤其对周边带裙房的建筑影响较大，建筑处理难度较大，一般适用于无地下室结构；地下室顶板隔震较常见，隔震层可同时兼作设备夹层使用，但由于下部结构的抗震设计标准较高，地下室结构的经济性较差；层间隔震多用于上下结构体系不同的建筑，可以通过隔震层进行转换，该方式也同样具有隔震层以下结构的经济性较差问题（图 11.3.4-1）。

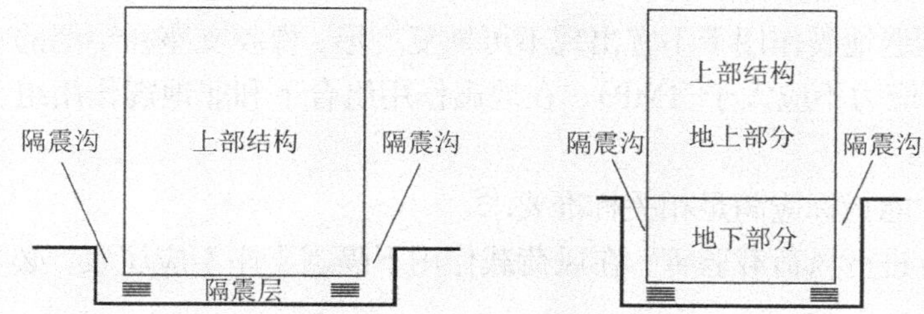

(a) 基础设置隔震层

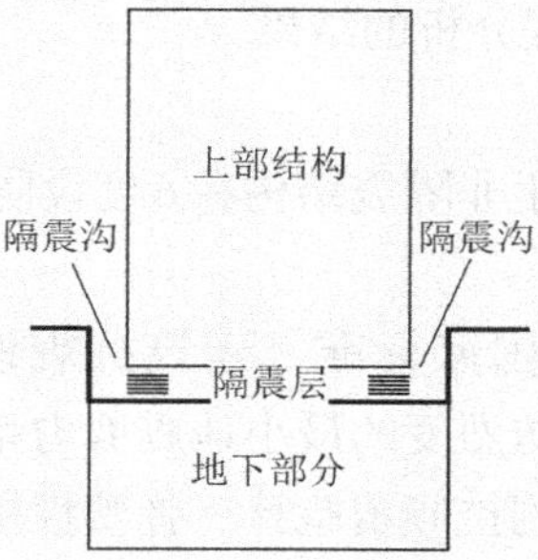

(b) 地下室顶设置隔震层

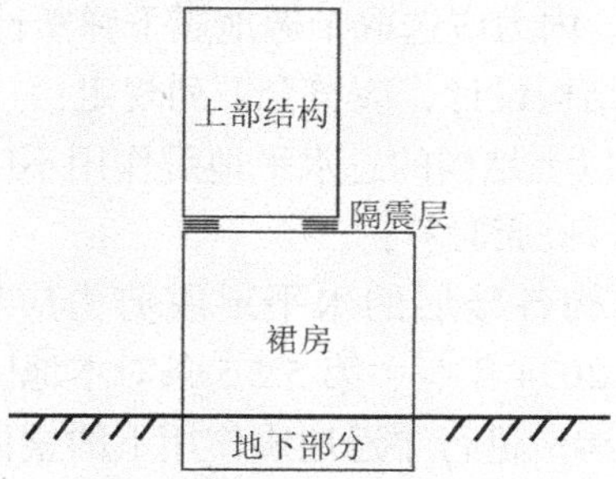

(c) 地上设置隔震层

图 11.3.4-1 隔震层位置示意图

11.3.5 隔震结构设计

（1）隔震结构计算分析应采用上部结构、隔震层、下部结构的整体设计思路。计算中应优先确定项目的性能目标、隔震层位置及隔震的目标，并根据地质条件进行地震波选取（应注意北京项目需要按照北京地标进行选波），进而计算水平减震系数、确定隔震支座型号和支座布置。基本隔震模型确定后应进行优化调整，并应进行风荷载验算、隔震支墩验算、隔震层温度验算等。隔震设计流程可参见图 11.3.5-1。

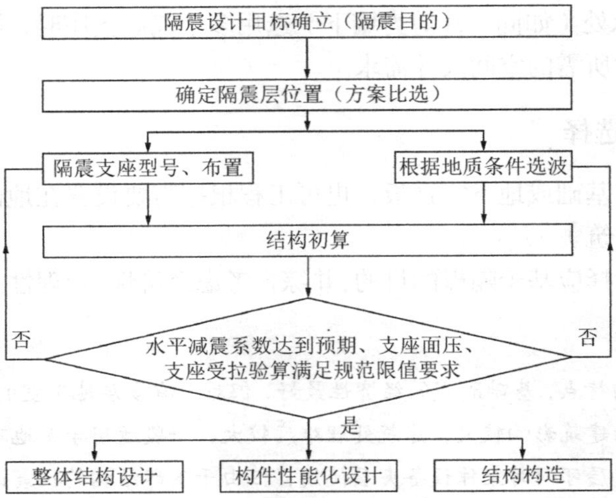

图 11.3.5-1 隔震设计流程图

（2）隔震层设计，应符合下列规定：

① 隔震层在罕遇地震作用下不宜出现不可恢复变形；橡胶支座在罕遇的水平和竖向地震同时作用下，拉应力不应大于 1MPa。在地震作用组合下和非地震作用组合下支座压应力应满足标准要求。

② 隔震支座性能指标应满足相关标准要求。

③ 隔震结构应进行风荷载验算，在风荷载作用下隔震支座不应屈服。必要时可设置抗风装置。

④ 隔震支座与上部结构、下部结构之间的连接件，应能传递罕遇地震下支座的最大水平剪力和弯矩。内力应选取罕遇地震下弹塑性时程分析的结果。

（3）上部结构设计，应符合下列规定：

① 隔震层以上结构的总水平地震作用不应低于非隔震结构在 6 度设防时的总水平地震作用，并应进行抗震验算。

② 上部结构各楼层的水平地震剪力应符合国家标准《建筑抗震设计标准》GB/T 50011—2010（2024 年版）第 5.2.5 条对本地区设防烈度的最小地震剪力系数的规定。

③ 上部结构应进行罕遇地震作用下的整体结构抗倾覆验算、弹塑性层间位移验算。

（4）下部结构设计，应符合下列规定：

① 直接支撑隔震支座的支墩、支柱及相连构件，应采用隔震结构罕遇地震下隔震支座底部的作用效应组合进行承载力验算。

② 隔震层以下结构（包括地下室和隔震塔楼下的底盘）中直接支撑隔震层以上结构的相关构件，应满足隔震后设防地震的抗震承载力要求，并应按罕遇地震进行抗剪承载力验算。

③ 隔震层以下地面以上的结构应满足罕遇地震下的层间位移角限值要求。

（5）隔震设计重点验算项可参考表 11.3.5-1，相关标准差异可参考表 11.3.5-2。

隔震设计重点验算项　　表 11.3.5-1

验算项	说明
整体指标	周期、层间位移角、楼面加速度等
两个方向的基本周期	相差不宜超过较小值的 30%（仅作为判断方案合理性参考）
水平减震系数或底部剪力比	中震弹性时程分析确定，用于确定隔震层上部结构的抗震措施
支座压应力	重力荷载代表值下计算
支座最大压应力	大震分析，三向地震波峰值 1：0.85：0.65
支座最大拉应力	大震分析，三向地震波峰值 1：0.85：0.65；时程分析的初始条件需要考虑支座在结构重力荷载代表值下的初始内力和变形；支座拉力控制为设计重难点，应严格控制，必要时设置抗拉装置
支座水平位移	大震分析，三向地震波峰值 1：0.85：0.65。限值各规范相同，参见《建筑隔震设计标准》GB/T 51408—2021 第 4.6.6 条
隔震层的受压承载力验算	总设计值大于重力荷载代表值的 1.1 倍；单个支座大于上部结构传递到支座的重力荷载代表值。参见《建筑工程减隔震技术规程》DB11/2075—2022 第 11.2.3 条
最小剪重比	按本地区设防烈度，满足《建筑抗震设计标准》GB/T 50011—2010（2024 年版）要求
抗风	不大于总重力的 10%，且$\gamma_w V_{wk} \leqslant V_{Rw}$（$\gamma_w$取 1.5）
抗倾覆	概念上隔震结构不宜高宽比太大，一般宜小于 4； 抗倾覆验算，参见《建筑隔震设计标准》GB/T 51408—2021 第 4.6.9 条、《建筑工程减隔震技术规程》DB11/2075—2022 第 11.2.8 条
水平恢复力	《建筑隔震设计标准》GB/T 51408—2021 第 4.6.1 条（橡胶支座同时满足$K_{100}t_r \geqslant 1.40V_{Rw}$）
偏心率	宜小于 3%，参见《建筑隔震设计标准》GB/T 51408—2021 第 4.6.2 条
下柱墩设计	满足大震抗弯不屈服、抗剪弹性，参见《建筑隔震设计标准》GB/T 51408—2021 第 4.7.2 条、《建筑工程减隔震技术规程》DB11/2075—2022 第 11.5.2 条
梁柱等构件设计	区分各类构件合理选择性能化目标
隔震层楼板设计	厚度、刚度、强度要求，必要时进行性能化设计
基础验算	宜与上部结构性能水准一致
大震弹塑性分析	重点关注底部剪力、层间位移角、水平等效刚度、等效阻尼比、支座滞回曲线、能量曲线、结构损伤等
温度计算	当上部结构对温度敏感或受温度影响变形较大时，隔震层尚应进行温度工况验算

相关规范差异对照表　　表 11.3.5-2

规范	《建筑抗震设计标准》GB/T 50011—2010（2024 年版）	《建筑隔震设计标准》GB/T 51408—2021	《建筑工程减隔震技术规程》DB11/2075—2022
设防目标	"小震不坏，中震可修，大震不倒"	"中震不坏，大震可修，特殊设防类极罕遇地震不倒"	普通建筑"小震不坏，中震可修，大震不倒"； 地震时正常使用建筑"中震不坏"。

续表

规范	《建筑抗震设计标准》GB/T 50011—2010（2024年版）	《建筑隔震设计标准》GB/T 51408—2021	《建筑工程减隔震技术规程》DB11/2075—2022
地震作用	小震、中震及大震分析	中震、大震分析	小震、中震及大震分析
设计方法	水平减震系数法（分部设计法）	整体设计法	整体设计法
设计反应谱	四段反应谱	三段反应谱	四段反应谱
隔震层以上结构 α_{max1}	第12.2.5条中：$\alpha_{max1}=\beta\alpha_{max}/\psi$	第4.2.1条中：α_{max}按反应谱计算	第4.1.10条中：$\alpha_{max1}=\alpha_{max}/\psi$
地震波选取	第5.1.2条中：影响系数统计意义相符；底部剪力要求；地震波类别、数量及持时	第4.1.3条中：同《建筑抗震设计标准》GB/T 50011—2010（2024年版）	第4.1.5条、附录E中：明确北京地区大震校核地震波
层间位移角	第5.5.1条、5.5.5条、12.2.9条中：小震、大震变形要求	第4.5.1条、4.5.2条、4.5.3条中：上部结构中震、极罕遇地震变形要求。 第4.7.3条中：下部结构中震、极罕遇地震变形要求。 第4.6.2条第2款中：相邻隔震层变形要求	第4.5.3条中：普通隔震结构同《建筑抗震设计标准》GB/T 50011—2010（2024年版）。 第5.4.1条中：地震时正常使用建筑中震、大震变形要求。 第11.2.2条第3款中：相邻隔震层变形要求
上部结构抗震措施	第12.2.7条中：按中震计算，水平向减震系数0.4（0.38）及以下可降低	第6.1.3条中：按中震计算，底部剪力比0.5及以下可降低	第11.4.2条中：按中震计算，水平向减震系数0.4及以下可降低
下部结构抗震措施	未做规定	第6.1.4条中：抗震等级规定	未特别说明
构件性能化设计	未做规定	第4.4.4～4.4.6条、6.1.4条、6.3.18条区分不同构件类型设定性能目标	第5.3.1～5.3.4条中：对地震时正常使用建筑区分不同构件类型设定性能目标
抗风	第12.1.3条中：水平力不大于总重力的10%	第4.6.8条中：$\gamma_w V_{wk}\leqslant V_{Rw}$（$\gamma_w$调整为1.5）	第11.2.7条中：$\gamma_w V_{wk}\leqslant V_{Rw}$（$\gamma_w$调整为1.5）
抗倾覆	第12.1.3条中：高宽比宜小于4	第4.6.9条中：抗倾覆安全系数1.1	第11.2.8条中：抗倾覆安全系数1.2
水平恢复力	未做规定	第4.6.1条中：大震下恢复力不小于隔震层屈服力与摩阻力之和的1.2倍	第11.2.2条中：同《建筑隔震设计标准》GB/T 51408—2021
基础设计	第12.2.9条中：小震设计	第3.2.3条中：中震设计	第3.7.3条中：小震设计 第5.1.9条中：对地震时正常使用建筑中震设计
支座压应力（重力荷载）	第12.2.3条中：橡胶隔震支座限值要求	第4.6.3条中：相对抗规考虑形状系数、增加弹性滑板支座及摩擦摆支座限值	第11.2.4条中：相对《建筑隔震设计标准》GB/T 51408—2021，橡胶隔震支座$S_1<30$时限值减小
支座压应力（大震）	未做规定	第6.2.1条中：大震下压应力限值	第11.2.4条中：同《建筑隔震设计标准》GB/T 51408—2021
支座拉应力（大震）	第12.2.4条中：橡胶隔震支座限值1MPa	第4.6.3条中：相对抗规增加甲类建筑橡胶隔震支座限值为0； 弹性滑板支座及摩擦摆支座不应出现拉应力； 受拉支座数量不超30%	第11.2.1条中：同《建筑隔震设计标准》GB/T 51408—2021
偏心率	未做规定	第4.6.2条第4款中：中震下偏心率不大于3%	第11.2.2条第1款中：质心与刚心宜重合

11.3.6 构造措施

（1）隔震结构应采取不阻碍隔震层在罕遇地震下发生大变形的相应措施，包括竖向隔离缝（隔震沟）、水平隔离缝等，措施可参见国家标准图集《建筑隔震构造详图》22G610-1，隔震沟做法大样参见图 11.3.6-1。

穿过隔震层的设备管线，应采用隔震柔性管道以适应隔震层的罕遇地震水平位移；隔震柔性管道应符合现行行业标准《建筑隔震柔性管道》JG/T 541 的规定。

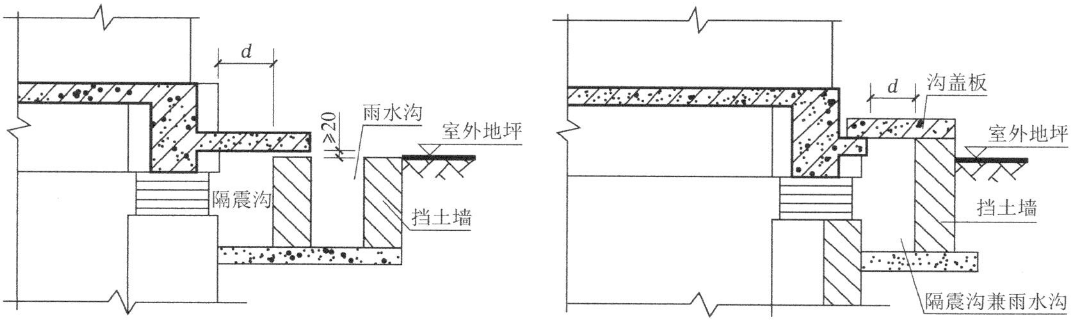

图 11.3.6-1 隔震沟做法大样图

（2）隔震支座的耐火极限应不低于主体结构耐火极限要求。

11.3.7 产品检验要求及验收标准

（1）隔震层采用的隔震支座产品和阻尼装置应通过型式检验和出厂检验。型式检验除应满足相关的产品要求外，检验报告有效期不得超过 6 年。出厂检验报告应仅对采用该产品的项目有效，不得重复使用。

（2）隔震层中的隔震支座应在安装前进行出厂检验，并应符合下列规定：

① 特殊设防类、重点设防类建筑，每种规格产品抽样数量应为 100%；

② 标准设防类建筑，每种规格产品抽样数量不应少于总数的 50%；当有不合格试件时，应 100%检测；

③ 每项工程抽样总数不应少于 20 件，每种规格的产品抽样数量不应少于 4 件；当产品少于 4 件时，应全部进行检验。

（3）除特殊规定外，隔震支座及隔震层阻尼装置产品的型式检验及出厂检验应符合国家标准的相关规定，检验确定的产品性能应满足设计要求，极限性能不应低于隔震层各相应设计性能。

11.3.8 隔震支座维护及更换

（1）隔震层中隔震支座的设计工作年限不应低于建筑结构的设计工作年限。当隔震层中的其他装置的设计工作年限低于建筑结构的设计工作年限时，应在设计中注明并预设可更换措施。

（2）支座更换前应进行专门的更换荷载验算，制定更换方案；更换方案应得到设计确认后方可实施。

（3）隔震工程应安装能监测地震时隔震层位移轨迹的装置。

11.3.9 地震时正常使用建筑的要求

地震时正常使用建筑采用隔震结构时，除需要满足上述各节要求，弹塑性层间位移角限值和楼面加速度等变形指标尚应符合相关标准的规定。

12 装配式结构设计

12.1 一般规定

12.1.1 适用范围

本章所涉及装配式混凝土结构技术措施适用于丙类、乙类建筑和地震设防烈度 8 度及以下抗震设计的装配式结构。对于甲类建筑及 9 度抗震设计的装配式结构，如需采用，应进行专项论证。

12.1.2 基本原则

装配式结构设计应遵循安全、经济、绿色低碳的基本设计要求，并按照模数化、标准化的要求，确保结构元素具有较高的通用性和互换性。

● 说明

装配式结构并不是一种新型结构形式，而是基于现有技术的新型工业化建造方式。在以下情况中，宜优先考虑采用装配式结构（包括局部使用预制构件）：

① 建造工期要求短、现场环境保护要求高的项目；

② 造型特别复杂、现场难以实施的项目；

③ 需高支模的高大空间及标准化程度高的地下建筑；

④ 需做清水混凝土外挂饰面建筑；

⑤ 政策要求。

建筑安全是装配式结构设计的首要任务，同时在确保建筑质量与性能的基础上，应采取措施来有效控制建造及维护成本，通过优化资源配置、提升效率和采用经济合理的建造方法，以实现成本效益的最大化。并且尽可能采取节能减排、资源高效利用等相关方法，降低建筑全寿命期碳排放，推动建筑绿色低碳化发展，促进“双碳”目标达成。

12.1.3 适用高度、抗震等级和高宽比

适用高度、抗震等级和高宽比应同时满足现行国家、行业及地方标准的相关要求。超过规定高度及高宽比的房屋，应进行专门研究和论证，采取有效的加强措施。

12.1.4 预制构件设计

预制构件设计应符合现行国家、行业及地方标准的相关规定。当设计确需突破相关规

定时，应进行专门研究和论证，采取有效的加强措施。

● 说明

随着装配式建筑发展，新型构件、技术、体系应运而生，并获得了大量的工程实践验证。装配式建筑结构相关国家及行业标准受修编时效性的影响，与发展现状具有一定的差异。当设计存在采用新型构件、体系及建筑高度突破等情况时，应采取有效的加强措施，确保结构及构件的安全性，并应进行专项研究和专家论证。

12.1.5 连接设计

预制构件连接应可靠，并宜设置在受力较小部位。

● 说明

预制构件的连接是结构装配中最为关键的技术之一，包括连接技术与产品选择等的合理性，结构水平与竖向的内力传递、变形协调与裂缝控制等的可靠性，构件在安装与连接操作上的易建性等。连接应实现预制等同现浇的做法，并应将连接接缝设置在构件受力较小部位，如板跨 1/3 处等。

12.1.6 装配式结构设计专项说明

装配式结构施工图设计深度应满足国家及地方相关规定。设计总说明中应有装配式结构设计专项说明，并包含以下内容：

（1）装配式结构构件设置部位及形式；
（2）构件连接形式及要求；
（3）构件存放与运输的相关设计要求；
（4）构件制作及安装相关设计、质量验收要求；
（5）连接节点施工质量检测、验收要求；
（6）构件检测的相关设计要求。

● 说明

预制构件的连接要求包括但不限于：根据工程具体情况，对钢筋接头产品和施工操作等内容提出明确的设计要求，内容包括：质量标准、责任主体要求、型式检验报告内容与要求、工艺检查、产品检查、施工操作检查和验收、灌浆操作流程及控制要点、灌浆操作的环境温度、灌浆饱满度检测措施及质量控制要求、灌浆后的保护或防护措施等。

预制构件吊装操作的设计要求包括：起重设备的平面布置和水平附着支撑臂与结构构件固定的要求、吊具和吊架要求、预制构件现场安装的测量与控制要求、预制构件吊装姿态控制要求、临时支撑的固定和调整操作要求、施工现场对未安装就位的预制构件采取临时防护性措施的要求等。

12.1.7 防雷接地设计

竖向预制构件内作为防雷接地的钢筋，应避开灌浆套筒连接的钢筋；如无法避开，应采取可靠措施确保电气连接。

● **说明**

预制混凝土构件间的横向连接多采用后浇带或边缘构件现场浇筑，可实现预制构件间结构钢筋水平连接的电气连续性，与传统混凝土建筑无异。对于预制剪力墙结构建筑，可直接利用预制剪力墙的现浇钢筋混凝土边缘构件内钢筋作为防雷引下线，预制剪力墙内采用灌浆套筒连接的主筋可不做电气连接，满足防雷标准要求。采用预制柱的装配式框架结构建筑，如要利用其预制柱内主筋作为防雷引下线，需在灌浆套筒处设置附加导体将上、下层柱内主筋进行电气连接。

装配式钢结构建筑可通过螺栓连接的钢体部件实现了电气互连。因此，装配式钢结构建筑可以直接利用建筑自身钢结构作为外部防雷装置。装配式混合木（竹）结构建筑可根据其结构形式参照钢结构或混凝土结构建筑特点进行防雷设计。

12.2　材料

12.2.1　接缝材料

预制构件节点及接缝处后浇混凝土强度等级不应低于被连接预制构件混凝土的较高强度等级，并应采取措施减小混凝土收缩。多层剪力墙结构中墙板水平接缝用坐浆材料的强度等级应高于被连接构件的混凝土强度等级。

12.2.2　连接材料

钢筋套筒灌浆连接接头采用的灌浆材料应满足现行行业标准《钢筋连接用套筒灌浆料》JG/T 408 和《钢筋套筒灌浆连接应用技术规程》JGJ 355 的规定。如需进行冬期施工，应详细给出标准相关要求。灌浆套筒宜优先选用全套筒连接，也可选用半套筒连接。

12.2.3　吊环材料

预制构件的吊环，应采用 HPB300 钢筋或 Q235B 圆钢制作；用于吊环的 Q235B 圆钢其材料性能应符合现行国家标准《碳素结构钢》GB/T 700 的规定。

12.2.4　拉结件材料

预制夹芯剪力墙板中内外叶墙板的拉结件应符合下列规定：

（1）拉结件可采用不锈钢、纤维增强塑料等材料；

（2）拉结件的设计工作年限不应低于主体结构；

（3）拉结件应满足预制夹芯剪力墙板的节能设计要求。

12.3　楼盖设计

12.3.1　楼盖形式

装配式楼盖主要包括：预制板、叠合板、楼承板等，其中预制板包括混凝土双 T 板、全预制楼板、预应力空心板（SP 板）、集成楼盖等。

● **说明**

叠合板是指预制楼板顶部在现场后浇混凝土而形成的整体受弯构件，按预应力钢筋应用情况可分为非预应力叠合楼盖和预应力叠合楼盖。按结构形式可分为桁架钢筋叠合楼盖、带肋叠合楼盖、带肋空心叠合楼盖等，部分楼盖形式如图 12.3.1-1～图 12.3.1-3 所示。本节主要对常规非预应力楼盖进行规定。

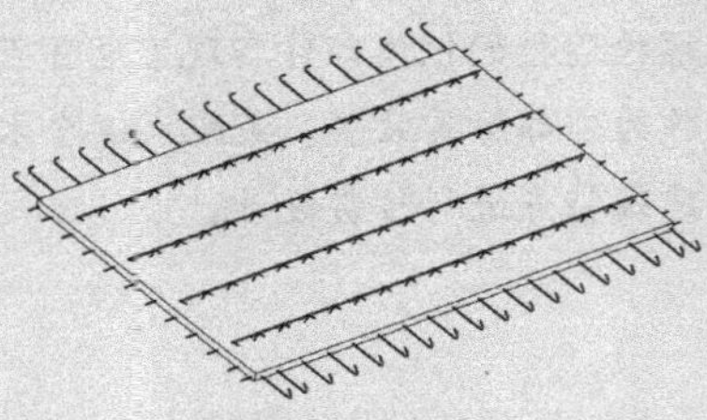

图 12.3.1-1　桁架钢筋叠合楼盖

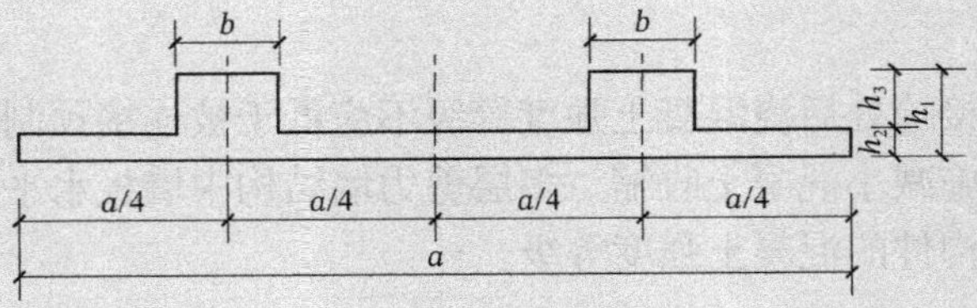

(a) 直助

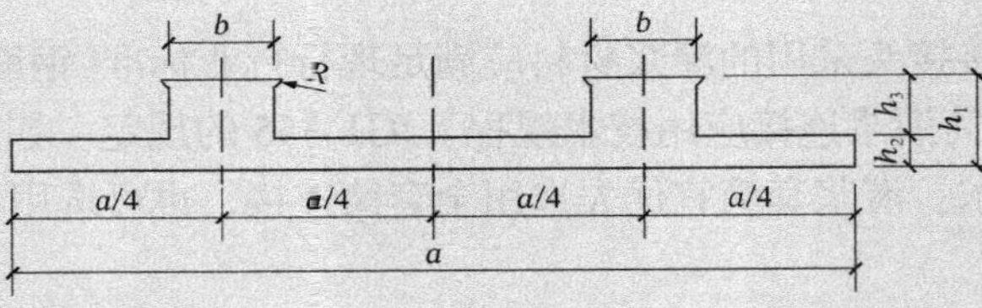

(b) 凸助

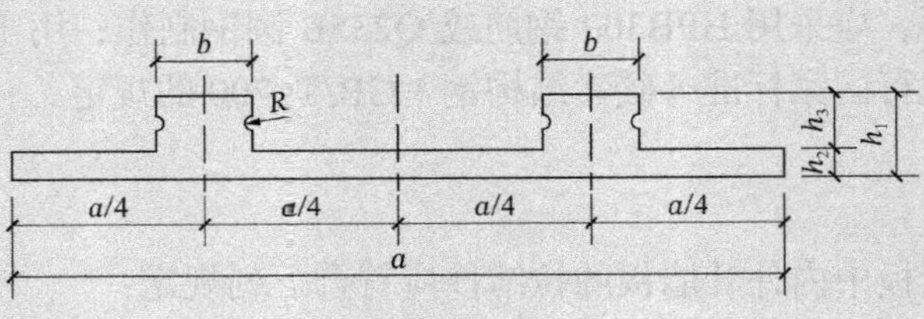

(c) 凹助

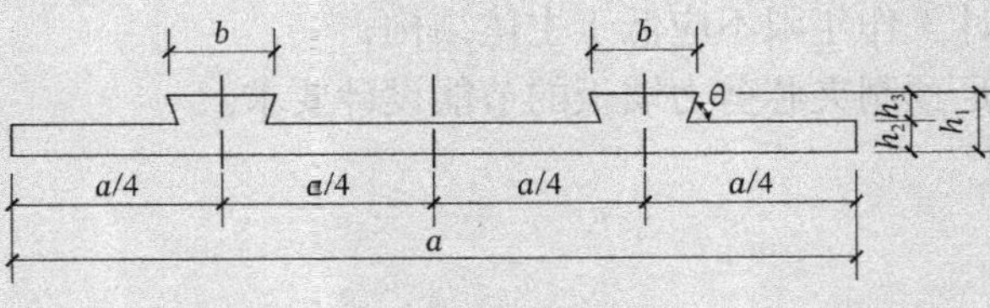

(d) 燕尾槽助

a—实心平板的宽度；b—板肋的宽度；h_1—预应力混凝土带肋底板的总高；h_2—实心平板的高度；h_3—板肋的高度；R—凹凸肋半径

图 12.3.1-2　带肋叠合楼盖

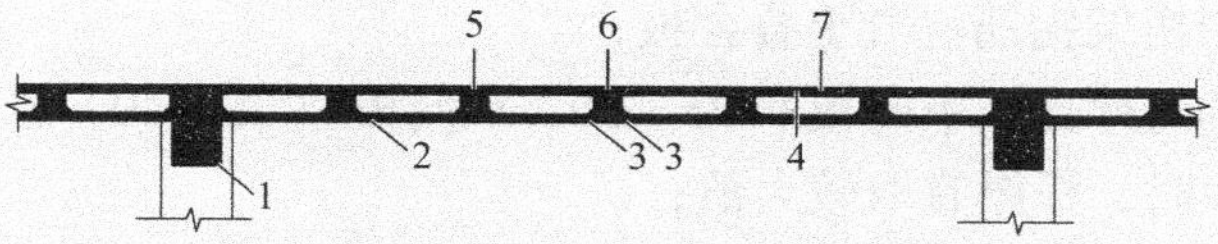

1—支承构件；2—空心叠合楼盖；3—边肋；4—箱形填充体；5—后浇肋梁；
6—叠合肋梁；7—后浇上翼缘

图 12.3.1-3 带肋空心叠合楼盖

预制楼板是指在工厂中加工成型，在现场进行拼装、安装的楼板，部分形式如图 12.3.1-4、图 12.3.1-5 所示。

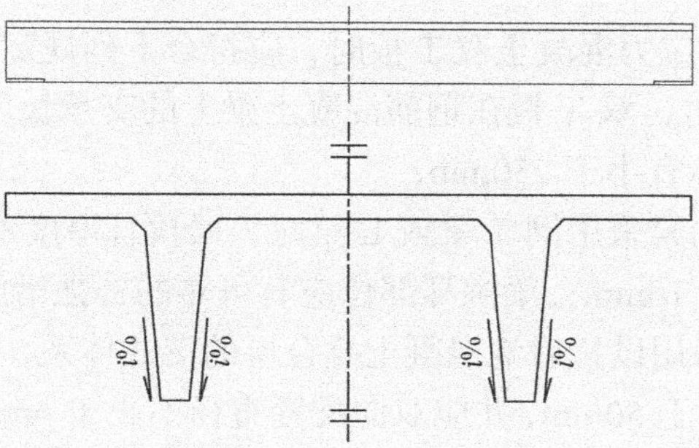

图 12.3.1-4 混凝土双 T 板

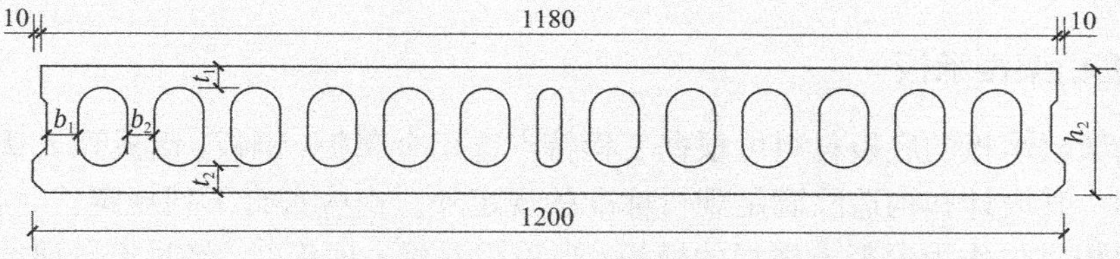

t_1—板面厚；t_2—板底厚；b_1—边肋宽；h_2—实心平板的高度；b_2—中肋宽

图 12.3.1-5 预应力空心板（SP 板）

12.3.2 选型要求

楼盖形式的选型应根据结构形式、地方供给情况及要求进行选择，并符合下列规定：

（1）装配整体式结构宜采用叠合楼盖，其预制部分板厚度不宜小于 60mm。当采取设置板肋等可靠措施时，预制部分板厚可减至 50mm；当采用预应力时，预制部分板厚可减至 40mm。

（2）跨度大于 3m 的叠合板，宜采用桁架钢筋混凝土叠合板；跨度大于 6m 的叠合板，宜采用预应力混凝土预制板；三层及以下建筑，当板跨大于 8m 时可采用预应力混凝土双 T 板。

（3）工厂生产的预制板宽度不宜大于 2.4m，长度不宜大于 8m。

（4）房屋层数不大于 3 层且房屋高度不大于 12m 时，楼面可采用预制楼板。

12.3.3 叠合楼盖

当楼（屋）面采用叠合楼盖时，应符合下列规定：

（1）宜优先选用桁架钢筋混凝土叠合板；

（2）叠合楼板的跨厚比：单向板取25～30，双向板取35～40，悬挑板取8～10；当楼板的荷载和跨度较大时，板厚宜取较大值；

（3）板缝宜优先选择整体式接缝；如有吊顶等饰面时，可选用分离式拼缝；当选择分离式拼缝时，楼板应按单向板进行设计计算；

（4）后浇混凝土叠合层厚度不应小于60mm，且应满足机电管线敷设厚度要求；当跨度小于2m时，后浇混凝土叠合层厚度可减至50mm。

12.3.4 预应力混凝土双T板

当楼（屋）面采用预应力混凝土双T板时，应符合下列规定：

（1）板跨小于24m时，双T板在钢筋混凝土梁上的支承长度不宜小于200mm，板跨不小于24m时支承长度不宜小于250mm；

（2）当支承双T板的梁采用倒T梁或L梁时，梁挑耳厚度不宜小于300mm；双T板端面与梁的净距不应小于10mm；梁挑耳部位应有可靠的补强措施；

（3）双T板楼盖宜采用设置后浇混凝土叠合层的湿式体系，也可采用干式体系；后浇混凝土叠合层厚度不宜小于50mm，并应双向配置直径不小于6mm、间距不大于150mm的钢筋网片；双T板与后浇混凝土叠合层的结合面，应设置凹凸深度不小于4mm的粗糙面或设置抗剪构造钢筋。

12.3.5 钢筋桁架楼承板

钢筋桁架楼承板的底板材料可根据工程特点选用金属板（钢板、铝板等）、无机纤维板、混凝土板等。其设计和构造除满足现行标准的规定外，尚应符合下列规定：

（1）底板宜仅作为混凝土楼板的模板；当采用混凝土底板时，经过充分研究和论证后，可与混凝土楼板形成整体共同工作；

（2）钢筋桁架楼承板金属底板采用镀锌钢板时，厚度不应小于0.5mm；采用冷轧钢板时，其厚度不应小于0.4mm；

（3）桁架弦杆钢筋混凝土保护层厚度不应小于15mm；

（4）当桁架下弦钢筋作为楼板受力钢筋时，其支承长度不应小于下弦钢筋直径的5倍，且不应小于50mm，并应延至梁或墙中心线；

（5）钢筋桁架楼承板长度不宜大于12m。

● **说明**

钢筋桁架楼承板是钢筋桁架与底板通过电阻点焊或扣件连接成整体的组合承重板，具有质量稳定、施工易操作、运输便利、板底外观平整等特点。

采用钢底板的钢筋桁架楼承板，其质量标准、构造、检验要求等应符合现行行业标准《钢筋桁架楼承板》JG/T 368的相关要求。底板不可拆时，应采用热镀锌钢板，镀锌层应符合现行国家标准《连续热镀锌和锌合金镀层钢板及钢带》GB/T 2518的规定。

采用铝板或其他材质板时，应符合国家现行标准的规定。

楼盖压型钢板的质量标准、构造、检验要求等应符合现行国家标准《冷弯薄壁型钢结构技术规范》GB 50018 以及《建筑用压型钢板》GB/T 12755 的相关要求。压型钢板基板钢材常用牌号 Q235、Q355 级，其宽度宜符合 600mm、1000mm、1200mm 等系列基本尺寸的要求。当压型钢板与现浇混凝土层形成组合楼板时，其设计和验算应满足国家现行标准的要求。

钢筋桁架楼承板的底板和楼盖压型钢板宜仅作为混凝土楼板的模板，并在施工阶段进行承载力和变形验算。当参与使用阶段受力时，应考虑底板的防腐和耐火时限的要求。

12.4 混凝土框架结构设计

12.4.1 叠合柱

叠合柱指在预制空腔柱内现场浇筑混凝土，形成整体受力的结构柱。叠合柱设计应符合下列规定：

（1）叠合柱宜采用矩形截面，边长宜以 50mm 为模数，且不宜小于 500mm。

（2）叠合柱空腔可采用矩形或圆形截面，壁厚不宜小于 60mm。空腔为矩形时，空腔最小边长不宜小于 200mm；空腔为圆形时，空腔直径不宜小于 200mm。

（3）上下柱的纵筋应采用机械连接、搭接连接或灌浆套筒连接。搭接连接构造应满足图 12.4.1-1 的相关要求。

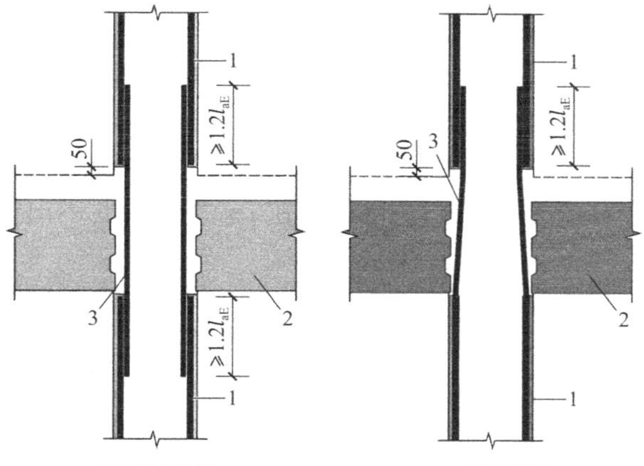

(a) 直接搭接　　(b) 弯折搭接

1—叠合柱；2—楼面梁；3—搭接钢筋

图 12.4.1-1　叠合柱纵筋搭接连接构造示意图

● **说明**

叠合柱预制部分的截面形状及尺寸应充分考虑预制构件生产和后浇混凝土施工的影响，当预制构件生产及施工有可靠措施时，可根据构件实际情况确定截面形式及尺寸。预制空腔柱截面尺寸小于 500mm 时，构件生产困难，空腔后浇混凝土施工困难，且后浇混凝土区域占比过小。60mm 壁厚可实现较好的预制构件整体性，且可确保纵筋可靠握裹。

预制空腔柱如图 12.4.1-2 所示。

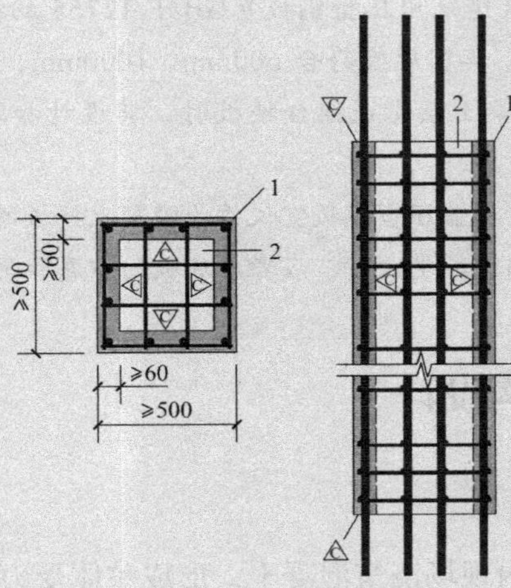

(a) 柱截面示意图　　(b) 柱剖面示意图

1—预制部分；2—空腔部分；△—粗糙面

图 12.4.1-2　预制空腔柱示意图

12.4.2　叠合柱基础

叠合柱与基础连接时，应符合下列规定：

（1）叠合柱柱底受弯及受剪承载力验算时，应按基础插筋实际位置确定截面有效高度；叠合柱中部受弯及受剪承载力验算时，应按预制部分纵向受力钢筋实际位置确定截面有效高度；柱受压承载力验算时应按叠合柱外轮廓尺寸确定受压截面面积。

（2）叠合柱与基础固接时，应满足下列规定：

① 宜优先采用叠合柱底出筋形式，也可采用方形空腔柱底不出筋形式，不应采用圆形空腔柱底不出筋形式。

② 当采用叠合柱底出筋形式时，柱底出筋宜直接锚入现浇基础内，也可与基础预埋钢筋采用机械连接、灌浆套筒连接等形式进行连接。钢筋伸入基础的锚固形式及长度应符合现行国家标准《混凝土结构设计标准》GB/T 50010 的相关规定。

③ 当采用方形空腔柱底不出筋形式时，其与基础搭接连接宜满足图 12.4.2-1 中的构造要求。

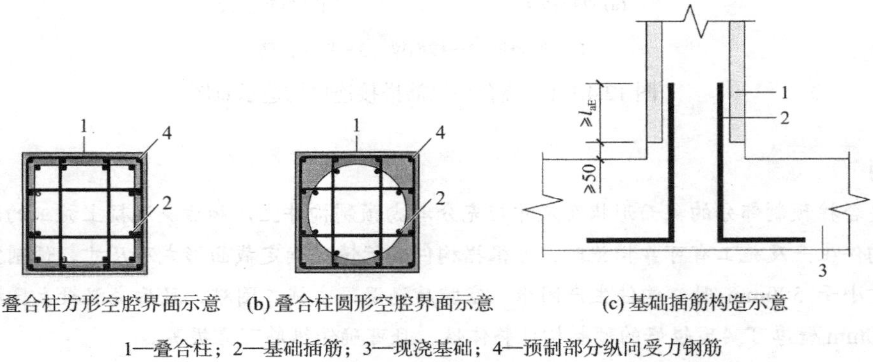

(a) 叠合柱方形空腔界面示意　(b) 叠合柱圆形空腔界面示意　(c) 基础插筋构造示意

1—叠合柱；2—基础插筋；3—现浇基础；4—预制部分纵向受力钢筋

图 12.4.2-1　叠合柱柱底不出筋构造示意

12.5 混凝土剪力墙结构设计

12.5.1 适用高度

装配式剪力墙结构最大适用高度应满足现行国家、行业及地方标准的规定。当北京市8度设防烈度地区采用装配式剪力墙结构且建筑高度大于70m小于80m时，应满足下列规定：

（1）结构高宽比不大于5；

（2）在多遇地震作用下，墙体不应小偏心受拉；

（3）在设防地震作用下，墙体名义拉应力不应大于$2.0f_{tk}$；

（4）在罕遇地震作用下，应进行弹塑性分析，其弹塑性位移角不应大于1/120。

● **说明**

装配式剪力墙主要包括预制剪力墙与叠合墙，其中预制墙主要包含：预制混凝土夹芯保温外墙板、预制剪力墙板等。

预制混凝土夹芯保温外墙板是指由内叶墙板、外叶墙板、中间保温层和拉结系统组成的预制混凝土外墙板，简称夹芯保温外墙板，包含夹芯保温剪力墙板。

夹芯保温剪力墙板是指内叶墙板为竖向抗侧力构件、外叶墙板为仅起围护和装饰作用的夹芯保温外墙板。

叠合墙是指在预制空腔墙内现场浇筑混凝土，形成整体受力的结构墙。包括：装配式双面墙板叠合剪力墙、装配式纵肋墙板叠合剪力墙、装配式空心墙板叠合剪力墙。

装配式双面墙板叠合剪力墙［图12.5.1-1（a）］是指由内、外叶预制混凝土板和中间空腔组成，并通过桁架钢筋或拉结钢筋连接的结构墙体。施工现场在空腔内浇筑混凝土，后浇混凝土与内、外叶预制混凝土板土共同受力，形成叠合墙体；上、下层墙体通过在空腔内设置搭接连接钢筋，形成竖向墙体连接节点。此外，空腔内可设置保温材料，形成夹芯保温双面墙板叠合混凝土剪力墙结构。

装配式纵肋墙板叠合剪力墙［图12.5.1-1（b）］是指由带有沿高度方向纵肋和肋间空腔的预制混凝土板，纵肋内设竖向钢筋和拉筋共同构成的结构墙体。空腔可沿高度贯通，或在底部竖向钢筋搭接区域设置空腔、上部设置浇筑孔。施工现场在空腔内浇筑混凝土，形成叠合墙体；下层墙体顶部一体预制环状钢筋与上层墙体底部空腔内一体预制环状钢筋在空腔搭接连接，形成竖向墙体连接节点。此外，纵肋墙板可作为内叶混凝土板并设置保温材料、外叶混凝土板，形成夹芯保温纵肋叠合混凝土剪力墙结构。

装配式空心墙板叠合剪力墙［图12.5.1-1（c）］是指由带有沿高度方向贯通空腔的预制混凝土板，空腔之间肋内设置拉筋或开放空腔构成的结构墙体。施工现场在空腔内浇筑混凝土，形成叠合墙体；上、下层墙体通过在空腔内设置搭接连接钢筋或采用大直径通高竖向钢筋，形成竖向墙体连接节点。此外，空心墙板可作为内叶混凝土板并设置保温材料、外叶混凝土板，形成夹芯保温空心叠合混凝土剪力墙结构。

根据现行国家标准《装配式混凝土建筑技术标准》GB/T 51231及行业标准《装配式混凝

土结构技术规程》JGJ 1 的相关规定，抗震设防烈度为 8 度地区的剪力墙结构适用最大高度为 80m；根据《装配式剪力墙结构设计规程》DB 11/1003—2022 的要求，8 度区剪力墙结构适用最大高度为 70m。因现行国家、行业标准与地方标准规定不统一，此处对该矛盾点进行突破。

在设防地震作用下进行计算时，荷载分项系数可取为 1.0。

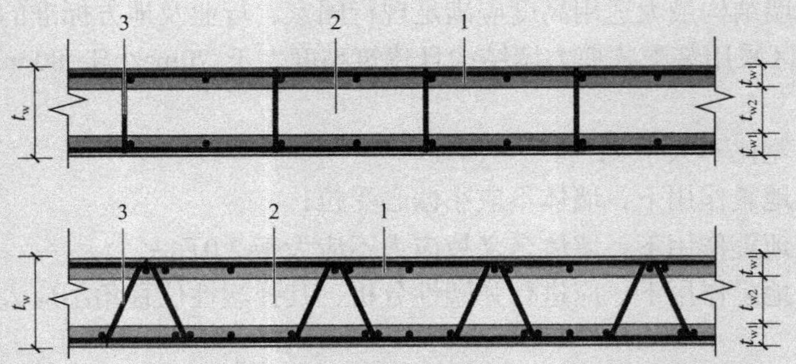

1—预制混凝土叶板；2—空腔内后浇混凝土；3—钢筋笼/桁架钢筋

(a) 装配式双面墙板叠合剪力墙

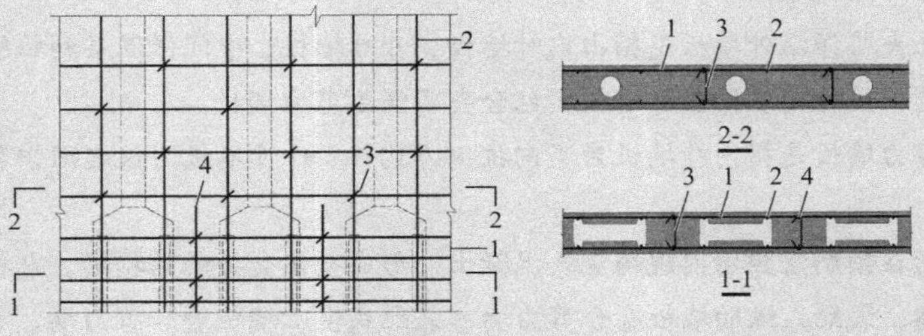

1—水平分布筋；2—竖向分布筋；3—拉筋；4—构造钢筋

(b) 装配式纵肋墙板叠合剪力墙

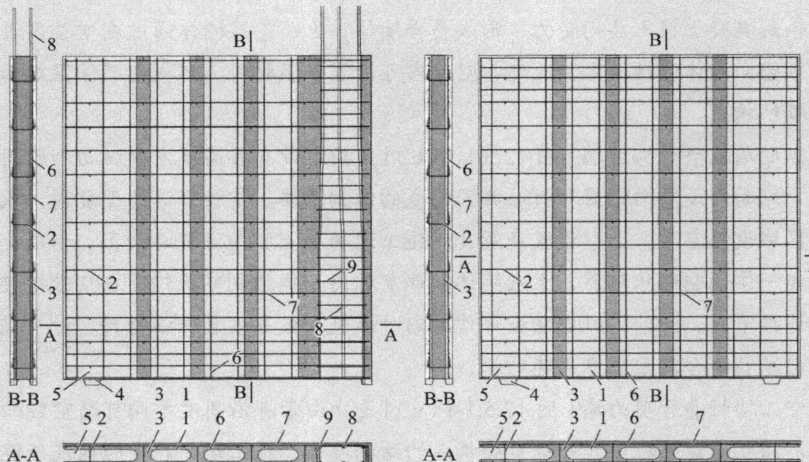

1—封闭孔道；2—拉筋；3—肋；4—板腿；5—开放式孔道；6—竖向分布钢筋；7—水平分布钢筋；8—边缘构件纵向受力钢筋；9—边缘构件箍筋

(c) 装配式空心墙板叠合剪力墙

图 12.5.1-1　叠合墙示意

12.5.2 预制剪力墙套筒连接

当预制剪力墙采用套筒连接时，第一道水平分布筋距板顶不应大于 50mm，套筒相关范围水平分布筋应满足行业标准《装配式混凝土结构技术规程》JGJ 1—2014 第 8.2.4 条的相关规定。

● **说明**

剪力墙底部竖向钢筋连接区域，裂缝较多且较为集中。因此，对该区域的水平分布筋应加强，以提高墙板的抗剪能力和变形能力，并使该区域的塑性铰可以充分发展，提高墙板的抗震性能。

12.5.3 拉结系统

拉结系统是指在预制混凝土夹芯保温外墙板内，由所有拉结件通过合理排布和锚固形成的将外叶墙板与内叶墙板可靠拉结的系统。分为不锈钢板式拉结系统、不锈钢夹式拉结系统、不锈钢桁架式拉结系统和纤维增强塑料拉结系统等。拉结系统设计应符合下列规定：

（1）拉结系统抗力中心宜与预制混凝土夹芯保温外墙板重心重合；

（2）应对拉结件在工厂生产阶段、施工现场建造阶段和正常使用阶段进行承载力计算或复核；

● **说明**

抗力中心，即拉结件离形心的水平/竖向距离与拉结件的水平/竖向承载力的矢量乘积。经研究表明，当拉结系统抗力中心与预制混凝土夹芯保温外墙板重心重合时，墙板和拉结件均能充分发挥作用，故在进行拉结件布置时，应尽量使拉结系统形心与预制混凝土夹芯保温外墙板重心重合。

拉结件需对脱模、运输和吊装等工厂生产、施工建造阶段工况进行承载力计算或复核；需对持久设计状况、水平地震作用和竖向地震作用、温度作用等正常使用阶段工况进行承载力计算或复核。

拉结件计算水平地震作用标准值时，可采用等效侧力法，并应按下式计算：

$$F_{Ehk}=\beta_E\alpha_{max}G_k \tag{12.5.3-1}$$

式中：F_{Ehk}——施加于外挂墙板重心处的水平地震作用标准值；

β_E——动力放大系数，可取 5.0；

α_{max}——水平地震影响系数最大值，应按表 12.5.3-1 采用；

G_k——外挂墙板的重力荷载标准值。

水平地震影响系数最大值 α_{max} **表 12.5.3-1**

抗震设防烈度	6 度	7 度	8 度
α_{max}	0.04	0.08（0.12）	0.16（0.24）

注：抗震设防烈度 7、8 度时括号内数值分别用于设计基本地震加速度为 0.15g和 0.30g的地区。

拉结件竖向地震作用计算时，竖向地震作用标准值可取水平地震作用标准值的 0.65 倍。

拉结件运输、吊运工况计算时，动力系数宜取 1.5；构件翻转及安装过程中就位、临时固定时，动力系数可取 1.2。

脱模验算时，等效静力荷载标准值应取构件自重标准值乘以动力系数后与脱模吸附力之和，且不宜小于构件自重标准值的 1.5 倍。动力系数与脱模吸附力应符合下列规定：

① 力系数不宜小于 1.2；

② 脱模吸附力应根据构件和模具的实际状况取用，且不宜小于 1.5kN/m^2。

拉结件温度作用的计算应符合现行国家标准《建筑结构荷载规范》GB 50009 的相关规定。

12.5.4 外叶板缝

预制外墙板板缝设计，应符合下列规定：

（1）胶缝宽度不应小于 10mm，宜控制在 20～40mm 范围内；

（2）当接缝为非位移缝时，密封胶可与接缝三面粘结；

（3）当接缝为位移缝时，应对胶缝宽度进行计算；密封胶应避免与接缝三面粘结，接缝内应设置背衬材料或防粘材料。

● **说明**

计算位移缝胶缝宽度时应根据引起变形的原因考虑不同作用工况：

① 预制混凝土夹芯保温墙板外叶板之间接缝，应计算温度作用工况；

② 预制混凝土非承重外挂墙板与结构主体之间的室内接缝，应计算风荷载作用、地震作用工况；

③ 预制混凝土非承重外挂墙板之间的接缝、预制混凝土非承重外挂墙板与结构主体之间的室外接缝，应计算风荷载作用、地震作用及温度作用工况。

位移缝处接缝宽度可按式(12.5.4-1)～式(12.5.4-4)进行计算。

① 当接缝仅发生拉压变形时，胶缝宽度可按式(12.5.4-1)计算：

$$W=\frac{\delta_1}{\varepsilon}+W_e \tag{12.5.4-1}$$

② 当接缝仅发生剪切变形时，胶缝宽度可按式(12.5.4-2)计算：

$$W=\frac{\delta_2}{\sqrt{\varepsilon^2+2\varepsilon}}+W_e \tag{12.5.4-2}$$

③ 当接缝发生拉剪组合变形时，胶缝宽度可按式(12.5.4-3)计算：

$$W=\frac{\delta_1+\sqrt{\delta_1^2(1+\varepsilon)^2+\delta_2^2(2\varepsilon+\varepsilon^2)}}{2\varepsilon+\varepsilon^2}+W_e \tag{12.5.4-3}$$

④ 当接缝发生压剪组合变形时，胶缝宽度应取式(12.5.4-2)与式(12.5.4-4)计算值的较大值：

$$W=\frac{\delta_1+\sqrt{\delta_1^2(1-\varepsilon)^2+\delta_2^2(2\varepsilon-\varepsilon^2)}}{2\varepsilon-\varepsilon^2}+W_e \tag{12.5.4-4}$$

式中：W——位移缝处胶缝宽度（mm）；

δ_1——接缝的宽度方向变形量（mm）；

δ_2——垂直接缝的宽度方向变形量（mm）；

ε——密封胶位移能力，应按表 12.5.4-1 采用；

W_e——接缝处宽度的施工偏差，对于墙板接缝，取为 5mm。

密封胶位移能力级别 **表 12.5.4-1**

级别	试验拉压幅度（%）	位移能力（%）
50	±50	50
35	±35	35
25	±25	25
20	±20	20

接缝在温度作用下的宽度方向变形量应按式(12.5.4-5)计算：

$$\delta_T = \alpha \times l \times \Delta T \qquad (12.5.4\text{-}5)$$

式中：δ_T——温度作用下接缝宽度方向变形量（mm）；

α——基材温度膨胀系数（/℃），混凝土材料可取 1×10^{-5}/℃；

l——基材长度（mm），可取两个相邻接缝间的距离；

ΔT——基材有效温度变化，应根据基材颜色、当地气候变化情况确定。

12.5.5 装配式叠合剪力墙

装配式叠合剪力墙设计应符合现行国家、行业及地方标准的要求。如仅有团体标准，在符合其规定的同时，应进行专家评审。

● **说明**

随着科技的进步及工程项目需求的发展，新型装配式叠合剪力墙技术层出不穷。为确保结构安全性，如采用的技术体系尚未在现行国家、行业及地方标准中写入，应参照现有团体标准执行，并进行专家论证。

12.5.6 粗糙面

装配式叠合剪力墙板与后浇混凝土的结合面应设置粗糙面。

● **说明**

装配式叠合剪力墙结构主要包括：空心板叠合剪力墙结构、钢筋笼叠合剪力墙结构、纵肋叠合剪力墙结构、圆孔板叠合剪力墙结构等。

本条粗糙面是指叠合墙板面内方向与后浇混凝土之间的结合面。预制墙板的竖向钢筋与竖向连接钢筋通过钢筋之间的混凝土传力，在搭接连接高度范围内，竖孔、预制混凝土墙板内表面设置粗糙面，可使新老混凝土紧密结合，最大限度地避免新老混凝土界面出现缝隙，影响钢筋传力效果。

粗糙面的有效面积不宜小于结合面总面积的 80%，且粗糙面的凹凸平均深度不应小于 4mm。

12.5.7 墙偏心受拉

装配式剪力墙在地震工况下应满足下列要求：

（1）在多遇地震作用下，墙体不应小偏心受拉；

（2）在设防地震作用下，墙体名义拉应力不应大于 $2.0f_{tk}$。

● **说明**

在方案设计阶段的技术分析中，应通过调整剪力墙布置、优化墙肢及连梁截面等措施，尽量避免剪力墙出现小偏心受拉的状态。根据《超限高层建筑工程抗震设防专项审查技术要点》（建质［2015］67 号）相关规定，在设防地震作用下，墙体平均名义拉应力不宜超过两倍混凝土抗拉强度标准值，本书对其提出更为严格的规定。设防地震作用时，荷载分项系数可取 1.0 进行计算。

12.5.8 装配式框架-剪力墙（核心筒）

当结构形式为装配式混凝土框架-剪力墙（核心筒）结构时，宜优先采用装配式框架-现浇剪力墙（核心筒）结构。

● **说明**

现行国家标准《装配式混凝土建筑技术标准》GB/T 51231 及现行行业标准《装配式混凝土结构技术规程》JGJ 1 中，因在其制定之时对于装配式筒体结构的研究工作尚未深入，工程实践较少，故未对该类体系进行明确规定。近年来，在科技进步与行业发展的推动下，装配式筒体结构设计及建造技术趋于成熟，在非重要部位（除底部加强区、核心筒外墙等）采用叠合墙也可满足标准的要求。当部分剪力墙（核心筒内墙）采用叠合构件时，应控制其承担剪力小于楼层总剪力的 30%，但因现行国家及行业标准中并未明确指出，故应进行专项论证，以确保设计的合理性和安全性。

12.6 其他结构及构件设计

12.6.1 装配式钢结构

装配式钢结构设计，应符合下列规定：

（1）应符合现行国家标准《装配式钢结构建筑技术标准》GB/T 51232 的相关规定；

（2）应优选结构构件的规格，控制不同构件规格的数量，标准的结构构件要有互换性，并应与建筑部件的模数匹配；

（3）住宅设计宜采用隐式钢结构、隐式钢框架-延性墙板（钢支撑）结构体系，将结构钢柱、钢梁等构件隐藏在建筑内墙内，以满足住户日常使用便利与美观性需求。

● **说明**

隐式钢框架结构是指由宽钢管混凝土柱、H 型钢梁、抗侧力钢支撑或钢板剪力墙组成的一种结构形式。主要受力框架柱多采用长宽比 2～4 的矩形宽钢管混凝土柱（图 12.6.1-1），通过与住宅建筑布置协同设计，从而实现密柱小梁的结构布置，有效降低构件截面，提高结构的整体性能。钢柱截面宽度可取150～200mm，截面长宽比不宜大于5，柱截面较长时，应设置加劲肋。可采用标准化冷弯成型高频焊接矩形宽钢管为原材料，当规格较大时可采用热轧无缝钢管或工厂自制矩形管。

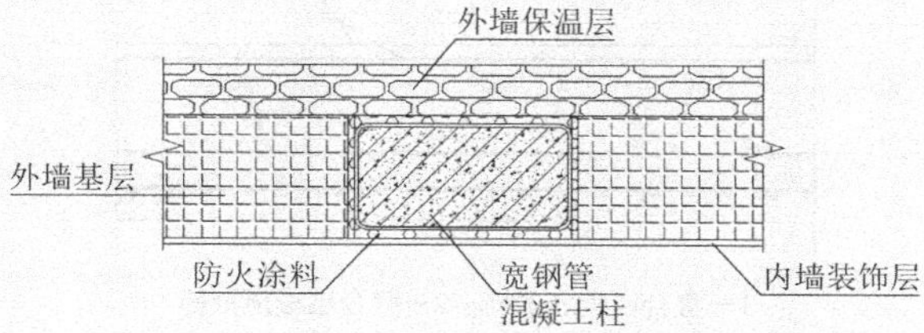

图 12.6.1-1　宽钢管混凝土柱隐藏构造示意

12.6.2　装配式配筋砌体结构

装配式配筋砌体结构是一种采用混凝土空心砌块的配筋砌体结构，在工厂按层高及开间进深尺寸将混凝土空心砌块、专用砂浆、预埋件及其他建筑墙体组成材料等组装为单片墙体（T形、L形、一字形等），在现场对单片墙体进行安装，并在预设孔道内布设钢筋及混凝土灌孔，形成结构墙体。结构墙体可以与建筑装修、管线、保温（隔热）、防水（防潮）等集成应用。

装配式配筋砌体楼盖结构通常采用预制空心板局部（或整体）叠合的装配整体式楼盖。

该体系适用于抗震设防烈度为6～9度地区的民用建筑和农村建筑。

12.6.3　装配式木结构

装配式木结构设计应符合下列规定：

（1）应符合现行国家标准《装配式木结构建筑技术标准》GB/T 51233的相关规定；

（2）应对预制建筑部品进行标准化设计，并满足不同结构材料部品互换的要求；宜对建筑部品进行组合设计；

（3）对于附着在结构主体上的非结构构件，应进行抗震和抗风设计。

●【说明】

模数是实现建筑装配式的基本手段，统一的模数，保证了各专业之间协调，同时使装配式木结构建筑各组件、部品工厂化。对于量大面广的住宅等居住建筑宜优先选用标准化的建筑部品。

非结构构件包括自承重围护墙、内隔墙、装饰幕墙、设备及管线支架、墙体保温及粘或挂装饰面等，其相关验算及调整系数可按现行国家、行业和地方相关标准规定执行。

12.6.4　钢管桁架预应力混凝土叠合板

钢管桁架预应力混凝土叠合板是指由灌浆钢管桁架与先张预应力混凝土预制平板组合形成底板，在其上配置所需的钢筋，再后浇混凝土叠合层形成的楼板，构成如

图 12.6.4-1 所示。其中，灌浆钢管桁架是由一根灌浆钢管作为上弦杆和两侧腹杆筋经焊接而成的桁架。钢管桁架预应力混凝土叠合板体系适用于设防烈度 6～8 度的民用建筑。其设计构造应满足现行团体标准《钢管桁架预应力混凝土叠合板技术规程》T/CECS 722 的相关规定。

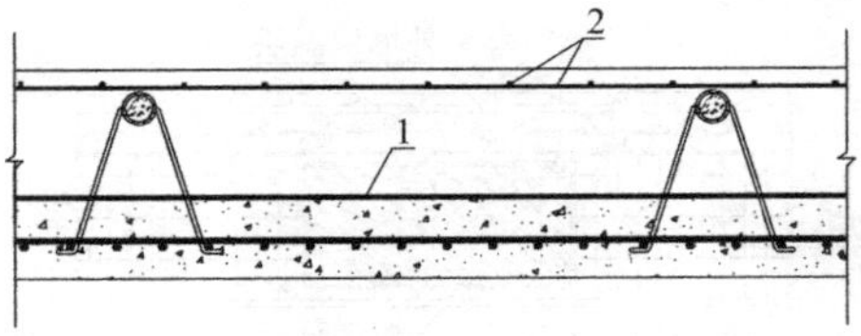

1—叠合层板底钢筋；2—叠合层板顶钢筋

图 12.6.4-1　钢管桁架预应力混凝土叠合板示意

12.6.5　梁板一体化预制叠合楼盖

梁板一体化预制叠合楼盖是指由预制混凝土肋梁和平板组成的梁板一体化预制构件，并在施工现场浇筑现浇混凝土叠合层，从而形成混凝土梁板一体化叠合楼盖。该体系适用于设防烈度 6～8 度的民用建筑，其设计构造应满足现行地方标准的相关规定。

12.6.6　外挂墙板设计

外挂墙板设计，应符合下列规定：

（1）应符合现行行业标准《装配式混凝土结构技术规程》JGJ 1 及地方标准的相关规定。标准中未明确规定的内容可参照现行行业标准《预制混凝土外挂墙板应用技术标准》JGJ/T 458 执行；

（2）外挂墙板不应跨越主体结构的变形缝；主体结构变形缝两侧，外挂墙板的构造缝应能适应主体结构变形要求，构造缝应采用柔性连接设计或滑动型连接设计，并宜采取易于修复的构造措施；

（3）与主体结构连接应优先采用点支承连接（图 12.6.6-1），也可采用线支承连接（图 12.6.6-2）；

（4）建筑外围护结构同时采用外挂墙板系统和墙系统时，应分别设置独立的支承系统并直接与主体结构连接，外挂墙板系统不应作为其他幕墙系统的支承结构使用。

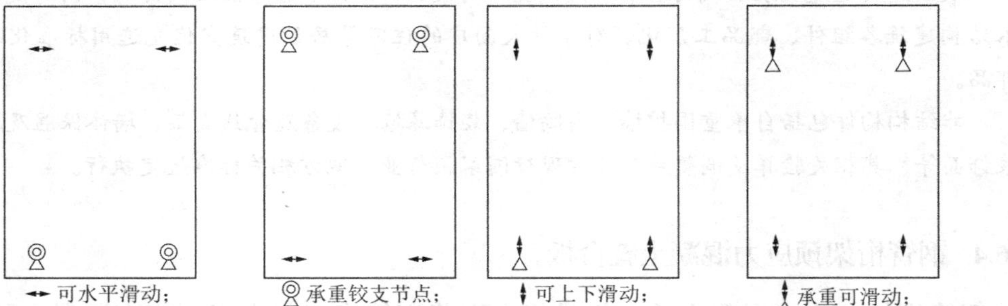

(a) 平移式点支承　　(b) 旋转式点支承

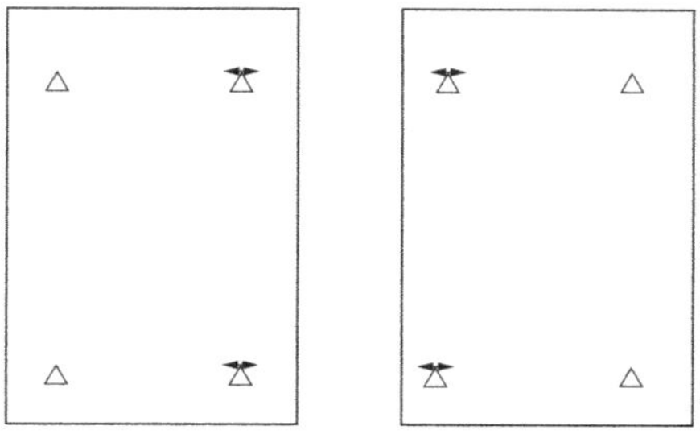

右边水平孔满足温度变形　左边水平孔满足温度变形

(c) 固定式点支承

图 12.6.6-1　外挂墙板点支承示意

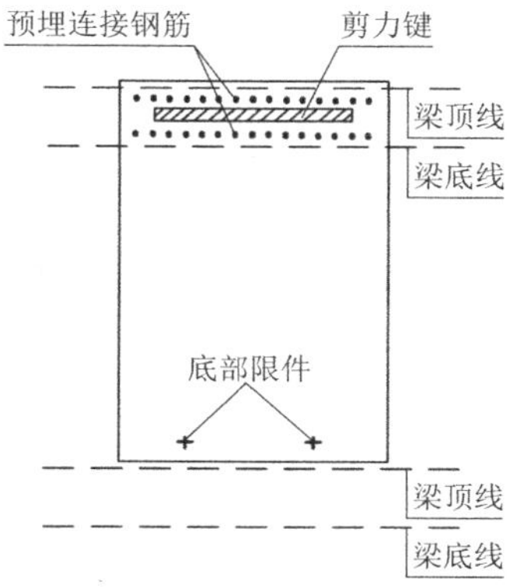

图 12.6.6-2　外挂墙板线支承示意

● **说明**

夹芯保温外挂墙板与主体结构之间的连接方式可采用点支承连接或线支承连接，其中点支承连接方式可实现外挂墙板完全适应主体结构变形，且具有施工安装简便、精度及质量可控等优点，宜优先采用。

点支承属于柔性连接，平移式点支承通常是在墙板上或下节点中进行开孔，让墙板能够随主体结构位移而发生变位，导致墙板不会对主体结构产生刚性约束；旋转式点支承通常是在墙板上或下节点中进行竖向开孔，让墙板能够随主体结构位移而发生转动，导致墙板不会对主体结构产生刚性约束；固定式点支承是指墙板不需要随主体结构位移而发生变位或转动，但是连接节点应能够对墙板的温度变形不产生刚性约束。

线支承属于刚性连接，即外挂墙板边缘局部与主体结构通过现浇连接的支承方式。墙板上部与主体结构采用线连接，墙板下部采用限位拉结件连接，这种连接形式的外挂墙板会对主体结构有承载力和刚度贡献，参与主体结构的受力，当主体结构在外力作用下因产生较大变形而损伤时，预制混凝土夹芯保温外挂墙板也同时破坏。

使用阶段预制夹芯外挂墙板需要适应主体结构的变形，在温度、地震和主体结构位移等作用下，外挂墙板将产生相应的变形。当建筑围护结构同时采用预制夹芯外挂墙板系统和其他幕墙系统时，二者应单独设置支承系统与主体结构连接。预制夹芯外挂墙板不应作为其他幕墙系统的支承结构使用。同时预制夹芯外挂墙板与其他幕墙系统交接处的接缝设计与构造应同时满足现行国家、行业及地方标准中对于幕墙结构件的相关要求。

13 结构改造与加固设计

13.1 一般规定

13.1.1 设计责任

对结构进行加固改造后，设计责任应转移至改造设计方（局部改造时仅对改造范围负责）。

● 说明

局部改造指不改变后续工作年限、不改变使用功能（抗震设防烈度及分类、使用荷载及环境等）、主体结构体系不变、主体结构布置不明显改变、荷载未显著增加及对原结构不产生新的薄弱部位的改造。

13.1.2 设计原则

（1）既有建筑在下列情况下应进行加固：

① 经安全性鉴定确认需要提高结构构件的安全性；

② 经抗震鉴定确认需要加强整体性、改善构件的受力状况、提高综合抗震能力；

③ 建筑功能等改变引起结构改造。

（2）加固设计前应现场踏勘，并收集相关资料：

① 原始图纸（含结构、建筑图、过程改造资料），如无时业主应提供测绘图纸及现场检测结构图；

② 检测、鉴定报告；

③ 地勘报告（涉及基础加固时）；

④ 其他相关资料（如历史、文物保护建筑，周边建筑情况、竣工验收资料等）。

（3）结构加固设计应遵循减少拆改、减少对原结构扰动及损伤的原则。

（4）结构抗震加固设计，应按照国家标准《建筑工程抗震设防分类标准》GB 50223—2008 的规定确定抗震设防类别。

（5）结构加固设计总说明应包含下列内容：

① 设计依据；

② 检测、鉴定报告主要内容；

③ 结构原始情况（结构体系、总高度、使用功能及荷载标准等）；

④ 建造年代及原始设计标准（规范）；

⑤ 改造概况（改造原因，如功能改变、结构鉴定不符合要求等；改造内容）；

⑥ 改造后结构标准（后续工作年限、建筑分类等级等）；
⑦ 自然条件；
⑧ 荷载取值；
⑨ 加固方法及材料；
⑩ 基础方案（如需）；
⑪ 施工要求；
⑫ 后期使用要求等。

● **说明**

第（2）款，加固设计应以结构专业主动收集项目原始资料作为设计的基本依据。鉴定报告计算应符合国家标准《既有建筑鉴定与加固通用规范》GB 55021—2021 第 4.2.2 条规定。

第（3）款，结构加固设计强调精细化设计，与新建结构不同，应避免无依据地扩大加固范围，造成不必要的结构损伤。

第（4）款，应特别注意：学校、养老类建筑在《建筑工程抗震设防分类标准》GB 50223—2008 之前为标准设防类（丙类）。

第（5）款，结构加固设计除常规的混凝土、钢筋、钢材等材料外，还应对加固过程使用的纤维和纤维复合材料、结构加固用胶粘剂（粘贴胶、植筋胶等）、锚栓、钢绞线、聚合物砂浆、高强无收缩灌浆料、细石混凝土等提出具体要求。

13.1.3　加固材料

（1）对于胶粘剂（粘贴胶、植筋胶），重要构件应采用 A 级胶。

（2）对于纤维和纤维复合材料，常用材料为碳纤维布，宜采用高强度一级；常见碳纤维密度为 200g/m^2 及 300g/m^2，对应厚度为 0.111mm 及 0.167mm。

（3）对于锚栓，抗震设防区承重结构应采用后扩底机械锚栓或特殊倒锥形锚栓。承重锚栓设计应采用开裂混凝土假定计算，不得直接采用厂家提供的锚栓强度。考虑群栓效应后，强度折减较大。

（4）对于灌浆料，当采用增大截面法进行加固设计时，不应大面积采用高强灌浆料。高强灌浆料干缩性能类似砂浆，易产生裂缝。如必须采用，应掺加 30%的细石混凝土或者掺入粗骨料，且级配应合理。

（5）对于钢材，宜采用 Q355B 级钢材，粘贴钢板单条宽度不应超过 100mm，端部须至少设置三道压条。

13.1.4　结构检测鉴定

（1）加固设计前必须进行现场踏勘，根据现场情况向检测单位提出具体需求。

（2）结构检测鉴定报告为加固设计重要依据。加固设计前，应对检测鉴定报告的检测范围、数量进行确认，对其合理性、真实性、规范性及结论的可靠性进行基本判断。如有疑问应及时向检测鉴定单位提出，并要求补充提供相关资料或修改报告。

（3）应对检测报告中提出的结构现状不满足原设计要求的部件进行构件级别加固。

（4）如未进行体系级别加固，应对鉴定报告中所列不满足承载力要求的构件进行加固。如经计算复核满足要求可不加固。

13.1.5 后续工作年限

加固设计时，应正确选择结构改造加固后的后续工作年限，并应符合下列规定：

（1）在国家标准《建筑抗震设计规范》GBJ 11—89 施行前设计的建筑，其后续工作年限不应少于 30 年；

（2）依据国家标准《建筑抗震设计规范》GBJ 11—89 设计的建筑，其后续工作年限不宜少于 40 年；

（3）依据国家标准《建筑抗震设计规范》GB 50011—2001 及《建筑抗震设计规范》GB 50011—2010（含后续修订版本）进行设计的建筑，其后续工作年限宜采用 50 年；

（4）国家标准《建筑抗震设计规范》GBJ 11—89 施行后设计的建筑，如延长后续工作年限，其加固代价较大，应尽可能减少对原结构扰动及损伤，可采用不改变结构后续工作年限的加固设计原则（见第 13.7 节）。

13.2 砌体结构

13.2.1 基本设计要求

（1）无地下室的砌体结构计算高度时，底层高度应取基础顶面，当埋深较深且有刚性地坪时取室外地下 500mm 处。

（2）砌体结构采用板墙及钢筋网水泥砂浆面层法加固时，双面加固效果优于单面加固。

（3）当原结构砂浆强度高于 M2.5 时，宜采用板墙进行抗震加固。

13.2.2 构造措施

（1）水泥砂浆面层法可做到室外地面以下 500mm，不需做到基础；板墙加固应有基础。

（2）板墙加固可采用支模或喷射混凝土的方式，如果采用支模方式，板墙加固厚度宜不小于 80mm。

（3）钢筋网水泥砂浆面层法厚度宜为 40mm，板墙加固法厚度宜为 60～100mm。

（4）采用双面板墙加固且厚度之和不小于 140mm 时，可按照新增混凝土抗震墙的方式计算增强系数。

13.3 混凝土结构

13.3.1 适用的加固改造技术

常用的加固方式及优缺点详见表 13.3.1-1。

常用的加固方式及优缺点 表 13.3.1-1

加固方法		适用范围	优点	缺点
直接加固法	加大截面	梁、板、柱承载力不足的情况	适用范围广	湿作业工作量大，工期较长，对建筑净空和美观有一定影响

续表

加固方法		适用范围	优点	缺点
直接加固法	置换混凝土	原混凝土质量存在缺陷或受损	不影响建筑功能	仅解决混凝土局部质量缺陷问题
	粘贴碳纤维	①梁、板承载力不足、柱子轴压比不足； ②不适用于素混凝土，包括纵向受力钢筋一侧配筋率小于0.2%的构件加固； ③被加固的混凝土结构构件，其现场实测混凝土强度等级不得低于C15	施工方便、工期短、造价低、对建筑功能影响小、结构自重增加小	①拉断时呈明显脆性，且有防火要求，宜用在非重要构件或承载力差值不大的情况； ②加固后的长期使用的环境温度不应高于60°C； ③加固后，其正截面受弯承载力的提高幅度不应超过40%
	粘贴钢板	①梁、板承载力不足； ②不适用于素混凝土，包括纵向受力钢筋一侧配筋率小于0.2%的构件加固； ③被加固的混凝土结构构件，其现场实测混凝土强度等级不得低于C15	能有效提高构件的抗弯、抗剪承载力、施工快、无湿作业，加固后对外观和净高无显著影响	对使用环境有一定要求（温度、湿度、无腐蚀性介质等）；加固后，其正截面受弯承载力的提高幅度不应超过40%
	外包型钢	适用于需要大幅度提高截面承载能力和抗震能力的钢筋混凝土柱及梁的加固	受力可靠，承载力提高幅度大，对建筑效果影响较小	节点区施工较粘贴钢板复杂；对使用环境有一定要求（温度、湿度、无腐蚀性介质等）
	绕丝法	适用于提高钢筋混凝土柱延性的加固	斜截面加固效果明显，施工较快	对于高强度构件不适用
	体外预应力	梁、板、屋架等大跨度或重型结构的加固	能大幅提高构件的承载力和抗裂性	施工相对复杂，对构件外观有一定影响，不适用于混凝土收缩徐变大的情况
间接加固法	增设支点	梁、板承载力不足的情况	一般加固量较小，造价低、施工简单，受力可靠，能大幅提高构件承载力	有可能影响原建筑空间和功能
	消能减震	原结构刚度较弱或刚度分布不均匀；地震作用较大；抗震构造措施不满足要求	显著提高结构的抗震性能	阻尼器的布置需结合建筑功能
	改变传力路径或受荷范围	增加次梁减小原构件受荷面积、增加转换梁形成托柱转换或托墙转换	对楼板可减小加固范围，转换有利于实现建筑需求	钢次梁及转换造价较高
	增设支撑或剪力墙等抗侧力构件	原结构侧向变形或扭转指标不满足时	可减少其他墙柱加固	可能引起剪重比增加；增设构件位置受限

13.3.2　设计要求

（1）单跨框架宜改为双跨框架或增加剪力墙、支撑等抗侧力构件。

（2）房屋刚度较弱、质量不均匀或有明显的扭转效应时，可增加剪力墙或支撑等抗侧力构件。

（3）既有建筑的高度和层数超过规定限值时，框架结构可沿纵横方向增设一定数量的抗震墙或支撑，改变其结构体系，或采用降低高度、减少层数等方式进行加固；也可采用抗震性能化设计方法进行抗震加固。

（4）增设抗震墙后，可按框架剪力墙结构进行抗震分析，翼墙与柱形成的构件可按整体偏心受压构件计算。

（5）剪力墙截面或配筋不符合计算要求时，可采用粘钢或粘贴碳纤维、加厚原有墙体或增设端柱等方法加固，也可新增剪力墙或支撑，增加传力路径。

（6）框架柱轴压比或框架梁柱配筋不符合计算要求时，可采用增大截面法、外包型钢法或粘贴钢板法、粘贴纤维复合材料法等方法加固。

（7）钢筋混凝土梁柱节点核心区箍筋不满足要求时，可在节点区采用外包钢及等代螺杆的方法进行加固，也可采用增设柱帽的方法进行加固。

（8）加固后的框架应避免形成短柱、短梁或强梁弱柱，避免形成新的薄弱层。

（9）增设的混凝土和钢筋的强度均应乘以折减系数 0.85，当新增的混凝土强度等级较原混凝土梁柱高一个等级时，可直接按原强度等级计算，不再计入混凝土强度的折减系数。

（10）新增的悬挑构件、大跨度构件等，与原结构支座连接的关键节点的纵向受拉钢筋应采取可靠锚固方式，宜优先采用机械锚固（图 13.3.2-1），不应全部采用化学植筋的锚固方式。

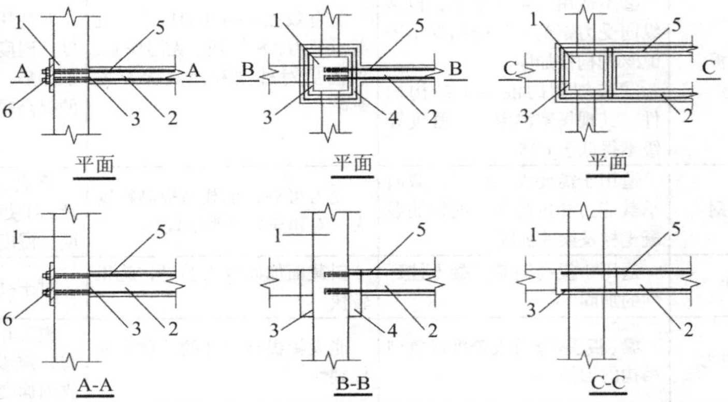

1—既有支承结构（墙或柱）；2—新加或加固的悬臂梁、受拉构件；3—连接界面；
4—新加混凝土柱帽；5—新加纵筋；6—焊接或螺栓连接

图 13.3.2-1　新增构件与原结构机械锚固做法

● **说明**

第（3）款，新增抗震墙或支撑宜优先设置在对建筑功能影响较小的位置，如楼梯间四周。

第（10）款，对于新增跨度较大的悬臂梁的支座节点，不应采用主要依靠植筋的方法提供梁根部受拉纵筋的锚固，应根据具体情况采用伸入内跨混凝土构件锚固、焊接或螺栓锚固、加设包柱式柱帽锚固等更加可靠的受拉纵筋锚固方法。当新加构件或加固构件的宽度足够或采用双梁结构时，受拉纵筋宜在柱帽内环绕柱身闭合锚固。对于加设柱帽做法，应在柱外侧增加核心区柱箍筋，对于纵筋环柱做法，应按照宽扁梁节点区要求增加梁箍筋，保证剪力传递。

13.3.3　构造措施

（1）新旧混凝土界面基层处理后，应涂刷水泥净浆并采用构造钢筋植筋连接。

（2）当提高柱受剪承载力时，碳纤维布宜沿环向螺旋粘贴并封闭。当矩形截面采用封闭环箍时，应至少缠绕 3 圈且搭接长度应超过 200mm。对受弯构件正弯矩区的正截面加固，其粘贴纤维复合材的截断位置应从其强度充分利用的截面算起，延伸长度不小于国家标准《混凝土结构加固设计规范》GB 50367—2013 第 10.2.5 条规定。

（3）采用钢板进行正截面加固时，受拉钢板沿轴向粘贴的截断位置，应从其强度充分利用截面算起，并符合国家标准《混凝土结构加固设计规范》GB 50367—2013 第 9.2.5 条规定；受压时不应小于钢板厚度的 150 倍，且不应小于 500mm。

（4）新增混凝土层的最小厚度，对于板构件，不应小于 40mm；对于梁、柱构件，不应小于 60mm；加固用的钢筋，应采用热轧带肋钢筋。

（5）粘钢加固的钢板宽度不应大于 100mm。采用手工涂胶和压力注胶粘贴的钢板厚度分别不应大于 5mm 和 10mm。对钢筋混凝土受弯构件进行正截面加固时，应在钢板的端部、截断处及集中荷载作用点的两侧，分别对梁设置 U 形钢箍板（梁负弯矩区采用压条）、对板设置横向钢压条进行锚固。被加固梁粘贴的纵向受力钢板，应延伸至支座边缘，并设置 U 形箍。U 形箍的宽度，端箍不应小于钢板宽度的 2/3、中间箍不应小于钢板宽度的 1/2，且不应小于 40mm。U 形箍的厚度不应小于加固钢板的 1/2，且不小于 4mm。加固板时，应将 U 形箍改为钢压条，垂直于受力钢板方向布置；钢压条应从支座边缘向中央至少设置 3 条，其宽度和厚度应分别不小于加固钢板的 3/5 和 1/2。

（6）当采用粘贴纤维复合材料加固钢筋混凝土受弯、轴心受压或大偏心受压构件时，应将纤维受力方式设计成仅承受拉应力作用；不得将纤维复合材料直接暴露在阳光或有害介质中，其表面应进行防护处理。表面防护材料应对纤维及胶粘剂无害，且应与胶粘剂有可靠的粘结及相互协调的变形性能。

（7）混凝土构件局部损伤和裂缝等缺陷的修补应符合下列要求：

① 修补采用的细石混凝土强度等级宜比原构件混凝土的强度等级高一级，且不应低于 C20；修补前，损伤处松散的混凝土和杂物应剔除，钢筋应除锈，并采取措施使新、旧混凝土可靠结合。

② 压力灌浆的环氧树脂浆液或环氧树脂砂浆应进行试配，其可灌性和固化性应满足设计、施工要求；灌浆前应对裂缝进行处理之后埋设灌浆嘴；灌浆时，可根据裂缝的范围和大小选用单孔灌浆或分区群孔灌浆，并应采取措施使浆液饱满密实。

（8）构件拆除时需自上而下，逐层拆除；同层内先拆板，其次拆梁，再次拆柱或墙；构件拆除时应做好支撑及安全防护工作。

13.4　钢结构

13.4.1　基本设计要求

（1）当结构的加固材料中使用结构胶粘剂或其他聚合物成分时，其结构加固后的工作年限宜按 30 年考虑。

（2）考虑耐久性及高温敏感性，宜避免采用结构胶粘剂或其他聚合物成分进行钢结构加固。

13.4.2　设计要求

（1）在使用胶粘剂或掺有聚合物的加固方法时，应对原结构进行验算，原结构及构件应承担n倍恒荷载标准值的作用。当可变荷载标准值与永久荷载标准值之比值不大于 1 时，n应取 1.2；当该比值等于或大于 2 时，n应取 1.5；其间应按线性内插法确定。

（2）负荷状态下的焊接加固，应按照相关标准控制原结构的应力比，钢结构加固均应参照现行标准考虑强度折减。

（3）钢结构加固应考虑充分卸载。无法充分卸载时，应进行充分支撑，并采用小电流均匀焊接方式等降低焊接热量和残余应力的方式进行施焊，确保焊接施工的安全性。

（4）钢结构局部拆除时，宜采用等离子焊机、砂轮机等低热量切割方式。

13.5 地基基础

13.5.1 基本设计要求

基于减少扰动原结构的原则，应尽可能避免地基基础加固。宜通过减小荷载、采用轻质材料等方式减轻结构自重。天然地基基础可考虑建筑物长期压密的影响，选择静载荷试验的方法进行检验，能够获得较高地基承载能力，避免地基加固。

13.5.2 设计要求

（1）当基础加固对邻近建筑物、地下工程有影响时，应充分考虑对相邻建筑物的影响，并应进行地基稳定性验算。

（2）当不改变基础尺寸及深度时，天然地基及桩基的承载力可适当考虑时间效应。

（3）天然地基上的基础优先考虑扩大基础面积的加固方式，当采用坑式托换法增加基础深度时，应对上部结构进行卸载并严格控制施工过程中的基底压应力。

13.6 消能减震加固

13.6.1 基本设计要求

（1）采用消能减震技术加固后的结构应符合现行国家标准《建筑抗震鉴定标准》GB 50023 的有关规定。

（2）采用消能减震技术加固设计的结构，应进行罕遇地震作用下的弹塑性变形验算。

（3）采用消能减震技术按性能化目标加固的结构，其最大适用高度可适当增加，并应进行专门研究。

● 说明

第（1）款，对于后续使用 30 年和 40 年的建筑，加固后的结构应符合现行国家标准《建筑抗震鉴定标准》GB 50023 关于承载力要求、变形规定和构造要求等规定。

后续使用 50 年的建筑，加固后应符合现行国家标准《建筑抗震设计标准》GB/T 50011 关于承载力要求、变形要求和抗震构造要求等规定。

当抗震构造措施不能满足现行标准要求时，可以采用性能化加固方法或基于位移的加固方法进行抗震加固设计，并满足相应的构造措施。

第（1）款，框架结构采用少量支撑加固时仍按框架结构考虑，结构适用高度按框架结构选用；消能减震加固后的房屋抗震构造与普通房屋相比不降低，当其抗震安全性明显提高，最大适用高度可适当提高，提高幅度以不超过 10% 为宜。

消能减震性能化设计是解决目前承载力、构造不足的重要手段和方法。要实现性能目标，需进行变形和构件承载力的双控，即各个地震水准下的承载力、变形和构造要求都应满足。

13.6.2 设计要求

（1）在结构各状态下，消能器应能正常工作，金属消能器可以进入屈服状态；消能器应保持足够的滞回循环能力，满足结构变形的要求。

（2）建筑结构消能减震加固设计进行多遇地震作用效应计算时，消能器应考虑非线性状态或按等效线性考虑，内力和变形分析可采用线性静力方法或非线性动力方法。

（3）中小学校校舍、医院及应急避难场所的钢筋混凝土框架结构抗震加固时，宜采用消能减震技术，罕遇地震下弹塑性层间位移角不应大于 1/120。

（4）既有建筑采用消能减震技术进行抗震加固应符合下列规定：

① 消能减震加固方案应根据抗震鉴定结果综合分析后确定，宜减少对原结构构件的加固量；

② 不规则建筑加固后的结构刚度宜分布均匀；

③ 单跨框架结构可采用金属消能器或摩擦消能器的消能减震加固方案，消能部件布置间距不宜大于 12m；

④ 原结构采用预制楼板时应加强楼（屋）盖整体性；

⑤ 结构地基和基础抗震加固应符合现行行业标准《建筑抗震加固技术规程》JGJ 116 的相关规定。

（5）单个消能部件承担地震作用的水平分量不宜大于 1/4 楼层剪力。

（6）抗震加固的方案应根据抗震鉴定的结果，综合分析现有建筑的现状和加固目标，区别对待，提出合理方案。既有建筑的刚度较小时，地震下变形较大的结构，宜采用金属消能器或摩擦型消能器，它们不仅能提供附加阻尼，还可提供附加刚度，小震下能够更加有效地解决问题。

（7）单跨框架结构采用金属消能器加固后，消能部件能够起到“抗震墙”的作用，同时又具有良好的延性性能，可以解决单跨框架结构抗震冗余度低的问题。

（8）消能子结构设计时，丙类建筑应按乙类建筑要求设计，乙类建筑地震作用效应按提高一度要求计算，抗震措施不变。设防烈度已经为 9 度时可不再提高。消能器子结构的性能应满足罕遇地震下极限承载力和极限变形要求。

● **说明**

当仅用于对结构薄弱层加强时，子结构范围指加强楼层及其下一层（向下范围不超过嵌固层顶），其他情况子结构范围从消能器所在楼层向下一直延伸至嵌固层顶部。

13.7 基于后续工作年限不变的结构设计方法

13.7.1 基本设计要求

经实践检验采用国家标准《建筑抗震设计规范》GBJ 11—89 设计的房屋建筑总体安全度和可靠度可控，在后续工作年限不变的前提下，可延续原设计标准，但宜考虑一定程度抗震性能的提升；对于新增结构构件（不含加固加大截面）设计应按现行标准执行。加固设计不得降低建筑的剩余工作年限、安全性、抗灾性能及耐久性等。

13.7.2 设计要求

（1）既有建筑指已建成可以验收或已投入使用的建筑，综合考虑各标准的要求，并参照国家标准《民用建筑可靠性鉴定标准》GB 50292—2015 和《既有建筑鉴定与加固通用规范》GB 55021—2021 执行。

（2）剩余工作年限指原设计工作总年限不变，扣除已服役或实际工作年限，即原设计工作年限与自竣工或法定建成之日起实际工作年限的差值，如原设计工作年限 50 年，已经投入使用 32 年（含未竣工但已实际使用），则剩余工作年限为 18 年。如需提高后续工作年限，应结合现行国家标准综合考虑可靠度、耐久性、承载力等因素后进行设计。

（3）结构改造前应进行结构检测，对于仅进行局部改造类建筑，可进行局部或某一楼层结构检测；对不增加荷载或增加荷载不超过单位荷载负荷 5%（限均匀增加情况），且既有建筑没有明显倾斜、不均匀沉降等不利因素时，可不进行地勘。

13.7.3 作用与荷载

（1）荷载作用值按现行国家标准执行。

（2）地震作用峰值加速度按现行国家标准执行。

（3）抗震设防分类按后续使用功能及现行国家标准《建筑工程抗震设防分类标准》GB 50223 执行。

13.7.4 计算要求

安全等级及荷载分项系数应按原设计标准执行。主要针对原结构，也包括为减小梁板跨度等新增的梁、柱、支撑等加固构件。

13.7.5 构造措施

轴压比、配筋率、截面尺寸等可通过常规加固手段满足要求时，应加固至不低于原标准。当钢筋最小直径、锚固长度等无法通过补强措施进行加固时，可通过抗震性能提升的方法进行加固，且罕遇地震最大层间位移角应比规范限值至少保有 10%的安全储备。

14 绿色低碳结构设计

结构设计除应满足本技术措施其他章节要求，并遵循“安全、经济、适用”等原则外，还应兼具“绿色低碳”理念。本章给出绿色低碳结构设计的相关原则及措施，要求结构设计按此执行。

14.1 一般规定

14.1.1 建筑形体选型

不应采用建筑形体和布置严重不规则的建筑结构。

● **说明**

建筑形体划分按国家标准《建筑抗震设计标准》GB/T 50011—2010（2024 年版）第 3.4.1 条，结构设计时不应采用严重不规则的建筑形体。同时，尽量避免选用因建筑形体复杂而抗震超限的结构形式。根据统计结果显示，因建筑形体复杂而造成结构抗震超限的项目数量远高于因高度超高而超限，甚至存在高度刚刚超过 24m 的抗震超限结构，这是非常浪费材料和高碳排放量的行为。可以讲，混凝土结构的建筑形体是影响结构绿色性能及碳排放的首要因素。但因建筑形体的复杂性，无法进行定量分析。本章节根据以往工程经验给出定性分析，具体如下：

① 严重不规则或特别不规则建筑形体结构材料用量增加约 5%～15%，直接增加的生产、运输和拆除阶段的碳排放量达 5%～15%；

② 严重不规则或特别不规则建筑形体提高了施工作业难度，间接增加的建造、拆除阶段的碳排放量约 5%；

③ 严重不规则或特别不规则建筑形体提升了运行期间的维护及维修难度，间接增加了运行阶段的碳排放量约 5%。

因此，严重不规则或特别不规则的建筑形体会增加碳排放量约 10%～25%，极端情况下增幅可达 50%以上。基于以上数据，结构形体低碳化设计时应优先选取规则的建筑形体，其次为不规则形体，避免采用特别不规则形体，严禁采用严重不规则形体。

14.1.2 低碳方案比选

在设计过程中，宜对不同可用体系碳排放进行对比分析，优选低碳结构体系。

● **说明**

通过对部分办公项目案例分析，6 度区，框架结构体系与框架-剪力墙结构体系的碳排放指标基本保持持平状态。框架结构体系所产生的碳排放量稍稍高于框架-剪力墙结构体系。但是，就整体而言，这两种不同的结构体系在碳排放量上的差异并不明显，具有相对稳定性。

对于7度区以及8度区，在进行对比时，可以发现在高度低于20m时，框架结构体系相比框架-剪力墙结构体系具有一定的优势。而在40m和56m的高度区间，框架-剪力墙结构体系显得更为低碳，碳排放量均略低于框架结构体系。这意味着在不同的设防烈度和不同的高度区间，框架-剪力墙结构体系都可以表现出较优的碳排放控制能力。

因此，在进行结构体系选型时，应根据建筑功能需求，进行结构方案碳排放分析和比选，优先选用碳排放低的结构方案。

14.1.3 低碳结构材料

应采用碳强比低的结构材料。

● **说明**

碳强比，即结构材料每单位强度产生的碳排放量。经过分析，碳强比越小对应材料的碳排放相对越低。常用结构材料的碳强比见表14.1.3-1～表14.1.3-3。

混凝土材料碳强比 **表14.1.3-1**

混凝土强度等级	C30	C35	C40	C45	C50
抗压强度设计值（N/mm^2）	14.3	16.7	19.1	21.1	23.1
碳排放因子（$kgCO_2e/m^3$）	295	318	340	363	385
碳强比	20.63	19.04	17.80	17.20	16.67

钢筋碳强比 **表14.1.3-2**

钢筋牌号	HPB300	HRB400	HRB500
抗拉强度设计值（N/mm^2）	270	360	534
碳排放因子（$kgCO_2e/m^3$）	2350.00	2590.88	2720.42
碳强比	8.70	7.20	5.09

钢材碳强比 **表14.1.3-3**

钢材牌号	Q235	Q355	Q390	Q420	Q460
抗拉强度设计值f	205.00	305.00	330.00	355.00	390.00
碳排放因子	2350.00	2467.50	2590.88	2720.42	2856.44
碳强比	11.46	8.09	7.85	7.66	7.32

混凝土、钢筋和钢材的碳强比随着材料强度升高而降低，即强度越高，低碳性能越好。因此，对于强度控制时，混凝土结构构件的材料应优先选用高强度材料。

14.1.4 低碳结构体系

应优先选择竹木结构，其次为钢结构，也可选择混凝土结构等形式。

● **说明**

竹木结构在低碳方面具有显著的低碳优势，竹结构单位建筑面积碳排放量是钢筋混凝土结构和钢结构的 47.30%和 57.60%，同时，木结构的空气污染指数最低，钢结构和混凝土结构产生的空气污染为木结构的 1.7 倍和 2.2 倍，由此，竹、木结构是“低碳结构”的首选结构形式。

钢结构的碳排放量因其主材可以循环再利用而具有较好的负碳性能，从全寿命期角度考量，钢结构体系较混凝土体系更低碳。

14.2 绿色设计

14.2.1 选址安全

场地选址应避开滑坡、泥石流等地质危险地段。设计前应明确用地本身及周边潜在的危险源，对于地质灾害、洪涝灾害应采取合理的工程措施。

● **说明**

本条与国家标准《绿色建筑评价标准》GB/T 50378—2019（2024 年版）第 4.1.1 条对应。国家标准《建筑抗震设计标准》GB/T 50011—2010（2024 年版）第 4.1.1 条对有利、一般、不利和危险地段的划分如表 14.2.1-1 所示。

有利、一般、不利和危险地段的划分 　　表 14.2.1-1

地段类别	地质、地形、地段
有利地段	稳定基岩，坚硬土，开阔、平坦、密实、均匀的中硬土等
一般地段	不属于有利、不利和危险的地段
不利地段	软弱土，液化土，条状突出的山嘴，高耸孤立的山丘，陡坡，陡坎，河岸和边坡的边缘，平面分布上成因、岩性、状态明显不均匀的土层（含故河道、疏松的断层破碎带、暗埋的塘浜沟谷和半填半挖地基），高含水量的可塑黄土，地表存在结构性裂缝等
危险地段	地震时可能发生滑坡、崩塌、地陷、地裂、泥石流等及发震断裂带上可能发生地表位错的部位

当选址无法规避上述危险地段时，应组织专家进行专项评审论证。

14.2.2 外部设施、非结构构件与主体结构的连接安全

结构设计时应考虑非结构构件、外部设施及附属设施等的荷载影响，且其与主体结构连接牢固能适应主体结构的变形。

● **说明**

非结构构件包括：建筑内部的非承重墙体、附着于楼屋面结构的构件、装饰性构件和部件等；外部设施包括：电梯、照明、管道系统、电气构件等；附属设施包括：整体卫生间、橱柜、储物柜等。结构设计时应主要考虑连接情况，并适应变形；在设计图纸中应有与非结构构件、外部设施、附属设施等的连接大样，并考虑其相应荷载，进行计算。外部设施应与建筑主体结构统一设计，施工图纸中应注明预留孔洞的位置、大小，给出各外部设施所需主要固定件的位置、编号和详图；结构施工图纸与设备、电气、装修施工图纸之间无矛盾；外部设施必须二次

施工时，应提前确定外部设施的设计参数，提供设计方案。结构施工图纸中，注明预留孔洞的位置、大小，给出预埋件的位置、详图。

适应主体结构的变形，主要指以下几个方面：

① 非承重填充墙宜与主体结构采用柔性连接；刚性连接的砌体填充墙应设置拉结筋、水平系梁、圈梁、构造柱等与主体结构可靠连接；条板隔墙与顶板、结构梁、主体墙和柱之间的连接应采用钢卡固定；轻钢骨架轻质隔墙宜与主体采用滑动连接、橡胶条或密封胶填缝等。

② 设备及附属设施与建筑主体结构可靠连接，变形协调，防止因外部作用下结构主体变形过大而影响设备设施的正常运行。例如，固定的设备及附属设施不能直接横跨主体结构的变形缝；电梯在设计基本风压及多遇地震作用下能正常运行。

14.2.3 基于性能的抗震设计

应采用基于性能的抗震设计并合理提高建筑的抗震性能。

● **说明**

采用基于性能的抗震设计并适当提高建筑的抗震性能目标使整体结构具有足够的牢固性及抗震冗余度。实际操作时，在确保建筑结构满足“小震不坏、中震可修、大震不倒”基本性能要求的前提下，对项目结构进行抗震性能化分析，对应国家标准《建筑抗震设计标准》GB/T 50011—2010（2024年版），可以考虑对整体结构、局部结构或者关键结构构件及节点按更高的抗震性能目标进行设计，或者采取措施减少地震作用，如采用隔震、消能减震设计等。

基于性能的抗震设计方法参见现行相关标准如现行国家及行业标准《建筑抗震设计标准》GB/T 50011、《高层建筑混凝土结构技术规程》JGJ 3、《钢结构设计标准》GB 50017等的规定，并应满足本技术措施的相关规定。

14.2.4 耐久性设计

应提高建筑结构的耐久性，采用耐久性好的结构材料，并满足下列要求之一：

（1）按照100年进行耐久性设计；

（2）对于混凝土构件，可提高钢筋保护层厚度或采用高耐久混凝土；对于钢构件，可采用耐候结构钢或耐候型防腐涂料；对于木构件，可采用防腐木材、耐久木材或耐久木制品。

● **说明**

第（1）款，按100年进行耐久性设计，可在造价提高有限的情况下提高结构综合性能，减少后期检测维修工程量，从而节约材料。对于混凝土构件，按照现行国家标准《混凝土结构设计标准》GB/T 50010要求，结合所处的环境类别、环境作用等级，按对应设计工作年限100年的相应要求（钢筋保护层、混凝土强度等级、最大水胶比等）进行混凝土结构设计和材料选用。对于钢构件、木构件，可相应采取比现行规范标准更严格的防护措施，如适当提高防护厚度、提高防护时间等，满足设计工作年限100年的要求。

第（2）款，对混凝土结构，混凝土保护层对钢筋具有保护作用。但混凝土碳化会降低混凝土的碱度，破坏钢筋表面的钝化膜，使混凝土失去对钢筋的保护作用，给混凝土中钢筋锈蚀带来不利影响；且混凝土表面碳化随着时间的延长，其碳化深度也会逐渐加深。因此混凝土保护层厚度对混凝土结构的耐久性有很大影响。提高混凝土结构构件的保护层厚度，可有效提高混凝土结构的耐久性；本款要求，按现行国家标准《混凝土结构设计标准》GB/T 50010 对应混凝土构件的混凝土保护层厚度均提高 5mm 即可。

耐候结构钢是指符合现行国家标准《耐候结构钢》GB/T 4171 要求的钢材；耐候型防腐涂料是指符合现行行业标准《建筑用钢结构防腐涂料》JG/T 224 的Ⅱ型面漆和长效型底漆。当采用耐候型防护涂料体系时，应符合现行国家标准《色漆和清漆 防护涂料体系对钢结构的防腐蚀保护 第 5 部分：防护涂料体系》GB/T 30790.5 中相关要求。对于钢结构建筑，采用耐候钢或耐候型防腐涂料即可。

根据国家标准《多高层木结构建筑技术标准》GB/T 51226—2017，多高层木结构建筑采用的结构木材可分为方木、原木、规格材、层板胶合木、正交胶合木、结构复合木材、木基结构板材以及其他结构用锯材，其材质等级应符合现行国家标准《木结构设计标准》GB 50005 的有关规定。根据现行国家标准《木结构设计标准》GB 50005，所有在室外使用，或与土壤直接接触的木构件，应采用防腐木材。在不直接接触土壤的情况下，可采用其他耐久木材或耐久木制品。

14.2.5 本地材料选择

（1）在结构设计选材中，应优先选择 500km 范围内的材料。

（2）对于 500km 范围内无商品混凝土供应或场地运输情况复杂致使混凝土搅拌车无法通行时，可不采用预拌混凝土。

（3）对于有特殊性能要求的钢结构构件，可以不在 500km 范围内采购。

● **说明**

鼓励选用本地化建材，是减少运输过程的资源消耗和能源消耗、降低环境污染的重要手段。钢筋、预拌混凝土、预拌砂浆等结构材料应选择 500km 范围内的产品。500km 指建筑材料的最后一个生产或加工工厂到场地或施工现场的运输距离。国家标准《绿色建筑评价标准》GB/T 50378—2019（2024 年版）的第 7.1.10 条中要求施工现场 500km 以内生产的建筑材料重量占建筑材料总重量的比例不得低于 60%，对于建筑材料，钢筋、混凝土、砂浆、钢材的重量占比最大，需要在 500km 范围内采购。需要特别注意，对钢材有些有特殊要求的可能生产厂家会超出 500km 范围，因此在设计时应尽量避免选用此类钢材。

预拌混凝土产品性能稳定，易于保证工程质量，且采用预拌混凝土能够减少施工现场噪声和粉尘污染，节约资源，减少材料损耗。我国大力提倡和推广使用预拌混凝土，其应用技术已较为成熟。虽然 2003 年商务部等四部委发布了《关于限期禁止在城市城区现场搅拌混凝土的通知》（商改发〔2003〕341 号）的要求全国 124 个城市城区自 2003 年 12 月 31 日起禁止现场搅拌混凝土。但是我国城市发展水平不同，产业配套情况存在差距，依然有周边无预拌混凝土企业的项目；同时，部分项目选址的特殊性，使得混凝土搅拌车无法通行。对于这种项目可允许不采用预拌混凝土。

在结构设计时，有一些有特殊性能要求的钢结构构件，此类构件由于生产技术壁垒，如耐候钢、超厚型钢板等，只能由某些厂家提供。因此对于有特殊性能要求的钢结构构件可放宽 500km 限制要求。

14.2.6 绿色结构建材

在结构设计时，应选择预拌混凝土、预拌砂浆，并优先选用绿色结构建材。

● 说明

绿色建材是指在全寿命期内可减少对天然资源消耗和减轻对生态环境影响，具有“节能、减排、安全、便利和可循环”特征的建材产品，其不仅对建材本身的健康、环保、安全等属性有一定的要求，还要求原材料生产、加工等全寿命期的各个环节贯彻“绿色”意识并实施“绿色”技术。

为了加快绿色建材推广应用，更好地支撑绿色建筑发展，《“十四五”建筑节能与绿色建筑发展规划》进一步提出，在“十四五”期间城镇新建建筑中绿色建材应用比例进一步显著提高，各地已陆续颁布绿色建材应用比例具体要求。在住房和城乡建设部、国家发展改革委《关于印发城乡建设领域碳达峰实施方案的通知》（建标［2022］53 号）中，明确提出到 2030 年，所有星级绿色建筑全面采用绿色建材。常用结构绿色建材有预拌混凝土、预拌砂浆、混凝土构配件、钢结构构件。本条中的绿色建材为通过绿色建材产品认证，或满足财政部、住房和城乡建设部、工业和信息化部发布的《绿色建筑和绿色建材政府采购需求标准》。

14.2.7 高强度结构材料

混凝土结构设计时，应优先采用 400MPa 级及以上强度等级钢筋，竖向承重结构优先采用强度等级不低于 C50 的混凝土。

钢结构设计时，应优先采用 Q355 级及以上钢材；节点连接采用螺栓连接等非现场焊接节点；楼屋面板宜采用施工免支撑方案。

● 说明

合理选用建筑结构材料，可减小构件的截面尺寸及材料用量，同时也可减轻结构自重，减小地震作用及地基基础的材料消耗，节材效果显著优于同类建材。

本条中建筑结构材料主要指高强度钢筋、高强混凝土、高强度钢材。高强度钢筋包括 400MPa 级及以上受力普通钢筋，高强混凝土包括 C50 及以上混凝土，高强度钢材包括现行国家标准《钢结构设计标准》GB 50017 规定的 Q355 级及以上钢材。采用混合结构时，考虑混凝土、钢的组合作用优化结构设计，可达到较好的节材效果。

钢结构设计时，采用螺栓连接等非现场焊接节点或腹板采用螺栓连接，即可算作节点连接采用非现场焊接节点。楼板选型时，应优先选用施工时免支撑的楼屋面板，包括各种类型的钢筋桁架楼承板或混凝土叠合板等。

14.2.8 工业化体系

宜采用符合工业化建造要求的结构体系与构件，并满足下列要求之一：

（1）采用钢结构、木结构；

（2）采用混凝土结构时，地上部分混凝土预制构件应用体积占比不低于 35%。

● 说明

钢结构、木结构及混凝土结构符合减少人工、减少消耗、提高质量、提高效率的工业化建造要求。对于混凝土结构的预制构件混凝土体积计算，无竖向立杆支撑叠合楼盖的现浇混凝土部分可按预制构件考虑，有竖向立杆支撑叠合楼盖的现浇混凝土部分可按 0.8 倍折算计入预制构件体积中；预制剪力墙的边缘构件现浇部分可按预制构件考虑；叠合剪力墙的现浇混凝土部分可按 0.8 倍折算为预制构件；模壳墙的现浇混凝土部分可按 0.5 倍折算为预制构件。

14.3 低碳设计

14.3.1 混凝土楼板

混凝土楼板低碳设计时，宜采用以下低碳设计方法：

（1）计算配筋时，在满足正常使用和舒适度的前提下，宜优先选用低强度等级的混凝土、小板厚和高强度等级钢筋；

（2）构造配筋时，按照固定配筋率控制的楼板，宜优先选用低强度等级的混凝土和钢筋；按照现行国家标准《混凝土结构设计标准》GB/T 50010 中要求配筋率控制的板，宜优先选用低强度等级的混凝土和高强度等级钢筋。

● **说明**

混凝土楼板的碳排放主要由混凝土和钢筋两部分材料的碳排放组成，其用量受支撑条件、荷载和板跨影响。同时根据板的受力特点，又分为计算配筋和构造配筋。通过分析可知，在常规荷载工况下，板的碳排放量呈现以下规律：

① 计算配筋时：板碳排放量受板厚、混凝土强度等级、钢筋强度等级三个因素的影响，并随板厚减小、钢筋强度等级提高或混凝土强度等级降低而减少；同时这三个因素按照影响从大到小的顺序为：混凝土强度等级、板厚、钢筋强度等级。

② 构造配筋时：按照固定配筋率控制的板，其碳排放量随混凝土强度等级和钢筋强度等级的降低而减少；按照现行国家标准《混凝土结构设计标准》GB/T 50010 中要求配筋率控制的板，随混凝土强度等级降低或钢筋强度提高，其碳排放量减少。

③ 碳排放占比：混凝土碳排放占比约为 60%～70%。

14.3.2 混凝土梁

混凝土梁低碳设计时，宜采用以下低碳设计方法：

（1）混凝土梁计算配筋时，在满足正常使用和舒适度的前提下，宜优先选用小截面、低强度等级的混凝土和高强度等级钢筋；

（2）混凝土梁构造配筋时，按照固定配筋率控制的，应优先选用低强度等级的混凝土和低强度等级钢筋；按照现行国家标准《混凝土结构设计标准》GB/T 50010 要求的配筋率控制的梁构件，应优先选用低强度等级的混凝土和高强度等级钢筋。

● **说明**

混凝土梁的碳排放与楼板相似，也是由混凝土和钢筋两部分材料组成，其用量受支撑条件、荷载和板跨影响。同时根据梁的受力特点，又分为计算配筋和构造配筋。基于一定的边界条件开展研究，经过分析，混凝土梁的碳排放量呈现以下规律：

① 计算配筋时：碳排放量受三个因素影响，并随着梁截面减少、钢筋强度等级提高或混凝土强度等级降低而减少；三个因素按照对碳排放量的影响从大到小的顺序依次为：梁截面尺寸、混凝土强度等级、钢筋强度等级。

② 构造配筋时：按照固定配筋率控制的梁，其碳排放随混凝土、钢筋的强度降低而减少；按照现行国家标准《混凝土结构设计标准》GB/T 50010 中要求配筋率控制的梁，随混凝土强度降低或钢筋强度提高，其碳排放量减少。

③ 碳排放占比：混凝土碳排放占比在60%～75%之间。

14.3.3 混凝土柱

混凝土柱低碳设计时，宜采用以下低碳设计方法：

（1）混凝土柱小偏心受压时，宜选用高强度等级的混凝土并减少截面尺寸的方式；

（2）混凝土柱大偏心受压时，宜选用低强度等级的混凝土并增加截面尺寸的方式；

（3）混凝土柱构造配筋时，纵筋宜选用低强度等级钢筋，箍筋宜选用高强度等级钢筋；计算配筋时，宜选用高强度等级钢筋。

● **说明**

混凝土柱的碳排放也是由混凝土和钢筋两部分材料的碳排放组成，根据受力特点，又分为计算配筋和构造配筋，计算配筋又分为小偏心受压和大偏心受压。在满足结构刚度的前提下，混凝土柱碳排放有如下规律：

① 构造配筋时：通过提高混凝土强度等级减少截面，可以降低柱碳排放；随纵筋强度降低或箍筋强度提高，柱碳排放得以降低。

② 小偏心受压计算配筋时：通过提高混凝土强度等级减少截面，可以降低柱碳排放；随着钢筋强度提高，柱碳排放得以降低。

③ 大偏心受压计算配筋时：通过降低混凝土强度等级增加截面，可以降低柱碳排放；随着钢筋强度提高，柱碳排放得以降低。

④ 碳排放占比：小偏心受压时混凝土占比在45%～65%之间，大偏心受压时混凝土占比不足50%，甚至低至30%。

14.3.4 混凝土墙

混凝土墙低碳设计时，宜采用以下低碳设计方法：

（1）地下室外墙，应选用小墙厚，并采用低强度等级的混凝土和高强度等级钢筋；

（2）剪力墙构造配筋时，应选用低强度材料和低配筋率，以降低碳排放；

（3）剪力墙计算配筋时，应选用高强度等级钢筋；设置构造边缘构件的，应选用低强度等级混凝土；设置约束边缘构件的，应选用轴压比接近但小于配箍特征值变化点时的混凝土强度等级。

● **说明**

混凝土墙的碳排放也是由混凝土和钢筋两部分材料的碳排放组成，根据使用部位分为地下室外墙和混凝土剪力墙，根据受力特点分为计算配筋和构造配筋。经过分析，混凝土墙的碳排放量呈现以下规律：

①混凝土外墙

a. 碳排放量受板厚、混凝土强度等级、钢筋强度等级三个因素的影响，随着墙厚减少、混凝土强度降低、钢筋强度提高而降低。其中，墙厚对于碳排放的影响最大。

b. 碳排放占比：混凝土碳排放占比50%～70%之间。

②混凝土剪力墙

a. 构造配筋

剪力墙的碳排放随着混凝土强度、纵筋钢筋强度或竖向分布筋配筋率的降低，碳排放呈现减少趋势；

当约束边缘构件采用低强度混凝土或箍筋采用HRB500时，可以降低碳排放。

b. 计算配筋

设置构造边缘构件的剪力墙，其碳排放随着混凝土强度降低、纵筋钢筋强度提高，碳排放呈现减少趋势；

设置约束边缘构件的剪力墙，其碳排放随着混凝土强度等级的提高，先下降再上升；当轴压比接近但小于配箍特征值变化点时，碳排放为最小。碳排放随着钢筋强度等级提高而降低。

c. 碳排放占比：构造配筋时混凝土碳排放占比在60%～70%之间，计算配筋时混凝土碳排放占比在50%～70%之间。

14.3.5 低碳装配式混凝土结构

装配式混凝土结构是否低碳，取决于装配式方案合理化选型，宜按照如下方法设计，可有效降低碳排放：

（1）预制构件采购宜在200km以内；

（2）预制墙板在低碳化设计中，宜优先选用预制混凝土外墙夹芯保温墙板；

（3）预制楼板在低碳化设计中，宜优先选用钢筋桁架楼承板。

● 说明

第（1）款，对于预制构件的采购距离提出要求，主要考虑预制构件运输碳排放随运输距离增大而增大。一般200km内，其运输碳排放较为合理。

第（2）款，主要推荐预制墙板选取，目前，我国大量采用的预制墙板有三种形式：预制混凝土夹芯保温外墙板、预制混凝土外墙板以及叠合类墙板。基于预制混凝土外墙夹芯保温墙板与预制混凝土外墙板的碳排放研究对比可知，预制混凝土外墙夹芯保温板在碳排放上更有优势，尤其是在严寒地区的优势更加明显。根据差值分析可知，预制混凝土外墙夹芯墙板在钢筋、混凝土以及相关套筒连接件上的碳排放量更高，预制混凝土外墙板由于保温需要25年更换，因此从全寿命期的维度下，预制混凝土外墙夹芯保温板更低碳。随着地区的不同，由于外墙保温板厚度不一样，因此对于夏热冬冷地区，预制混凝土夹芯保温墙板在碳排放上的优势有所降低。

基于叠合类外墙板与预制混凝土外墙板的碳排放研究对比可知，预制混凝土外墙板与叠合类墙板的碳排放基本一致，预制混凝土外墙板仅略高于叠合类墙板，主要差异在于叠合类外墙板的外皮混凝土量以及灌浆料的差值上。

通过对三种不同类型预制墙板分析可知，预制混凝土夹芯保温外墙板在碳排放上更有优势，主要原因在于其做到了外围护一体化，延长了外墙保温的使用周期。因此，预制墙板在低碳化设计中，应优先选用预制混凝土外墙夹芯保温墙板，其次为叠合墙板。

第（3）款，主要推荐预制楼板选型。装配式混凝土结构中常用的预制楼板形式为叠合楼板和钢筋桁架楼承板，两者在设计和建造上差异较大，因而碳排放上也有很大不同。仅考虑材料用量上的碳排放，叠合板更有优势，主要原因在于钢筋桁架楼承板桁架钢筋与镀锌钢板碳排放较高。在引入运输因子后，钢筋桁架楼承板因板厚及运输优势，100～110mm 厚的钢筋桁架楼承板更有优势。在考虑负碳后，镀锌钢板考虑90%的回收再利用率，钢筋考虑60%的回收再利用率，100～110mm 厚的钢筋桁架楼承板更有优势。同时考虑运输因子及负碳后，100～120mm 厚的钢筋桁架楼承板更有优势。

14.3.6 钢结构构件

当钢结构构件由强度控制时，宜选择碳强比低的钢材；由刚度控制时，宜选择强度等级低的钢材。

● **说明**

结构构件可根据碳强比理论进行低碳设计，结构材料碳强比越低，低碳属性越强。对于钢结构而言，由于采用单一材料进行设计建造，无多材料耦合作用影响，在强度控制时，宜采用高强度钢材；刚度控制时，可根据实际情况优先采用低强度钢材进行设计。

15 人防结构设计

15.1 一般规定

15.1.1 计算原则

甲类防空地下室结构应能承受常规武器爆炸动荷载和核武器爆炸动荷载的作用，乙类防空地下室结构应能承受常规武器爆炸动荷载的作用。对常规武器爆炸动荷载和核武器爆炸动荷载，设计时均应按一次作用计算。

● 说明

人民防空工程按可能受到的空袭威胁划分为甲、乙两类；甲类工程防核武器、常规武器、化学武器、生物武器袭击；乙类工程防常规武器、化学武器、生物武器的袭击。甲类防空地下室结构应能承受常规武器爆炸动荷载和核武器爆炸动荷载的分别作用，乙类防空地下室结构应能承受常规武器爆炸动荷载的作用。对于甲类防空地下室结构应取常规武器与核武器爆炸荷载包络设计。

15.1.2 荷载组合

结构设计应考虑平战结合，即平时作为民用建筑使用，战时能迅速转换为防空设施。人防工程应分别按平时荷载及战时荷载组合进行设计，并应取各自的最不利效应组合作为设计依据。

● 说明

防空地下室战时与平时的荷载效应组合系数、材料强度均不同，因此防空地下室结构除应按战时荷载组合计算外，尚应按平时使用条件根据相应设计规范、规程进行计算，并应取其中控制条件作为防空地下室结构设计的依据。

15.1.3 设计工作年限

人防工程结构的设计工作年限应与上部建筑结构相同。

15.2 人防计算

15.2.1 钢筋选材

防空地下室钢筋混凝土结构构件，不得采用冷轧带肋钢筋、冷拉钢筋等经冷加工处理的钢筋。

● 说明

人防构件除承载力要求外尚需要有一定的密闭要求。结构构件应具有较好的延性。冷轧带肋钢筋及冷拉钢筋等经冷加工处理的钢筋伸长率低、塑性变形能力差、延性不好，不得采用。

15.2.2 材料调整系数

在战时动荷载作用下结构材料的强度及弹性模量综合调整系数应按国家标准《人民防空地下室设计规范》GB 50038—2005（2023 年版）第 4.2.3 及 4.2.4 条执行。应特别注意为保证构件的延性，国家标准《人民防空地下室设计规范》GB 50038—2005（2023 年版）第 4.10.5 条及 4.10.6 条规定在进行墙、柱受压构件正截面承载力及梁、柱斜截面承载力验算时材料的动力强度设计值需要乘以 0.8 的折减系数。

● 说明

在爆炸动荷载作用下，材料强度有明显提高，而变形性能（包括塑性等）基本不变。《人民防空地下室设计规范》GB 50038—2005（2023 年版）对于材料强度提出了综合调整系数。

15.2.3 人防工况结构验算

人防工程结构在常规武器或核武器爆炸动荷载作用下，应验算结构承载力；对结构变形及裂缝开展可不进行验算。

● 说明

国家标准《人民防空地下室设计规范》GB 50038—2005（2023 年版）规定了各种构件的允许延性比，此时已经考虑了对变形的限制和防护密闭要求，所以可不再单独进行爆炸动荷载作用下的结构变形及裂缝开展的验算。

15.2.4 人防工况地基基础验算

人防工程结构在武器爆炸动荷载作用下，应验算基础本身的强度（受弯、受剪、受冲切承载力等），可不验算地基承载力与地基变形。基础平面尺寸根据平时荷载组合作用计算确定，在武器爆炸动荷载作用下可不进行验算。

● 说明

人防工程因在爆炸动荷载作用下，地基承载力有较大提高，一般不进行战时动荷载作用下的地基承载力及地基变形的验算。但为了保证基础承载力，应验算战时动荷载作用下基础强度。

15.2.5 人防荷载计算方式

人防工程结构在常规武器爆炸动荷载或核武器爆炸动荷载作用下，其动力分析均可采用等效静荷载法。在常规武器、核武器爆炸动荷载作用下，顶板、外墙及底板的均布等效静荷载标准值可按国家标准《人民防空地下室设计规范》GB 50038—2005（2023 年版）第

4.6.3 条及 4.6.4 条计算。满足适用条件时可参照国家标准《人民防空地下室设计规范》GB 50038—2005（2023 年版）第 4.7 条及 4.8 条执行。

● **说明**

防空地下室战时承受常规武器或核武器爆炸动荷载作用时，为简化计算，规范提出可采用等效静荷载方式进行计算。等效静荷载由动力系数与动荷载最大压力的乘积得出。动力系数 kd 是由结构构件自振圆频率、时间、允许延性比等有关因素确定的。规范根据常用的板跨、覆土等因素给出了常用工程的等效静荷载标准值。当超出适用范围时，应根据规范公式计算得出等效静荷载标准值。

由于绿化率的要求，人防地下室上覆土厚度一般大于 1.5m，对于覆土厚度大于 1.5m 梁板结构的钢筋混凝土顶板，按允许延性比[β]等于 3.0 计算时，顶板的等效静荷载标准值取值可参考表 15.2.5-1。

顶板等效静荷载标准值　　　　**表 15.2.5-1**

顶板覆土厚度 h（m）	顶板区格最大短边净跨 L_0（m）	防核武器抗力级别			防常规武器抗力级别
		6B	6	5	5
$1.5 < h \leqslant 2.0$	$3.0 \leqslant L_0 \leqslant 4.5$	50（45）	80（75）	165（140）	50～30（40～24）
	$4.5 < L_0 \leqslant 6.0$	45（40）	80（70）	160（130）	
	$6.0 < L_0 \leqslant 7.5$	45（40）	70（65）	145（120）	
	$7.5 < L_0 \leqslant 9.0$	40（35）	70（60）	135（115）	
$2.0 < h \leqslant 2.5$	$3.0 < L_0 \leqslant 4.5$	50（45）	80（75）	160（135）	30～15（24～12）
	$4.5 < L_0 \leqslant 6.0$	50（45）	80（70）	160（135）	
	$6.0 < L_0 \leqslant 7.5$	45（40）	75（65）	150（125）	
	$7.5 < L_0 \leqslant 9.0$	45（40）	70（65）	145（120）	
$2.5 < h \leqslant 3.0$	$3.0 < L_0 \leqslant 4.5$	50（45）	75（70）	140（130）	—
	$4.5 < L_0 \leqslant 6.0$	50（45）	75（70）	140（130）	
	$6.0 < L_0 \leqslant 7.5$	50（45）	75（65）	140（125）	
	$7.5 < L_0 \leqslant 9.0$	45（40）	70（65）	135（120）	

注：表中括号内数值为考虑上部建筑影响的顶板等效静荷载标准值。

15.2.6　上部结构对人防荷载的影响

在确定结构顶板核武器爆炸等效静荷载时，当符合下列条件之一，可考虑上部建筑（人防工程上方的非人防建筑、地面建筑、多层地下室中人防层上方的非人防层等）对地面空气冲击波超压作用的影响（简称上部建筑对顶板荷载的影响）：

（1）上部建筑层数不少于二层，其底层外墙为钢筋混凝土或砌体承重墙，且任何一面外墙墙面开孔面积不大于该墙面面积的 50%。

（2）上部为单层建筑，其承重外墙使用的材料和开孔比例符合上款规定，且屋顶为钢筋混凝土结构。

在确定土中外墙核武器爆炸等效静荷载时，应按下列情况考虑上部建筑（地面建筑）对地面空气冲击波超压值的影响（简称上部建筑对外墙荷载的影响）：

（1）对于核 5 级人防工程，当上部建筑的外墙为钢筋混凝土承重墙时，作用在人防工程外墙上的水平等效静荷载标准值应乘以 1.2 的放大系数。

（2）对于核 6 级和核 6B 级人防工程，当上部建筑的外墙为钢筋混凝土承重墙，或为抗震设防的砌体结构或框架结构时，作用在人防工程外墙上的水平等效静荷载标准值应乘以 1.1 的放大系数。

● **说明**

由于上部建筑的存在，地面爆炸产生的空气冲击波需穿过上部建筑的外墙、门窗洞口作用到防空地下室顶板和室内出入口，在空气冲击波传播过程中，上部建筑外墙、门窗洞口对空气冲击波产生一定的削弱作用。底层门窗开孔面积与正对冲击波传播方向的墙面面积的比值越小，则底层建筑物的绕流和扩散作用越明显，当满足一定条件时，可对人防顶板的等效静荷载进行折减。考虑到在预定冲击波地面超压作用下，上部建筑不倒塌或不立即倒塌，必然会使冲击波产生反射、环流等效应，因此，防空地下室的外墙荷载将略有增加。

15.2.7 人防工况下桩基设计

甲类防空地下室基础采用桩基时应按计入上部墙、柱传来的核武器爆炸动荷载的荷载组合验算桩身强度，桩承载力验算时可不考虑人防荷载组合。

● **说明**

桩基础作为结构受力构件需承担上部墙、柱传递过来的人防顶板荷载，以保证结构强度。可不验算地基承载力与地基变形。

15.2.8 抗拔桩底板荷载取值

当桩基仅为抗拔桩时，其底板等效静荷载标准值应按无桩基底板取值。

15.2.9 防倒塌棚架设计

防倒塌棚架应分别验算冲击波动压产生的水平等效静荷载及由房屋倒塌产生的垂直等效静荷载，水平与垂直荷载二者应按不同时作用计算，且应满足相应抗震等级的抗震构造措施。

15.2.10 允许延性比

结构构件按弹塑性工作阶段设计时，受拉钢筋配筋率不宜大于 1.5%。当大于 1.5%时应按国家标准《人民防空地下室设计规范》GB 50038—2005（2023 年版）第 4.10.3 条验算允许延性比。

钢筋混凝土构件允许延性比可按表 15.2.10-1 取值。

钢筋混凝土结构构件的允许延性比[β]值　　表 15.2.10-1

结构构件使用要求	动荷载类别	受力状态			
		受弯	大偏心受压	小偏心受压	轴心受压
密闭、防水要求高	核武器爆炸动荷载	1.0	1.0	1.0	1.0
	常规武器爆炸动荷载	2.0	1.5	1.2	1.0
密闭、防水要求一般	核武器爆炸动荷载	3.0	2.0	1.5	1.2
	常规武器爆炸动荷载	4.0	3.0	1.5	1.2

延性比超过规范要求，可采取增加受压钢筋、增大构件截面、提高混凝土等级等措施。当采用增加受压钢筋方式时，受拉钢筋配筋率不应大于国家标准《人民防空地下室设计规范》GB 50038—2005（2023 年版）第 4.11.8 条的规定。

● **说明**

在人防动荷载作用下结构允许出现一定的塑性变形。通过用结构构件的允许延性比[β]来控制结构构件的最大变形。当配筋率较大时需验算允许延性比。

15.2.11 非战时使用构件

人防工程战时非主要出入口，除临空墙及门框墙外，其他与人防工程无关的墙、楼梯踏步和休息平台等均可不考虑核武器爆炸动荷载作用。

15.3 人防构造

15.3.1 人防构件最小截面尺寸

人防构件除应满足承载力设计及国家标准《人民防空地下室设计规范》GB 50038—2005（2023 年版）第 4.11.3 条构件最小厚度要求外，尚应满足最低防护厚度要求。当构件厚度不足时，应按相应规范条文要求进行加强处理。重点关注条文见表 15.3.1-1。

人防构件最小截面尺寸重点关注条文　　表 15.3.1-1

序号	关注要点	规范			
		名称	条目	名称	条目
1	甲类防控地下室室内剂量限值	《人民防空地下室设计规范》GB 50038—2005（2023 年版）	3.1.10	《平战结合人民防空工程设计规范》DB 11/994—2021	
2	人防顶板防护厚度		3.2.2 3.2.3		3.2.10
3	外墙顶部防护厚度		3.2.4 3.2.5		3.2.10
4	防护密闭隔墙厚度		3.2.9		3.2.2
5	染毒区与清洁区隔墙厚度		3.2.13		3.2.7
6	室外出入口临空墙厚度		3.3.11		3.3.9
7	室内出入口临空墙厚度		3.3.15		3.3.9
8	临空墙厚度不足时处理措施		3.3.16		3.3.9

● 说明

人防工程需防核武器、常规武器、化学武器、生物武器袭击。结构构件厚度除应满足结构承载力需求外，尚应满足防辐射防化要求。高等级人防层高、跨度小时，结构构件可能会由防护厚度决定，设计中应重点关注各部位防护厚度的最小要求。

15.3.2 防水要求

混凝土抗渗等级应满足表 15.3.2-1 要求，并应符合国家标准《建筑与市政工程防水通用规范》GB 55030—2022 的规定。人防顶板无论是否与土接触均应采用防水混凝土。

人防构件防水混凝土抗渗等级 **表 15.3.2-1**

工程埋置深度（m）	设计抗渗等级
＜10	P6
10～20	P8
20～30	P10
30～40	P12

● 说明

国家标准《建筑与市政工程防水通用规范》GB 55030—2022 实施后大幅提高了防水要求。人防地下室设计时混凝土抗渗要求应同时满足《人民防空地下室设计规范》GB 50038—2005（2023 年版）与《建筑与市政工程防水通用规范》GB 55030—2022 要求。

15.3.3 人防构件配筋率

（1）钢筋混凝土结构构件，纵向受力钢筋的配筋率应符合国家标准《人民防空地下室设计规范》GB 50038—2005（2023 年版）第 4.11.7 条规定。

（2）对卧置于地基上的核 5 级、核 6 级和核 6B 级甲类防空地下室结构底板当其内力由平时设计荷载控制时，板中受拉钢筋最小配筋率可适当降低，但不应小于 0.15%，此时可不设置拉结筋。卧置于地基上的结构底板指筏板基础或箱形基础底板，桩基础（或独立基础）加防水板不适用该条规定。

（3）人防临空墙、门框墙及人防外墙等构件既承受上部结构传下来的竖向荷载，也承受战时冲击波产生的水平荷载，竖向受力钢筋及水平受力钢筋均应满足上述规定。密闭门、密闭隔墙不承受水平人防荷载，主要承担人防顶板传递来的竖向荷载，其最小配筋率按受压构件控制。

（4）密闭门只承担密闭功能，不承担防护功能，门框墙承受并传递上部人防顶板等效静荷载，其配筋率需按人防内墙最小配筋率控制。不需要按受弯构件最小配筋率控制。

● 说明

人防构件受力复杂，除承受竖向荷载外，大部分构件还需要承担战时冲击波产生的水平荷载，既是受压构件又是受弯构件。应按照其受力方向确定最小配筋率要求。

人防构件混凝土强度不同时最小配筋率也不同，当人防地下室设置在塔楼下方时，应特别关注竖向构件最小配筋率要求。

15.3.4 后浇带

人防工程超长时应设置后浇带，后浇带宜设置在柱距三等分线附近，后浇带的设置应避开防护设备门洞和门框墙范围，宜避开口部密闭通道区域。

15.3.5 风井

人防位于地下二层或以下用于战时功能的人防风井穿越非人防地下室时，风井侧壁应采用混凝土墙体，此墙体应按临空墙设计。

● **说明**

人防风井作为战时人防地下室与室外空气的连接通道，需保证在冲击波作用下不会产生倒塌、堵塞。对人防风井穿越非人防地下室提出要求。

15.3.6 人防楼梯

人防楼梯梯板、休息平台、楼梯梁顶部及底部钢筋均应满足人防构件最小配筋率要求。

● **说明**

不同于常规楼梯只承担向下的竖向荷载，人防楼梯正面、反面均需承担人防荷载。其上部钢筋也应满足人防构件最小配筋率要求。

15.3.7 防护密闭门布置

当冲击波方向非正面作用于防护密闭门时应采取措施，保证人防门正面承受人防冲击波荷载。

● **说明**

人防门仅正面承受冲击波荷载，当人防门上方为风井，或风井转换导致人防门侧向面对冲击波时应设置挑檐或墙垛对人防门侧面进行防护。

15.3.8 无梁楼盖设计

当人防顶板采用无梁楼盖时，其设计及构造应符合国家标准《人民防空地下室设计规范》GB 50038—2005（2023 年版）附录 D 规定。

当人防顶板采用无梁楼盖时候，柱网应尽量规则，两方向跨度相近，不宜小于三跨，无梁楼盖应设置暗梁。

● **说明**

根据《住房和建设部办公厅关于加强地下室无梁楼盖工程质量安全管理的通知》（建办质〔2018〕10 号）：“在无梁楼盖工程设计中考虑施工、使用过程的荷载并提出荷载限值要求，注重板柱节点的承载力设计，通过采取设置暗梁等构造措施，提高结构的整体安全性。”故采用无梁楼盖的人防顶板应设置暗梁。

16 非结构构件设计

16.1 一般规定

16.1.1 非结构构件分类及安全对策

（1）非结构构件包括持久性的建筑非结构构件和建筑结构的附属机电设备及其支承系统两类。

（2）非结构构件的安全对策应以防止坠落造成人员伤亡作为首要目标，兼顾附属机电设备在地震作用下（多遇地震或设防地震）正常使用目标。应区别不同分类或使用环境下非结构构件的设计要求。

● 说明

第（1）款，建筑非结构构件指建筑中除承载骨架体系以外的固定构件和部件，主要包括非承重墙、附着于楼面和屋面结构的构件、装饰构件和部件、固定于楼面的大型储物架或设备支架等。具体有幕墙、围护墙、隔墙、女儿墙、雨篷、商标、广告牌、顶棚支架（顶棚吊顶支撑体系）、大型设备平台等。

建筑附属机电设备指为现代建筑使用功能服务的附属机械、电气构件、部件和系统，主要包括电梯、照明和应急电源、通信设备、管道系统、供暖和空气调节系统、烟火监测和消防系统、公用天线等，其支承系统包括支承骨架、与主体结构的连接件等。

第（2）款，如人流量大的公共建筑室外雨篷，应注意抗风设计、积雪积水荷载不利状况及连接部位的耐久性设计；高大空间的公共室内复杂吊顶（尤其吊顶饰面材料较重），除满足正常使用承载力要求外，应重点考虑抗震概念设计，必要时进行抗震设计及耐久性设计。

16.1.2 设计职责划分

非结构构件的设计，应由相关专业人员分别负责进行。

（1）非结构构件设计（幕墙、顶棚吊顶、抗震支吊架等）属于专项设计时，应由具有相应设计资质的专业单位完成，专项设计单位应对其设计的专项设计文件负责。

（2）对于设计总包的项目，非结构构件的专项设计由相关专业牵头负责，并由专项设计单位负责设计完成。非结构构件设计除应满足相关标准要求外，尚应符合本章的相关规定。

● 说明

附属设备自身的抗震性能及承载能力应由生产设备厂家负责，并提供相应产品质量证明文件。

16.1.3 抗震设防目标

非结构构件应根据所属建筑的抗震设防类别和非结构构件地震破坏的后果及其对整个建筑结构影响的范围，采取不同的抗震措施，达到相应的性能化设计目标，其性能应满足国家标准《建筑抗震设计标准》GB/T 50011—2010（2024 年版）附录 M.2 的相关要求。

16.1.4 与主体结构的连接

非结构构件的骨架应与主体结构有可靠的连接锚固，当非结构构件的支座反力在正常使用或风荷载作用下出现拉力时，不宜锚固于素混凝土内。

16.1.5 抗震变形要求

非结构构件在地震作用下的变形不应超过其自身的变形能力，非结构构件的骨架不应横跨抗震缝。支承于不同楼层的非结构构件，应符合现行国家标准对主体结构的层间位移要求。

16.1.6 抗震验算

除现行规范标准的规定外，一般情况下，以下情况应进行非结构构件抗震验算：

（1）出屋面女儿墙、长悬臂构件（雨篷等）;

（2）7～9 度时，基本上为脆性材料制作的幕墙及各类幕墙的连接；

（3）8、9 度时，悬挂重物的支座及其连接、出屋面广告牌和类似构件的锚固；

（4）附着于高层建筑的重型商标、标志、信号塔等的支架；

（5）8、9 度时，乙类建筑的文物陈列柜的支座及其连接；

（6）7～9 度时，电梯提升设备的锚固件、高层建筑的电梯构件及其锚固；

（7）7～9 度时，建筑附属设备自重超过 1.8kN 或其体系自振周期大于 0.1s 的设备支架、基座及其锚固。

16.1.7 地震作用计算

对需要进行抗震验算的非结构构件，地震作用应根据其连接构造、所处部位的建筑高度和特征，分别采用等效侧力法、楼面反应谱法或时程分析法进行计算，其计算方法应满足国家标准《建筑抗震设计标准》GB/T 50011—2010（2024 年版）及行业标准《非结构构件抗震设计规范》JGJ 339—2015 的相关规定。

16.1.8 建筑非结构构件相关的抗震措施

（1）对预埋件、锚固件所在的主体部位应采取加强措施，以承受建筑非结构构件传给主体结构的地震作用。

（2）建筑非结构构件支承于主体结构长悬挑部位时，应具有满足节点转动引起的竖向变形的能力。

（3）外墙板的连接件应具有足够的延性和适当的转动能力。

（4）当砌体填充墙高度超过相应图集适用高度时，应对构造柱、水平系梁等单独进行设计。

（5）砌体结构的女儿墙，防震缝处应留有足够的宽度，缝两侧的自由端应予以加强，如设置压顶圈梁或压顶配筋混凝土带与构造柱相连。

（6）多层砌体结构中的附墙或出屋面烟囱宜配置竖向钢筋。

（7）公共建筑吊顶的抗震措施应符合行业标准《公共建筑吊顶工程技术规程》JGJ 345—2014 的相关规定。

（8）墙板、幕墙、广告牌的自身抗震性能，应由生产商做出保证。

16.1.9 建筑非结构构件的防火防腐要求

（1）建筑非结构构件的防火，应符合国家标准《建筑设计防火规范》GB 50016—2014（2018 年版）的规定。

（2）当建筑非结构构件的骨架采用钢构件时，应进行防腐设计，对于室外的钢材构件，应根据其工作环境条件，重点针对薄壁型材、隐蔽部分，加强其在工作年限内的防腐要求。

16.2 非承重墙体

16.2.1 基本设计要求

非承重墙体的材料、选型和布置，应根据烈度、房屋高度、建筑体型、结构层间变形及墙体自身抗侧力性能的利用等因素，综合分析后确定，并应符合下列规定：

（1）非承重墙体宜优先采用轻质材料；采用砌体隔墙时，应采取措施减少对主体结构的不利影响，并设置拉结筋、水平系梁、圈梁、构造柱等与主体结构可靠连接。

（2）地上主体为框架结构时，宜优先考虑采用柔性连接；地上主体结构为剪力墙体系时，砌体填充墙可选用刚性连接。

（3）刚性连接的非承重墙体布置，应避免使结构形成刚度和强度分布上的突变；非对称均匀布置时，应考虑地震扭转效应对结构的不利影响。

（4）非承重墙体与主体结构应有可靠的拉结，与悬挑构件相连接时，尚应具有满足节点转动引起的竖向变形的能力。

（5）外墙板及幕墙的连接件应具有满足设防烈度地震作用下主体结构层间变形的延性和转动能力。

（6）圆弧形外墙应加密构造柱，墙高中部宜设置钢筋混凝土现浇带或腰梁。

（7）楼、电梯隔墙和人流通道两侧脆性材料的隔墙，宜进行构件平面外和连接的验算。

（8）楼梯及人流通道两侧隔墙应采用钢丝网砂浆面层进行加强处理，可采用直径 4mm 间距 150mm×150mm 的钢丝网片，钢丝网片与填充墙体应有可靠拉结，拉结处可采用间距不大于 600mm 的钢钉梅花布置进行固定拉结。钢丝网片四周与主体墙柱或楼面梁板采用射钉固定。

（9）电梯隔墙及导轨圈梁的设置不应对主体结构产生不利影响，应避免地震时破坏导致电梯轿厢和配重运行导轨的变形。

16.2.2 填充墙适用高度

一般情况下，砌体适用高度为 6.5m，条板墙适用高度为 6m，轻钢龙骨隔墙适用高度为 10m。当超过上述分类的高度时，应视为高大填充墙，应进行专项设计。

高大填充墙多出现于体育场馆、博物馆、展览馆、会展建筑等高大空间的建筑物内。为保证墙体安全及稳定性，高大填充墙应优先选用轻钢龙骨隔墙、薄壁型钢骨架墙等类型隔墙。

16.2.3 条板墙的适用条件

条板墙根据生产工艺和运输条件，条板长度一般最大为 6m，故条板墙的高度不宜超过 6m。外围护墙高度超过 6m 时，不应采用一般条板外墙，当采用专门龙骨并专项设计时，可视条件使用。

16.2.4 高大填充墙的注意事项

（1）当高大填充墙必须采用砌体填充墙时，应满足高厚比要求，并应对砌体填充墙抗震承载力进行验算。其中填充墙的水平地震作用应由构造柱、圈梁组成的梁柱体系全部承担，其地震作用计算应符合国家标准《建筑抗震设计标准》GB/T 50011—2010（2024 年版）及行业标准《非结构构件抗震设计规范》JGJ 339—2015 的相关规定。

（2）当高大填充墙作为围护墙体，应考虑地震作用和风荷载的组合作用。不宜设置宽度较大的窗洞口，当洞口宽度超过墙长的 1/3 时，洞边应做特殊补强构造立柱。

（3）当高大填充墙采用砌体，应在平面图中表示构造柱的布置。高大砌体填充墙有自由端时应加强端部构造柱。

16.2.5 高大砌体填充墙的构造要求

（1）砂浆强度等级不应小于 Ma7.5 或 M7.5。

（2）砌体填充墙沿墙长每隔 2.5m 应设置一道构造柱，构造柱截面为墙厚 × 200mm（且 ≥ 墙厚），纵筋 4ϕ14（当墙厚大于 240mm 时纵筋 6ϕ14），箍筋ϕ8@100。

（3）砌体填充墙沿墙高每隔 2.5m 应设置一道圈梁，圈梁截面为墙厚 × 300mm，圈梁上下铁纵筋均为 2ϕ14（当墙厚大于 240mm 时为 3ϕ14），箍筋为ϕ8@150。

（4）砌体填充墙应沿框架柱、钢筋混凝土墙以及构造柱（含抱框）全高每隔 400mm 设置 2ϕ6 拉结筋（当墙厚大于 240mm 时拉结筋为 3ϕ6），拉结筋沿墙全长贯通设置。

（5）构造柱及圈梁纵向钢筋应与周边主体结构构件采取可靠连接，构造柱纵向钢筋优先考虑与预埋件焊接连接。

（6）当连接采用后植筋锚固时，植筋锚固应符合国家标准《混凝土结构加固设计规范》GB 50367—2013 及行业标准《混凝土结构后锚固技术规程》JGJ 145—2013 的相关规定。

16.3 顶棚吊顶

16.3.1 特殊顶棚吊顶的抗震及抗风要求

（1）大空间、大跨度的建筑、人员密集的疏散通道和门厅在设防烈度为 8～9 度时，吊杆、吊顶的龙骨系统应考虑地震作用，并应进行专项设计。

（2）具有声学效果的歌剧影剧院、音乐厅、大型会展等，通常采用GRC重度较大的吊顶饰面材料，当每平方米质量超过20kg时，宜优先选用型钢龙骨。吊杆长度超过1500mm，应增设支撑；超过2500mm时，应设置钢结构转换架系统。确保吊顶自身结构体系具有一定的抗侧刚度。

（3）室外、半室外空间的吊顶，尚应进行抗风设计。

16.3.2 既有建筑吊顶荷载的确认

当顶棚吊顶等装饰构件的设计涉及既有主体结构的改动或设计荷载增加时，应对既有建筑结构的安全性进行核验、确认。

16.3.3 后置锚栓锚固的注意事项

（1）锚栓的材质、顶板基材、拉拔力的设计指标、锚固构造措施、锚固安装等应符合行业标准《混凝土结构后锚固技术规程》JGJ 145—2013的相关规定。

（2）应对吊杆与承重结构连接的后置锚栓拉拔试验提出要求，施工单位应按照相关要求对后置锚栓进行承载力试验。

（3）后置式锚栓应固定在主体结构上，不应将结构底部抹灰层厚度计入锚固深度内。

16.4 建筑幕墙

16.4.1 设计工作年限的要求

建筑幕墙应按附属于主体结构的外围护结构设计，其设计工作年限不应低于25年，不易拆换的幕墙支承结构（龙骨及连接件）设计工作年限不宜低于 50 年或同主体结构使用年限。

16.4.2 幕墙支承结构的基本设计要求

（1）幕墙支承结构设计时，应考虑幕墙传递的荷载与作用，以及考虑幕墙变形或振动的影响。

（2）幕墙与支承结构的连接应可靠牢固，连接的尺寸和数量应经计算或试验确定，并应满足构造要求；连接节点及连接件应有可靠的防松脱措施，且应牢固耐久。

（3）幕墙与主体混凝土结构采用后锚固连接时，除应符合行业标准《混凝土结构后锚固技术规程》JGJ 145—2013的规定外，锚栓连接的承载能力应进行现场检验。

（4）轻质填充墙和砌体结构不宜作为幕墙的支承结构。

● **说明**

轻质填充墙和砌体结构原则上不应作为幕墙的支承结构。当条件限制，幕墙与轻质填充墙和砌体结构必须连接时，应采取加强措施，如连接部位设置支承立柱、支承梁等，该支承立柱、支承梁设计时应计入幕墙支承传递的荷载，保证其连接可靠性和耐久性，且此支承立柱、支承梁与主体结构的连接构造宜选择对主体有利的连接。

16.4.3 幕墙龙骨及连接的耐久性

（1）当幕墙龙骨采用薄壁型材时，应特别注意工作环境条件及防腐要求。焊接或螺栓连接，应根据工作环境条件和设计工作年限，做好防腐设计。

（2）不具备条件定期检查的幕墙龙骨，如超高层建筑、大跨公共建筑等，应按不低于其设计工作年限的要求进行防腐设计，并宜按主体结构工作年限考虑。

16.5 其他非结构构件

16.5.1 雨篷

（1）9度时，不宜采用长悬臂雨篷。

（2）悬臂雨篷或仅用柱支承的单层雨篷，应与主体结构采取可靠连接。

（3）雨篷构件及锚固应进行专门的计算与分析，有抗震设防要求的地区应进行抗震设计，其中超大雨篷宜考虑与主体结构的相互作用并进行专项设计。

16.5.2 户外装饰件、广告架

（1）户外装饰构件、广告架宜注明设计工作年限，并注明在设计工作年限内定期检查的相关要求。

（2）附属在主体结构上的大型广告架及屋顶广告牌，除应进行自身的抗震、抗风设计外，尚应考虑对建筑主体结构影响，必要时应代入主体结构中进行整体复核验算。

16.5.3 栏杆

（1）栏杆顶部水平荷载及竖向荷载，应针对不同建筑功能分别考虑，除国家标准《工程结构通用规范》GB 55001—2021规定的建筑外，其余未涉及的建筑功能栏杆顶部水平、竖向荷载应按不小于1.0kN/m、1.2kN/m考虑。当可能产生人员密集或产生重大人员安全等部位，可参考中小学校考虑，如室外观景连廊等。

（2）高度、立柱间距超常规的栏杆、栏板，应进行单独的计算分析与设计。

16.5.4 连接要求

户外装饰构件、广告架骨架、栏杆及栏板等与主体结构的连接，宜优先采用预埋件焊接连接。当采用后锚固方式连接时，连接件除满足承载力及相关检验要求外，尚应考虑连接件的耐久性。

16.5.5 建筑附属机电设备的布置原则

（1）建筑附属机电设备不应设置在可能导致使用功能障碍等二次灾害的部位。

（2）重型设备宜布置在建筑物的下部。

（3）对振动敏感的设备，不应设置于易产生振动的结构构件上。

（4）管线在经过变形缝等部位时，应考虑管材适应变形缝等的变形能力。

（5）在设防地震下需要连续工作的附属设备，宜设置在建筑结构地震反应较小的部

位，且相关部位的结构构件应采取相应的加强措施。

16.5.6 建筑附属机电设备对主体结构的影响

（1）主体结构设计应考虑建筑附属机电设备的反力作用。

（2）管道、电缆、通风管和设备的洞口设置，应减少对主要承重结构构件的削弱，洞口边缘应有补强措施。管道和设备与建筑结构的连接，应具有足够的变形能力，以满足相对位移的需要。

（3）建筑附属机电设备的基座或支架，以及相关连接件和锚固件应具有足够的刚度和强度，应能将设备承受的地震作用全部传递到主体结构上。

（4）建筑结构中，对用以固定建筑附属机电设备预埋件、锚固件的部位，应采取加强措施，以承受附属机电设备传递给主体结构的地震作用。

附　录

附录 A　荷载表达及取值

A.0.1　荷载取值计算书（表 A.0.1-1）

荷载取值计算书　　表 A.0.1-1

楼层及建筑功能		建筑做法		吊挂荷重（kN/m²）	隔墙荷重（kN/m²）	实际附加恒荷载总和（kN/m²）	活荷载（kN/m²）
		厚度（mm）	荷重（kN/m²）				
首层及地库顶板区	覆土 0.5m 区	500	10	1	0	11	5
	覆土 1.0m 区	1000	20	1	0	21	5
	覆土 2.35 区	2350	47	1	0	48	5
	覆土 3.0m 区	3000	60	1	0	61	5
	大堂	150	3	1	1	5	5
	预留厨房区	300	6	1	1	8	5
	首层隔墙	$12 \times 0.2 \times 6 = 14.4$，取 14.5kN/m，幕墙$1.2 \times 6 = 7.2$kN/m					
地下一层	商业	100	2	0.5	0	2.5	5
	集水坑	50	1	0.5	8	9.5	12
	中水机房/给水机房/运营商机房	300	6	0.5	0	6.5	10（水箱板格 15）
	柴发机房	300	6	0.5	0	6.5	15
	机房	100	2	0.5	0	2.5	8
	电间	100	2	0.5	0	2.5	5
	卫生间	400	8	0.5	1	9.5	2.5
	预留厨房区	300	6	0.5	1	7.5	5
	干/湿垃圾间	300	6	0.5	0	6.5	10
	预留设备间（非机房）	100	2	0.5	0	2.5	6
	货车车道及货车坡道	100	2	0.5	0	2.5	10
	B1 隔墙	（顶板 −3.1m 区）：$12 \times 0.2 \times (9 - 3.1 - 0.25) = 13.56$，取 13.8kN/m					
		（顶板 −4.05m 区）：$12 \times 0.2 \times (9.1 - 4.05) = 11.88$，取 12.0kN/m					
地下二层	人防车库	50	1	1	0	2	4
	集水坑	50	1	1	8	10	12
	机房	50	1	1	0	2	8

续表

楼层及建筑功能		建筑做法		吊挂荷重（kN/m²）	隔墙荷重（kN/m²）	实际附加恒荷载总和（kN/m²）	活荷载（kN/m²）
		厚度（mm）	荷重（kN/m²）				
地下二层	电间	50	1	1	0	2	5
	冷却水机房	300	6	1	0	7	10
	报警阀间	300	6	1	0	7	5
	坡道	50	1	1	0	2	4
	B2 隔墙	$12 \times 0.2 \times 3.80 = 9.12$，取 9.2kN/m					

A.0.2 地下室顶板荷载分布图（图 A.0.2-1）

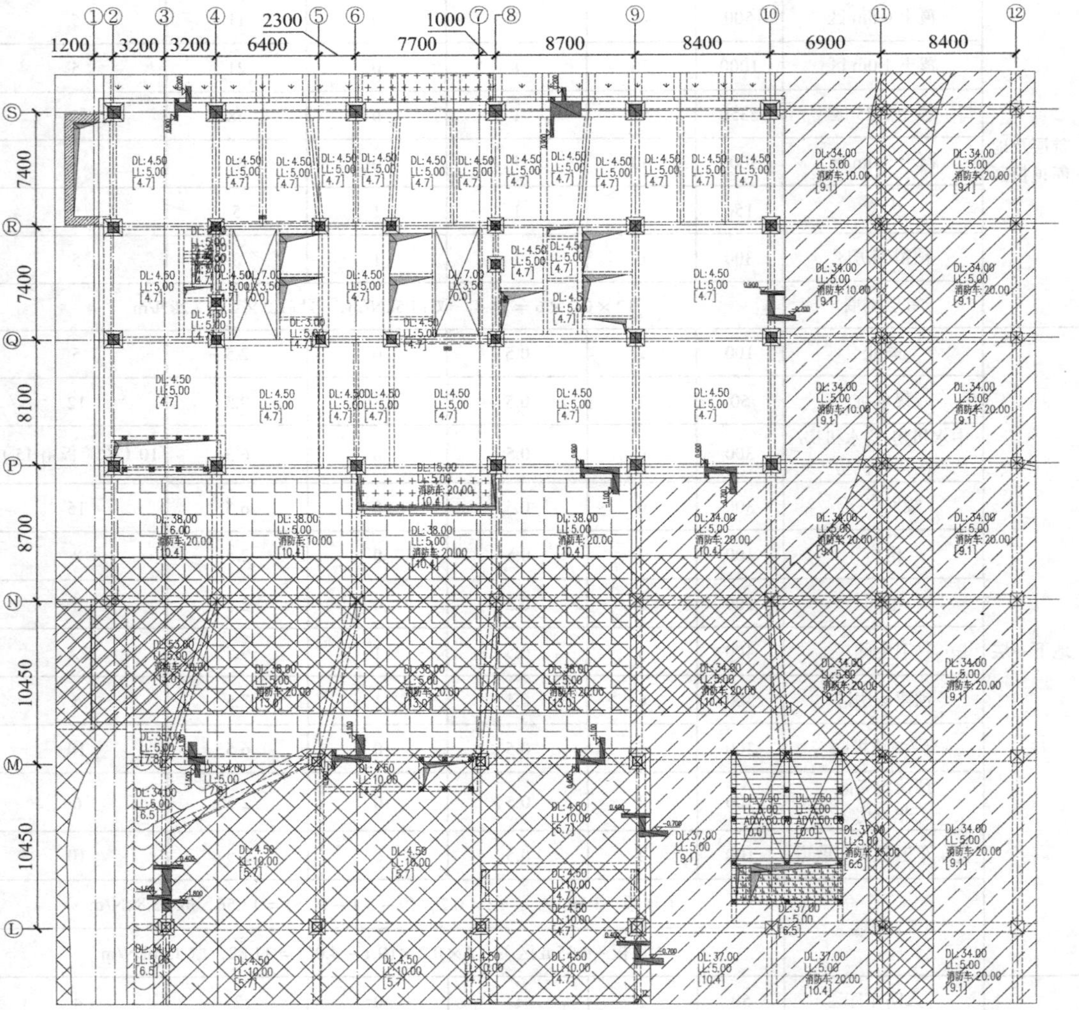

说明：1. DL为恒荷载，LL为活荷载，［］内为板自重；
2. ▨阴影区为消防车道以及登高面。

图 A.0.2-1 地下室顶板荷载分布图

A.0.3 幕墙荷载的常规取值（表 A.0.3-1）

幕墙荷载的常规取值 表 A.0.3-1

幕墙形式	面板重度（kN/m²）	龙骨重度（kN/m²）	总重度（kN/m²）	备注（不含保温）
铝板幕墙	0.14	0.25	0.4	3mm 铝板 + 钢龙骨
陶板幕墙	0.6	0.3	0.9	30mm 陶板 + 钢龙骨
石材幕墙	0.85	0.25	1.1	30mm 石材 + 钢龙骨
玻璃幕墙	0.6～1.0	0.25～0.5	0.85～1.5	面板三玻（3 片 8mm～3 片 12mm）+ 单跨梁式框架式幕墙

注：1. 以上取值仅限于常规建筑层高。当建筑幕墙采用其他规格的面板及龙骨形式时，应根据实际情况计算后确定。
2. 参考规范：《玻璃幕墙工程技术规范》JGJ 102—2003；
《金属与石材幕墙工程技术规范》JGJ 133—2001；
《人造板材幕墙工程技术规范》JGJ 336—2016。

A.0.4 医疗设备的楼（地）面活荷载取值（表 A.0.4-1）

医疗设备的楼（地）面活荷载取值 表 A.0.4-1

项次	类别	标准值（kN/m²）	准永久值系数	组合值系数
1	X 光室			
	30MA 移动式 X 光机	2.5	0.5	—
	20MA 诊断 X 光机	4.0	0.5	—
	200kV 治疗机	3.0	0.5	0.7
	X 光存片室	5.0	0.8	—
2	口腔科			
	201 型治疗台及电动脚踏升降椅	3.0	0.5	—
	205 型、206 型治疗台及 3704 型椅	4.0	0.5	—
	2616 型治疗台及 3704 型椅	5.0	0.8	0.7
3	消毒室：1602 型消毒柜	6.0	0.8	0.7
4	手术室：3000 型、3008 型万能手术床及 3001 型骨科手术台	3.0	0.5	0.7
5	产房：设 3009 型产床	2.5	0.5	0.7
6	血库 设 D-101 型冰箱	5.0	0.8	0.7
7	药库	5.0	0.8	0.7
8	生化实验室	5.0	0.7	0.7
9	CT 检查室	6.0	0.8	0.7
10	核磁共振检查室	6.0	8.7	0.7

注：当医疗设备型号与表中不符时，应按实际情况采用。

A.0.5 展览、博物馆等建筑的吊挂荷载参考案例（表 A.0.5-1）

展览、博物馆等建筑的吊挂荷载参考案例 表 A.0.5-1

项目类型	总面积/建筑规模（特大/大/中/小型）	单个厅馆面积/展厅等级（甲乙丙等）（m^2）	吊挂荷载（kN/m^2）	检修马道活荷载（kN/m^2）	备注（荷载来源、包含内容）
会展	134.7 万 m^2（特大型）	12100（甲等）	0.5	0.5	建设方提资 6m 间距一个600kg 展览吊点。普通照灯，无吊顶
	约 130 万 m^2（特大型）	12650（甲等）	0.5	0.5	
	48.8 万 m^2（特大型）	10400（甲等）	0.5	0.5	—
	8.4 万 m^2（大型）	3000（乙等）	0.5	0.5	—
	2 万 m^2（中型）	1000～1500（丙等）	0.5	—	建设方未给出明确荷载，吊挂荷载取值采用略大于《展览建筑设计规范》中的 0.3，取为 0.5
博物馆	19.2 万 m^2（特大型）	—	0.5～2.0	—	吊顶、马道、机电设备管线总荷载
	10.2 万 m^2（特大型）	—	1.5	—	
	3 万 m^2（大型）	—	1.0	—	
	9.1 万 m^2（大型）	—	1.0	—	

注：会展类建筑一般无吊顶，吊挂荷载包括照明和布展彩旗等，博物馆类建筑一般设有吊顶。对于非均布的较大荷载应采用设置固定吊点的方式。

A.0.6 会展类建筑楼地面荷载常用值

根据近年完成的会展类建筑汇总地面荷载取值情况如下：

（1）单层展厅：中型会展的室内展厅 20～50kN/m^2，大型会展的室内展厅：常用 50～80kN/m^2，部分展厅取值 100kN/m^2。

（2）多层展厅：二层室内展厅 10～15kN/m^2（考虑小型货车进入时不低于 10kN/m^2）。

（3）地面荷载与展览类型密切相关，如重型机械、采矿设备等，展厅荷载需求基本为 50～100kN/m^2。

（4）室外展场：20～100kN/m^2（考虑不布展时可能用于停车场不低于 20kN/m^2）

● **说明**

室外展场指在室外无建筑物的露地上布置的临时展览场地。当其地基基础设计由地基沉降控制时，附加压力应按照国家标准《建筑地基基础设计规范》GB 50007—2011 第 5.3.5 条采用准永久组合。项目可根据实际情况考虑乘以小于 1.0 的不满载系数。

A.0.7 物流建筑楼地面荷载常用值

根据近年完成的物流建筑（机场货运站类）汇总楼地面荷载取值情况如下：

（1）首层地面荷载要求一般较高：常用 20～50kN/m^2，部分物流建筑取值 100kN/m^2。

（2）上部楼层的楼面荷载要求：一般 10～30kN/m^2（考虑小型货车进入时不低于 10kN/m^2）。

（3）室外地面：可参考会展类建筑取值。

（4）吊顶荷载一般取 1.0kN/m^2，对于非均布的较大荷载应采用设置固定吊点的方式单独复核计算。

● **说明**

物流建筑根据规模大小、使用方要求及物流工艺提资，并按照结构楼盖布置，荷载取值会有所不同，可按照轮压或载重折算为等效均布荷载乘以动力系数按照静力计算。

附录 B　场地类别分界设计参数

B.0.1　不同分组的场地类别分界的设计参数

不同分组的场地类别分界的设计参数，如图 B.0.1-1 所示。

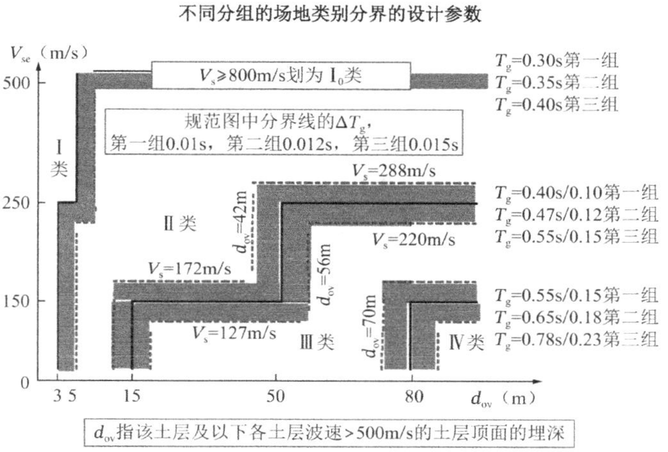

图 B.0.1-1　不同分组的场地类别分界的设计参数

对于第一组，Ⅱ类场地时，其上下特征周期分界线分别为$T_g = 0.3$s、0.4s，可按 10 等分，相邻等值线的T_g值增量$\Delta T_g = (0.4 - 0.3)/10 = 0.01$s，同理可求得第二组增量$\Delta T_g = (0.47 - 0.35)/10 = 0.012$s，第三组增量$\Delta T_g = (0.55 - 0.40)/10 = 0.015$s。按此方法可计算出其他场地类别的特征周期步长，并绘制于上图中，地震设计分组的第一组、第二组、第三组插值图如图 B.0.1-2～图 B.0.1-4 所示（图表源于《工程抗震与加固改造》2023 年第 2 期）。

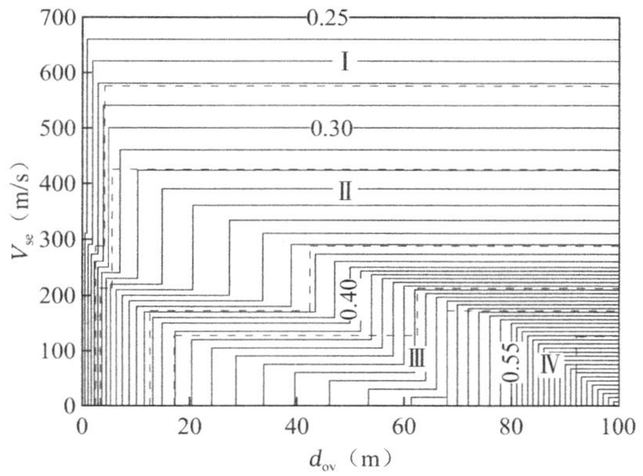

图 B.0.1-2　地震设计分组第一组

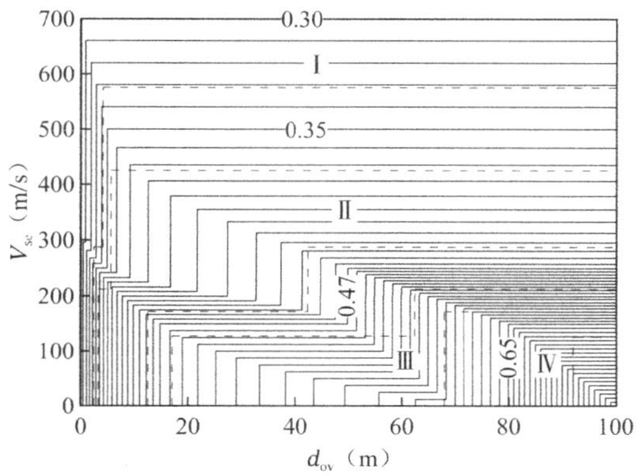

图 B.0.1-3　地震设计分组第二组

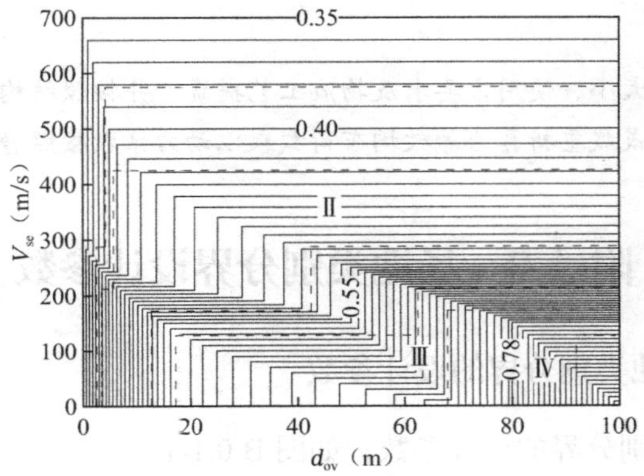

图 B.0.1-4　地震设计分组第三组

附录 C　常用防腐防火涂料情况

C.0.1　常用防腐涂层配套示例（表 C.0.1-1）

常用防腐涂层配套示例　　表 C.0.1-1

使用情况	防腐设计寿命等级	除锈等级	涂层	涂料品种	干膜厚度（μm）（涂装遍数）各涂层厚度	总厚	备注
一般城市环境	短期（如临时建筑等）	Sa2	底漆	（铁红）醇酸底漆	80（2 遍）	160	涂装方案 1（厚浆型漆也可一道成膜）
			面漆	醇酸面漆	80（2 遍）		
		Sa2	底漆	（铁红）环氧底漆	60（1 遍）	200	涂装方案 2（较涂装方案 1 的性能更好）
			中间漆	环氧云铁	80（1 遍）		
			面漆	聚氨酯	60（2 遍）		
	中期	Sa2	底漆	环氧磷酸锌	60（1 遍）	200	涂装方案 3
			中间漆	环氧云铁	80（1 遍）		
			面漆	聚氨酯	60（2 遍）		
		Sa2.5	底漆	环氧富锌	50（1 遍）	210	涂装方案 4（较涂装方案 3 的性能更好）
			中间漆	环氧云铁	100（1 遍）		
			面漆	聚氨酯或氟碳或聚硅氧烷面漆	60（2 遍）		
	长期	Sa2.5	底漆	环氧富锌	70（1 遍）	280	涂装方案 5
			中间漆	环氧云铁	130（1 遍）		
			面漆	聚氨酯或氟碳或聚硅氧烷面漆	80（2 遍）		
		Sa3	底漆	无机富锌	70（1 遍）	280	涂装方案 6（较涂装方案 5 的性能更好）
			封闭漆	环氧涂料	30（1 遍）		
			中间漆	环氧云铁	100（1～2 遍）		
			面漆	聚氨酯或氟碳或聚硅氧烷面漆	80（2 遍）		
用水房间、干湿交替、游泳池等	短期	Sa2.5	可采用涂装方案 3、4				

续表

使用情况	防腐设计寿命等级	除锈等级	涂层	涂料品种	干膜厚度（μm）（涂装遍数）		备注
					各涂层厚度	总厚	
用水房间、干湿交替、游泳池等	中期	Sa3	可采用涂装方案 5、6				
	长期	Sa3	底漆	无机富锌	80（1 遍）	360	涂装方案 7
			封闭漆	环氧涂料	30（1 遍）		
			中间漆	环氧云铁	170（2 遍）		
			面漆	聚氨酯或氟碳或聚硅氧烷面漆	80（2 遍）		
沿海（海边 2km 内）或海岛等	短期	Sa3	可采用涂装方案 5、6				
	中期	Sa3	可采用涂装方案 7				
	长期	Sa3	底漆	热喷锌/铝	150	340	涂装方案 8
			封闭漆	环氧树脂	30（1 遍）		
			中间漆	环氧云铁	100（2 遍）		
			面漆	聚氨酯或氟碳或聚硅氧烷面漆	60（2 遍）		

注：1. 出屋面的塔架一般为暴露部位且后期维护困难，出屋面的塔架可采用喷铝锌等的涂装方案。
2. 本表防腐配套涂装方案给出的为典型示例，具体可根据工程特点调整。

C.0.2 常用防火涂料的类别及适用范围（表 C.0.2-1）

常用防火涂料的类别及适用范围　　表 C.0.2-1

类别	特型	厚度（mm）	耐火时限（h）	适用范围
薄涂型防火涂料	附着力强，可以配色，一般不需要保护层	2～7	0.5～1.5	工业与民用建筑楼盖与屋盖钢结构，如 LB 型、SG-1 型、SS-1 型
超薄型防火涂料	附着力强，干燥快，可以配色，有装饰效果，不需要保护层	3～5	0.5～2.0	工业与民用建筑梁、柱等钢结构，如 SB-2 型、BTCB-1 型、ST1-A 型
厚涂型防火涂料	喷涂施工，密度小，物理强度及附着力低，需装饰面层隔护	8～50	1.5～3.0	有装饰面层的民用建筑钢结构柱、梁，如 LG 型、ST-1 型、SG-2 型
露天用防火涂料	喷涂施工，有良好的耐候性	薄涂：3～10 厚涂：25～4	0.5～3.0	露天环境中的框架、构架等钢结构，如 STI-B 型、SWH 型 SWB 型（薄涂）

注：常见防火涂料类型如下：
（1）MC-10 室内外防腐型钢结构膨胀防火涂料（薄涂型）；
（2）LB 钢结构膨胀防火涂料（薄涂型）；
（3）SG-1 钢结构膨胀防火涂料（薄涂型）；
（4）SB1 钢结构膨胀防火涂料（薄涂型）（超薄型）；
（5）SB2 钢结构膨胀防火涂料（薄涂型）；
（6）SWB 室外钢结构膨胀防火涂料（薄涂型）；
（7）GJ-1 薄型钢结构膨胀防火涂料（薄涂型）；
（8）WBA60-02 型钢结构防火涂料（薄涂型）；
（9）LF 溶剂型钢结构膨胀防火涂料（超薄型）；
（10）LG 钢结构防火隔热涂料（厚涂型）；
（11）TJG276 钢结构防火涂料（厚涂型）；
（12）ST1-A 利兰舌构防火涂料（厚涂型）；
（13）ST-86 钢结构防火涂料（厚涂型）；
（14）S02 钢结构防火涂料（厚涂型）；
（15）SWH 室外钢结构防火隔热涂料（厚涂型）；
（16）ST1-B 露天钢结构防火涂料（厚涂型）；
（17）SJ-1 型高温隔热防火涂料（厚涂型）；
（18）J0276 钢结构防火涂料（厚涂型）。

参考文献

[1] 中华人民共和国国家质量监督检验检疫总局，中国国家标准化管理委员会. 硅酸钙绝热制品: GB/T 10699—2015[S]. 北京: 中国标准出版社, 2016.

[2] 中华人民共和国国家质量监督检验检疫总局，中国国家标准化管理委员会. 绝热用岩棉、矿渣棉及其制品: GB/T 11835—2016[S]. 北京: 中国标准出版社, 2016.

[3] 中华人民共和国国家市场监督管理总局，中国国家标准化管理委员会. 金属覆盖层钢铁制件热浸镀锌层技术要求及试验方法: GB/T 13912—2020[S]. 北京: 中国标准出版社, 2020.

[4] 中华人民共和国国家市场监督管理总局，中国国家标准化管理委员会. 钢结构防火涂料: GB 14907—2018[S]. 北京: 中国标准出版社, 2018.

[5] 中华人民共和国国家市场监督管理总局，中国国家标准化管理委员会.绝热用硅酸铝棉及其制品: GB/T 16400—2023[S]. 北京: 中国标准出版社, 2023.

[6] 中华人民共和国国家市场监督管理总局，中国国家标准化管理委员会. 建筑用岩棉绝热制品: GB/T 19686—2015[S]. 北京: 中国标准出版社, 2016.

[7] 中华人民共和国国家市场监督管理总局，中国国家标准化管理委员会. 建筑结构用钢板: GB/T 19879—2023[S]. 北京: 中国标准出版社, 2023.

[8] 中华人民共和国国家市场监督管理总局，中国国家标准化管理委员会. 锌-5%铝-混合稀土合金镀层钢丝、钢绞线: GB/T 20492—2019[S]. 北京: 中国标准出版社, 2019.

[9] 中华人民共和国国家质量监督检验检疫总局，中国国家标准化管理委员会. 钢结构防护涂装通用技术条件: GB/T 28699—2012[S]. 北京: 中国标准出版社, 2013.

[10] 中华人民共和国国家质量监督检验检疫总局，中国国家标准化管理委员会.色漆和清漆防护涂料体系对钢结构的防腐蚀保护: GB/T 30790—2014[S]. 北京: 中国标准出版社, 2014.

[11] 中华人民共和国国家质量监督检验检疫总局，中国国家标准化管理委员会.玻镁平板: GB/T 33544—2017[S]. 北京: 中国标准出版社, 2018.

[12] 中华人民共和国住房和城乡建设部. 砌体结构设计规范: GB 50003—2011[S]. 北京: 中国计划出版社, 2012.

[13] 中华人民共和国住房和城乡建设部. 建筑地基基础设计规范: GB 50007—2011[S]. 北京: 中国建筑工业出版社, 2012.

[14] 中华人民共和国住房和城乡建设部. 建筑结构荷载规范: GB 50009—2012[S]. 北京: 中国建筑工业出版社, 2012.

[15] 中华人民共和国住房和城乡建设部. 混凝土结构设计标准: GB/T 50010—2010(2024 年版)[S]. 北京: 中国建筑工业出版社, 2024.

[16] 中华人民共和国住房和城乡建设部. 建筑抗震设计标准: GB/T 50011—2010(2024 年版)[S]. 北京: 中国建筑工业出版社, 2024.

[17] 中华人民共和国住房和城乡建设部. 建筑设计防火规范: GB 50016—2014(2018 年版)[S]. 北京: 中国计划出版社, 2018.

[18] 中华人民共和国住房和城乡建设部. 钢结构设计标准: GB 50017—2017[S]. 北京: 中国建筑工业出版社, 2017.

[19] 中华人民共和国住房和城乡建设部. 岩土工程勘察规范: GB 50021—2001(2009 年版)[S]. 北京: 中国建筑工业出版社, 2009.

[20] 中华人民共和国住房和城乡建设部. 建筑抗震鉴定标准: GB 50023—2009[S]. 北京: 中国建筑工业出版社, 2009.

[21] 中华人民共和国住房和城乡建设部, 国家市场监督管理总局. 湿陷性黄土地区建筑标准: GB 50025—2018[S]. 北京: 中国建筑工业出版社, 2019.

[22] 中华人民共和国建设部. 人民防空地下室设计规范: GB 50038—2005(2023年版)[S]. 北京: 中国计划出版社, 2024.

[23] 中华人民共和国住房和城乡建设部, 国家市场监督管理总局. 工业建筑防腐设计标准: GB/T 50046—2018[S]. 北京: 中国计划出版社, 2018.

[24] 中华人民共和国住房和城乡建设部. 建筑结构可靠性设计统一标准: GB 50068—2018 [S]. 北京: 中国建筑工业出版社, 2019.

[25] 中华人民共和国住房和城乡建设部. 膨胀土地区建筑技术规范: GB 50112—2013[S]. 北京: 中国建筑工业出版社, 2013.

[26] 中华人民共和国住房和城乡建设部. 高耸结构设计标准: GB 50135—2019[S]. 北京: 中国计划出版社, 2019.

[27] 中华人民共和国住房和城乡建设部. 钢结构工程施工质量验收标准: GB 50205—2020[S]. 北京:中国计划出版社, 2020.

[28] 中华人民共和国住房和城乡建设部. 混凝土结构加固设计规范: GB 50367—2013[S]. 北京: 中国建筑工业出版社, 2013.

[29] 中华人民共和国住房和城乡建设部, 国家市场监督管理总局. 复合地基技术规范: GB/T 50783—2012[S]. 北京: 中国计划出版社, 2012.

[30] 中华人民共和国住房和城乡建设部. 钢管混凝土结构技术规范: GB 50936—2014[S]. 北京: 中国建筑工业出版社, 2014.

[31] 中华人民共和国住房和城乡建设部. 工业建筑涂装设计规范: GB/T 51082—2015[S]. 北京: 中国计划出版社, 2015.

[32] 中华人民共和国住房和城乡建设部. 建筑钢结构防火技术规范: GB 51249—2017[S]. 北京: 中国计划出版社, 2017.

[33] 中华人民共和国住房和城乡建设部. 建筑隔震设计标准: GB/T 51408—2021[S]. 北京: 中国建筑工业出版社, 2021.

[34] 中华人民共和国国家市场监督管理总局, 中国国家标准化管理委员会. 厚度方向性能钢板: GB/T 5313—2023[S]. 北京: 中国标准出版社, 2023.

[35] 中华人民共和国住房和城乡建设部. 工程结构通用规范: GB 55001—2021[S]. 北京: 中国建筑工业出版社, 2022.

[36] 中华人民共和国住房和城乡建设部. 建筑与市政工程抗震通用规范: GB 55002—2021[S]. 北京: 中国建筑工业出版社, 2022.

[37] 中华人民共和国住房和城乡建设部. 建筑与市政地基基础通用规范: GB 55003—2021[S]. 北京: 中国建筑工业出版社, 2022.

[38] 中华人民共和国住房和城乡建设部. 组合结构通用规范: GB 55004—2021[S]. 北京: 中国建筑工业出版社, 2021.

[39] 中华人民共和国住房和城乡建设部. 钢结构通用规范: GB 55006—2021[S]. 北京: 中国建筑工业出版社, 2021.

[40] 中华人民共和国住房和城乡建设部. 砌体结构通用规范: GB 55007—2021[S]. 北京: 中国建筑工业

出版社, 2021.

[41] 中华人民共和国住房和城乡建设部. 混凝土结构通用规范: GB 55008—2021[S]. 北京: 中国建筑工业出版社, 2021.

[42] 中华人民共和国住房和城乡建设部. 既有建筑鉴定与加固通用规范: GB 55021—2021[S]. 北京: 中国建筑工业出版社, 2021.

[43] 中华人民共和国国家市场监督管理总局, 中国国家标准化管理委员会. 电梯制造与安装安全规范 第1部分:乘客电梯和载货电梯: GB/T 7588.1—2020[S]. 北京: 中国标准出版社, 2020.

[44] 中华人民共和国国家质量监督检验检疫总局, 中国国家标准化管理委员会. 涂覆涂料前钢材表面处理 表面清洁度的目视评定 第1部分: 未涂覆过的钢材表面和全面清除原有涂层后的钢材表面的锈蚀等级和处理等级: GB/T 8923. 1—2011[S]. 北京: 中国标准出版社, 2013.

[45] 中华人民共和国国家质量监督检验检疫总局, 中国国家标准化管理委员会. 纸面石膏板: GB/T 9775—2008[S]. 北京: 中国标准出版社, 2009.

[46] 中华人民共和国国家市场监督管理总局, 中国国家标准化管理委员会. 金属及其他无机覆盖层钢铁上经过处理的锌电镀层: GB/T 9799—2024[S]. 北京: 中国标准出版社, 2024.

[47] 中华人民共和国住房和城乡建设部. 钢管混凝土结构构造: 06SG524[S]. 北京: 中国计划出版社, 2006.

[48] 中华人民共和国住房和城乡建设部. 多、高层民用建筑钢结构节点构造详图: 16G519[S]. 北京: 中国计划出版社, 2016.

[49] 中华人民共和国住房和城乡建设部. 挡土墙(重力式、衡重式、悬臂式): 17J008[S]. 北京: 中国计划出版社, 2018.

[50] 中华人民共和国住房和城乡建设部. 建筑物抗震构造详图(多层和高层钢筋混凝土房屋): 20G329-1[S]. 北京: 中国计划出版社, 2020.

[51] 中华人民共和国住房和城乡建设部. 建筑结构抗浮锚杆: 22G815[S]. 北京: 中国标准出版社, 2022.

[52] 中华人民共和国住房和城乡建设部. 型钢混凝土组合结构构造: 23G523-1[S]. 北京: 中国标准出版社, 2023.

[53] 中华人民共和国住房和城乡建设部. 玻璃幕墙工程技术规范: JGJ 102—2003[S]. 北京: 中国建筑工业出版社, 2004.

[54] 中华人民共和国住房和城乡建设部. 建筑基桩检测技术规范: JGJ 106—2014[S]. 北京: 中国建筑工业出版社, 2014.

[55] 中华人民共和国住房和城乡建设部. 建筑抗震加固技术规程: JGJ 116—2009[S]. 北京: 中国建筑工业出版社, 2009.

[56] 中华人民共和国住房和城乡建设部. 建筑隔震橡胶支座: JG/T 118—2018[S]. 北京: 中国建筑工业出版社, 2018.

[57] 中华人民共和国住房和城乡建设部. 冻土地区建筑地基基础设计规范: JGJ 118—2011[S]. 北京: 中国建筑工业出版社, 2011.

[58] 中华人民共和国住房和城乡建设部. 组合结构设计规范: JGJ 138—2016[S]. 北京: 中国建筑工业出版社, 2016.

[59] 中华人民共和国住房和城乡建设部. 混凝土结构后锚固技术规程: JGJ 145—2013[S]. 北京: 中国建筑工业出版社, 2013.

[60] 中华人民共和国住房和城乡建设部. 混凝土异形柱结构技术规程: JGJ 149—2017[S]. 北京: 中国建筑工业出版社, 2017.

[61] 中华人民共和国住房和城乡建设部. 种植屋面工程技术规程: JGJ 155—2013[S]. 北京: 中国建筑工业出版社, 2013.

[62] 中华人民共和国住房和城乡建设部. 蒸压加气混凝土制品应用技术标准: JGJ/T 17—2020 [S]. 北京: 中国建筑工业出版社, 2020.

[63] 中华人民共和国住房和城乡建设部. 展览建筑设计规范: JGJ 218—2010[S]. 北京: 中国建筑工业出版社, 2020.

[64] 中华人民共和国工业和信息化总部. 膨胀蛭石防火板: JC/T 2341—2015[S]. 北京: 中国建材工业出版社, 2016.

[65] 中华人民共和国住房和城乡建设部. 建筑钢结构防腐蚀技术规程: JGJ/T 251—2011[S]. 北京: 中国建筑工业出版社, 2011.

[66] 中华人民共和国住房和城乡建设部. 建筑消能减震技术规程: JGJ 297—2013[S]. 北京: 中国建筑工业出版社, 2013.

[67] 中华人民共和国住房和城乡建设部. 高层建筑混凝土结构技术规程: JGJ 3—2010 [S]. 北京: 中国建筑工业出版社, 2011.

[68] 中华人民共和国住房和城乡建设部. 建筑工程风洞实验方法标准: JGJ/T 338—2014[S]. 北京: 中国建筑工业出版社, 2015.

[69] 中华人民共和国住房和城乡建设部. 非结构构件抗震设计规范: JGJ 339—2015[S]. 北京: 中国建筑工业出版社, 2015.

[70] 中华人民共和国住房和城乡建设部. 公共建筑吊顶工程技术规程: JGJ 345—2014[S]. 北京: 中国建筑工业出版社, 2014.

[71] 中华人民共和国住房和城乡建设部. 体育建筑设计规范: JGJ 354—2014[S]. 北京: 中国建筑工业出版社, 2014.

[72] 中华人民共和国住房和城乡建设部. 建筑隔震工程施工及验收规范: JGJ 360—2015[S]. 北京: 中国建筑工业出版社, 2015.

[73] 中华人民共和国工业和信息化总部. 富锌底漆: HG/T 3668—2020[S]. 北京: 中国石化出版社, 2020.

[74] 中华人民共和国住房和城乡建设部. 建筑工程抗浮设计标准: JGJ 476—2019[S]. 北京: 中国建筑工业出版社, 2020.

[75] 中华人民共和国工业和信息化部. 移动通信工程钢塔桅结构设计规范: YD/T 5131—2019[S]. 北京: 北京邮电大学出版社, 2020.

[76] 中华人民共和国国家能源局. 架空输电线路杆塔设计技术规定: DL/T 5154—2012[S]. 北京: 中国计划出版社, 2013.

[77] 中华人民共和国住房和城乡建设部. 建筑用陶瓷纤维防火板: JG/T 564—2018[S]. 北京: 中国标准出版社, 2018.

[78] 中华人民共和国住房和城乡建设部. 空间网格结构技术规程: JGJ 7—2010 [S]. 北京: 中国建筑工业出版社, 2010.

[79] 中华人民共和国住房和城乡建设部. 高层建筑岩土工程勘察标准: JGJ/T 72—2017[S]. 北京: 中国建筑工业出版社, 2017.

[80] 中华人民共和国住房和城乡建设部. 建筑地基处理技术规范: JGJ 79—2012[S]. 北京: 中国建筑工业出版社, 2012.

[81] 中华人民共和国住房和城乡建设部. 建筑桩基技术规范: JGJ 94—2008[S]. 北京: 中国建筑工业出版社, 2008.

[82] 中华人民共和国住房和城乡建设部. 高层民用建筑钢结构技术规程: JGJ 99—2015[S]. 北京: 中国建筑工业出版社, 2015.

[83] 北京市规划和自然资源委员会, 北京市市场监督管理局. 建筑工程减隔震技术规程: DB 11/2075—2022[S]. 北京: 中国建筑工业出版社, 2022.

[84] 北京市规划委员会. 北京地区建筑地基基础勘察设计规范: DBJ 11—501—2009[S]. 北京: 中国建筑工业出版社, 2009.

[85] 北京市规划和自然资源委员会. 平战结合人民防空工程设计规范: DB 11/994—2021[S]. 北京: 中国建筑工业出版社, 2022.

[86] 上海市住房和城乡建设管理委员会. 地基基础设计标准: DGJ 08—11—2018[S]. 上海: 同济大学出版社, 2019.

[87] 广东省住房和城乡建设厅. 建筑混凝土结构耐火设计技术规程: DBJ/T 15—81—2022[S]. 北京: 中国城市出版社, 2022.

[88] 广东省住房和城乡建设厅. 高层建筑风振舒适度评价标准及控制技术规程: DBJ/T 15—216—2021[S]. 北京: 中国建筑工业出版社, 2021.

[89] 中国工程建设标准化协会. 建筑幕墙设计标准: T/CECS 1266—2023[S]. 北京: 中国计划出版社, 2023.

[90] 中国建筑装饰协会. 建筑装饰装修室内吊顶支撑系统技术规程: T/CBDA 18—2018[S]. 北京: 中国建筑工业出版社, 2018.

[91] 中国工程建设标准化协会. 钢结构防火涂料应用技术规范: T/CECS 24—2020[S]. 北京: 中国计划出版社, 2020.

[92] 中国工程建设标准化协会. 建筑消能减震加固技术规程: T/CECS 547—2018[S]. 北京: 中国建筑工业出版社, 2018.

[93] 汪一骏. 钢结构设计手册[M]. 北京: 中国建筑工业出版社, 2004.

[94] 徐培福, 傅学怡, 王翠坤, 等. 复杂高层建筑结构设计[M]. 北京: 中国建筑工业出版社, 2005.

[95] 北京市建筑设计研究院有限公司. 建筑结构专业技术措施[M]. 北京: 中国建筑工业出版社, 2007.

[96] 梁建国, 黄靓. 砌体结构设计禁忌手册[M]. 北京: 中国建筑工业出版社, 2008.

[97] 住房和城乡建设部工程质量安全监管司, 中国建筑标准设计研究院. 全国民用建筑工程设计技术措施:结构（地基与基础）(2009 年版）[M]. 北京: 中国计划出版社, 2009.

[98] 住房和城乡建设部工程质量安全监管司, 中国建筑标准设计研究院. 全国民用建筑工程设计技术措施: 2009 年版-结构-地基与基础[M]. 北京: 中国计划出版社, 2010.

[99] 中华人民共和国住房和城乡建设部. 全国民用建筑工程设计技术措施-结构(砌体结构)[M]. 北京: 中国计划出版社, 2012.

[100] 天津市城乡建设委员会. 天津市超限高层建筑工程设计要点(2016 修订版)[M]. 天津: 天津大学出版社, 2016.

[101] 龚晓南. 桩基工程手册[M]. 北京: 中国建筑工业出版社, 2016.

[102] 周建龙. 超高层建筑结构设计与工程实践[M]. 上海: 同济大学出版社, 2017.

[103] 朱炳寅. 高层建筑混凝土结构技术规程应用与分析[M]. 北京: 中国建筑工业出版社, 2017.

[104] 朱炳寅. 建筑抗震设计规范应用与分析[M]. 2 版. 北京: 中国建筑工业出版社, 2017.

[105] 中国建筑设计院有限公司. 结构设计统一技术措施 2018[M]. 北京: 中国建筑工业出版社, 2018.

[106] 但泽义. 钢结构设计手册[M]. 4 版. 北京: 中国建筑工业出版社, 2019.

[107] 北京市建筑设计研究院有限公司. 建筑结构专业技术措施[M]. 北京: 中国建筑工业出版社, 2019.

[108] 中国建筑西南设计研究院有限公司. 结构设计统一技术措施[M]. 北京: 中国建筑工业出版社, 2020.

[109] 北京市住房和城乡建设科技促进中心, 北京建筑技术发展有限责任公司. 北京市绿色建筑评价技术指南[M]. 北京: 中国建材工业出版社, 2022.

[110] 广东省建筑设计研究院有限公司. 建筑结构设计统一技术措施[M]. 北京: 中国建筑工业出版社, 2023.

[111] 方云飞, 许晶, 卢萍珍. 抗浮锚杆疑问解析[M]. 北京: 中国建筑工业出版社, 2023.

[112] 刘枫, 肖从真, 徐自国, 等. 首都机场 3 号航站楼多维多点输入时程地震反应分析[J]. 建筑结构学报, 2006(5): 56-63.

[113] 刘枫, 杜义欣, 赵鹏飞, 等. 武汉火车站多点输入地震反应时程分析[J]. 建筑结构, 2009, 39(1): 11-15.

[114] 周国良, 鲍叶欣, 李小军, 等. 结构动力分析中多点激励问题的研究综述[J]. 世界地震工程, 2009, 25(4): 25-32.

[115] 陈俊, 张其林, 谢步瀛. 树状柱在大跨度空间结构中的研究与应用[J]. 钢结构, 2010, 25(3): 1-4+21.

[116] 孙建超, 杨金明, 齐国红, 等. 中国国家博物馆改扩建工程新馆结构设计[J]. 建筑结构, 2011, 41(6): 6-13.

[117] 刘枫, 张高明, 赵鹏飞. 大尺度空间结构多点输入地震反应分析应用研究[J]. 建筑结构学报, 2013, 34(3): 54-65.

[118] 赵建国, 许瑞, 张伟威, 等. 天津国家会展中心结构设计综述[J]. 建筑科学, 2020, 36(9): 27-35.

[119] 许瑞, 文德胜, 张强, 等. 天津国家会展中心中央大厅钢结构设计[J]. 建筑科学, 2020, 36(9): 36-41.

[120] 张伟威, 赵建国, 安日新, 等. 天津国家会展中心交通连廊钢结构设计[J]. 建筑科学, 2020, 36(9): 51-56.

[121] 范重, 张康伟, 张郁山, 等. 视波速确定方法与行波效应研究[J]. 工程力学, 2021, 38(6): 47-61.

[122] 罗开海, 李孟青, 康艳博, 等. 场地设计特征周期的插值方法[J]. 工程抗震与加固改造, 2023, 45(2): 65-70.

[123] 范重, 刘学林, 刘涛, 等. 济南遥墙机场 T2 航站楼超长结构温度及行波效应研究[J]. 建筑结构学报, 2023, 44(9): 1-13.